21 世纪全国高等院校材料类创新型应用人才培养规划教材

无机材料生产设备

主　编　单连伟

副主编　王来国　方　锐　马成国

主　审　刘立柱　董丽敏

北京大学出版社

PEKING UNIVERSITY PRESS

内 容 简 介

全书共分为12章，第1～7章主要阐述电瓷制备过程中所需原料加工过程中的操作单元及粉体基本性能表征，包括绪论、原料制备设备、除铁设备、搅拌与输送设备、脱水设备、陶瓷生产过程中原料物化性能及表征、造粒设备；第8～12章讨论了电瓷坯件的制备、烧结及后处理等，包括产品成型设备、施釉设备、干燥及排塑设备、烧成设备、陶瓷加工及改性设备等。

本书可供从事材料类、无机非金属材料的研究人员、高等学校和科研院所的研究生、相关科研人员及企业的技术人员等参考。

图书在版编目(CIP)数据

无机材料生产设备/单连伟主编. —北京：北京大学出版社，2013.3
(21世纪全国高等院校材料类创新型应用人才培养规划教材)
ISBN 978-7-301-22065-8

Ⅰ.①无…　Ⅱ.①单…　Ⅲ.①无机材料—生产设备—高等学校—教材　Ⅳ.①TB321

中国版本图书馆CIP数据核字(2013)第022488号

书　　　名：无机材料生产设备
著作责任者：单连伟　主编
策 划 编 辑：童君鑫　宋亚玲
责 任 编 辑：宋亚玲
标 准 书 号：ISBN 978-7-301-22065-8/TG·0042
出 版 发 行：北京大学出版社
地　　　址：北京市海淀区成府路205号　100871
网　　　址：http://www.pup.cn　新浪官方微博：@北京大学出版社
电 子 信 箱：pup_6@163.com
电　　　话：邮购部62752015　发行部62750672　编辑部62750667　出版部62754962
印 刷 者：北京富生印刷厂
经 销 者：新华书店
　　　　　　787毫米×1092毫米　16开本　15.75印张　362千字
　　　　　　2013年3月第1版　　2013年3月第1次印刷
定　　　价：36.00元

21 世纪全国高等院校材料类创新型应用人才培养规划教材
编审指导与建设委员会

成员名单 （按拼音排序）

白培康 （中北大学）	陈华辉 （中国矿业大学）
崔占全 （燕山大学）	杜彦良 （石家庄铁道大学）
杜振民 （北京科技大学）	耿桂宏 （北方民族大学）
关绍康 （郑州大学）	胡志强 （大连工业大学）
李 楠 （武汉科技大学）	梁金生 （河北工业大学）
林志东 （武汉工程大学）	刘爱民 （大连理工大学）
刘开平 （长安大学）	芦 笙 （江苏科技大学）
裴 坚 （北京大学）	时海芳 （辽宁工程技术大学）
孙凤莲 （哈尔滨理工大学）	孙玉福 （郑州大学）
万发荣 （北京科技大学）	王春青 （哈尔滨工业大学）
王 峰 （北京化工大学）	王金淑 （北京工业大学）
王昆林 （清华大学）	卫英慧 （太原理工大学）
伍玉娇 （贵州大学）	夏 华 （重庆理工大学）
徐 鸿 （华北电力大学）	余心宏 （西北工业大学）
张朝晖 （北京理工大学）	张海涛 （安徽工程大学）
张敏刚 （太原科技大学）	张 锐 （郑州航空工业管理学院）
张晓燕 （贵州大学）	赵惠忠 （武汉科技大学）
赵莉萍 （内蒙古科技大学）	赵玉涛 （江苏大学）

前　言

　　无机材料生产设备是无机非金属材料专业的一门专业平台课，是一门动态的、交叉性学科，其知识面覆盖了机械设备、粉体工程、无机材料制备工艺等无机非金属材料工程的整个领域。

　　根据教育部最新颁布的本科专业目录，为适应我国经济结构的战略性调整对人才的需求，实现高等学校培养专业面宽、知识面广、综合素质高的现代化人才的目标，以及突出无机非金属专业办学特色，编写了这部教材。本书综合了无机非金属材料的最新制备理论、设备和技术研究成果，从应用型本科生的实际出发，循序渐进，逐步提高。本书不同于传统以学科为主导的写作思路，以无机非金属材料的制备工艺流程及学习过程为主导的思路进行编排和写作。本书以无机非金属材料的基本理论为基础，以无机非金属材料各操作单元为主线，介绍了相关生产设备的原理、构造、性能和应用等。

　　本书内容紧扣应用型人才培养和工程实际，注重理论联系实际，做到通俗易懂，体现了较强的实践性，能够反映新技术和新工艺，反映当前本学科的科技发展。

　　参加本书编写工作的有(按章节顺序)：哈尔滨理工大学材料学院单连伟(第 1、2、7、9 章)；安庆师范学院化学化工学院王来国(第 3、8、11 章)；哈尔滨理工大学化学与环境工程学院方锐(第 5、6、10 章)；哈尔滨理工大学材料学院马成国(第 4、12 章)。全书由单连伟统稿。全书由哈尔滨理工大学材料学院刘立柱教授、董丽敏教授主审。

　　在编写本书过程中得到了北京大学出版社的大力支持和帮助。本书的部分内容得到黑龙江省自然科学基金(F200927)、哈尔滨市科技创新人才专项基金(2008RFQXG070)资助。本书的出版还得到了"功能配合物安徽省重点实验室"的资助及哈尔滨理工大学材料学院周利佳、李伟、黄勇、史文鉴和王晨晨等的帮助。本书参考了大量的文献资料和互联网上的有关内容，在此对相关作者表示感谢，如有遗漏，未列在参考文献中，敬请谅解。

　　由于作者水平有限，书中不足之处在所难免，恳请专家、学者不吝批评和赐教。

编　者

2012.12

目　　录

第1章 绪 论

 **本章教学要点**

知识要点	掌握程度	相关知识
电瓷的绝缘特性	理解电瓷的绝缘能力； 熟悉电瓷的应用	什么是电瓷的绝缘水平； 电瓷沿面放电及电晕产生的原因
电瓷的介电性质	掌握介电性质的基本原理	极化的机理； 电导和介电损耗如何产生
电瓷的物理和化学特性	熟悉电瓷的机械特性； 熟悉电瓷的其他理化特性	通过哪几个力学指标来表征电瓷的机械特性； 电瓷的热击穿、热应力、耐老化、耐潮湿等性能
制备电瓷所用的主要原料	熟悉制备电瓷的主要原料； 了解电瓷的制备工艺流程	每种原料在电瓷中的作用； 泥料制备的主要工序

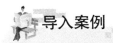

导入案例

中国特高压示范工程

国家电网公司 1000kV 晋东南—南阳—荆门特高压交流试验示范工程项目（图 1.1）由我国自主研发、设计和建设，是目前世界上运行电压最高、技术水平最先进的交流输电工程，占据了世界电网技术的制高点，实现了"中国创造"和"中国引领"。

图 1.1　晋东南—南阳—荆门 1000kV 特高压交流试验示范工程

这项工程北起山西长治晋东南变电站，经河南南阳开关站，南止湖北荆门变电站。线路全长 640km，标称电压 1000kV，最高电压 1100kV。工程于 2006 年 8 月获得国家核准，同年 12 月开工建设，2009 年 1 月 6 日建成投运，连接华北和华中两大电网，至今仍安全稳定运行。

这项工程是我国电力工业学习实践科学发展观的世界级重大创新成就，完全由国内自主研究、自主设计、自主制造和自主建设，在特高压输电方面率先实现了"中国创造"和"中国引领"，是世界电力发展史上的重要里程碑。

　资料来源：http://www.sgcc.com.cn/xwzx/gsyw/gtgz/tgysdgc/xwbd/06/262860.shtml，2011

1.1　电瓷的电气特性

在电力系统中用来支持导体并使其绝缘的器件称为绝缘子。由于其主绝缘体通常为瓷件，因此习惯上统称电瓷。电瓷广泛地使用于输配电线路和各种电气设备，在很大程度上影响着电力工业的发展。随着对电力的需求迅速增长，系统电压也在提高，超高压绝缘的问题越来越突出，电瓷往往成为电力线路和电气设备的薄弱环节。不难看出，电瓷工业涉及我国亿万人民的用电需要，影响着国民经济的发展。

电力系统及其设备的可靠性在很大程度上取决于绝缘，而绝缘的加强往往要增加造价，因此要研究电瓷在使用中的全面情况，提出合理的（而不是盲目的）质量技术要求，以求得可靠性和经济性的统一。电瓷的作用是使处于不同电位中的导体在电器上互相绝缘，而在机械上互相连接，一般要承受几种负荷和大气环境条件的作用。

　　绝缘子的分类方法很多，从制造绝缘体的材料考虑，可分为瓷绝缘子、钢化玻璃绝缘子及有机绝缘子，如图 1.2 所示。根据绝缘子的使用电压等级，绝缘子可分为低压绝缘子（1kV 以下）、高压绝缘子（1kV 以上）、超高压绝缘子（500kV 以上），但是更多的是按照绝缘子的用途和结构来进行分类。高压线路绝缘子如图 1.3 所示，高压线路绝缘子的特点及其应用范围见表 1-1。

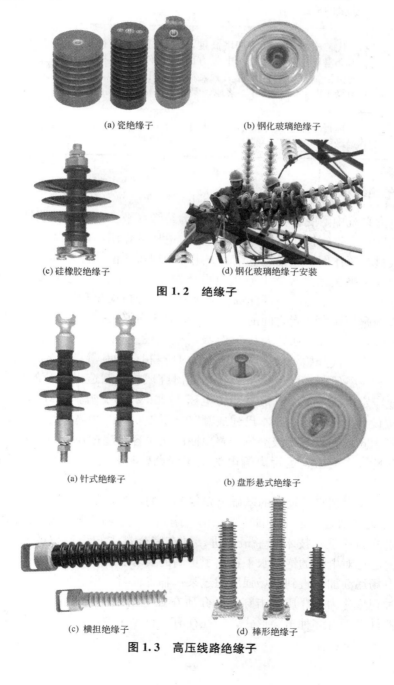

(a) 瓷绝缘子　　　　　　　　　　(b) 钢化玻璃绝缘子

(c) 硅橡胶绝缘子　　　　　　　　(d) 钢化玻璃绝缘子安装

图 1.2　绝缘子

(a) 针式绝缘子　　　　　　　　　(b) 盘形悬式绝缘子

(c) 横担绝缘子　　　　　　　　　(d) 棒形绝缘子

图 1.3　高压线路绝缘子

表 1-1　高压线路绝缘子的特点及其应用范围

类别	特点	适用范围
针式绝缘子	制造容易、价格低廉。耐雷电水平不高，泄漏距离小，容易出现雷击闪络或烧杆事故	6～35kV 输配电线路
盘形悬式绝缘子	可以串接成任意长度，绝缘体损伤时导线不落地。制造时易于实现机械化、自动化。运行中需要进行大量的检测工作	高压、超高压输电线路
横担绝缘子	代替横担，降低了杆塔高度，节省材料。运行中不会击穿，故不需要从电气方面检测绝缘子。横装的自洁性能好，抗污能力强。简化了杆塔设计。当绝缘子断裂时导线可能落地，要求瓷件抗弯强度高	高压、超高压输电线路
棒形绝缘子	运行中不会击穿，不需要从电气方面检测绝缘子。绝缘子断裂时，导线可能落地	高压、超高压输电线路

1.1.1　电瓷的绝缘水平

电瓷在电力系统中耐受各种电压的能力称为绝缘水平。电瓷要长期处于工作电压作用之下，另外还要承受系统操作或故障引起的内过电压的作用，以及瞬间的雷击或感应雷击而产生的大气过电压作用。通常过电压的作用时间很短，但幅值却远高于工作电压，因此电力设备的绝缘水平在很大程度上是由过电压决定的。电瓷的绝缘水平高虽然是所追求的，但过高既不必要也不经济，因此综合处理好系统中可能出现的各种作用电压、各种限压措施和绝缘的耐压能力三者之间的配合关系，是十分必要的。

特高压输电是使用 1000kV 及以上等级的电压输送电能，是世界上最先进的输电技术。从 20 世纪 60 年代开始，前苏联、美国、日本和意大利等国，先后进行基础性研究、实用技术研究和设备研制，已取得了突破性的研究成果，制造出成套的特高压输电设备。前苏联已建成额定电压 1150kV(最高运行电压 1200kV)的交流输电线路 1900 多千米并有 900km 已经按设计电压运行；日本已建成额定电压 1000kV(最高运行电压 1100kV)的同杆双回输电线路 426km。百万伏级交流线路单回的输送容量超过 5000MW，且具有明显的经济效益和可靠性，作为中、远距离输电的基干线路，将在电网的建设和发展中起重要的作用。

特高压输电是在超高压输电的基础上发展起来的，其目的仍是继续提高输电能力。我国于 2009 年 1 月 6 日建设的 1000kV 晋东南—南阳—荆门特高压交流试验示范工程，是目前世界上输电能力最强、技术水平最先进、具有完全自主知识产权的交流输电工程。当然，特高压输电也对电瓷的绝缘水平提出了更高的要求。

当外加电场逐渐加强直到电场强度超过某一临界值时，电介质将丧失绝缘性能而转变为导体，这种现象称为电介质的击穿。电介质在强电场中的击穿是一个复杂的物理-化学过程，一个器件可能有多种击穿形式，但往往有一种是主要和决定性的形式。击穿主要分为以下几种形式。

1. 电击穿

图 1.4 为 HJC‐50kV 介电击穿强度试验仪，电击穿是指仅有电子参加的纯粹的电过程。强电场作用下，电介质中原有的少数的自由电子做反电场方向的定向运动，运动电子与中性原子或分子碰撞，并将部分能量转移给后者。当外加电场足够强时，中性原子发生碰撞电离而产生出新的次级电子，碰撞后失去部分能量的电子和新生的次级电子从电场中吸取能量再加速，继续发生碰撞而产生新的电子，这样的碰撞电离成为一个链式反应，形成大量自由电子的过程称为电子崩。电子崩的形成使贯穿电介质的电流迅速增大，导致电介质的击穿。电击穿过程是瞬时完成的，需时极短约 $10^{-8} \sim 10^{-7}$ s。

2. 热击穿

热击穿是介电损耗较高、绝缘性较差的电介质的可能击穿形式，图 1.5 为出现在电容器上的热击穿。所谓热击穿是指电介质在电场下工作时，由于多种形式损耗的电能转变为热能，使介质温度上升。当外加电场足够强时，单位时间内产生的热量大于散发的热量，导致材料温度上升，反过来又增大了损耗（漏导损耗和松弛极化损耗随温度上升而增大）。恶性循环的结果使电介质温度不断上升，最终烧裂或熔融而完全丧失绝缘能力。

图 1.4　HJC‐50kV 介电击穿强度试验仪　　　　图 1.5　电容器上的热击穿

显然，热击穿是一个热量积聚的过程，不能瞬时完成。热击穿不仅与电介质的介电性能和热学性能有关，还与器件的几何形状和外部散热条件有关。

3. 气体电介质击穿

气体电介质击穿是在电场作用下，气体分子发生碰撞电离而导致电极间的贯穿性放电。其影响因素很多，主要有作用电压、电板形状、气体的性质及状态等。气体介质击穿常见的有直流电压击穿、工频电压击穿、高气压电击穿、冲击电压击穿、高真空电击穿、负电性气体击穿等。空气是很好的气体绝缘材料，电离场强和击穿场强高，击穿后能迅速恢复绝缘性能，且不燃、不爆、不老化、无腐蚀性，因而得到广泛应用。为提供高电压输电线或变电所的空气间隙距离的设计依据（高压输电线应离地面多高等），需进行长空气间隙的工频击穿试验。

4. 化学击穿

化学击穿是指电介质在长期的电场作用下工作，由于材料内部发生了电解、腐蚀、氧化-还原反应、气孔中气体电离等一系列不可逆的变化，导致材料性能劣化，逐渐丧失绝缘能力，最终被击穿破坏。

5. 液体电介质击穿

纯净液体电介质与含杂质的工程液体电介质的击穿机理不同。对前者主要有电击穿理论和气泡击穿理论，对后者有气体桥击穿理论。沿液体和固体电介质分界面的放电现象称为液体电介质中的沿面放电。这种放电不仅使液体变质，而且放电产生的热作用和剧烈的压力变化可能使固体介质内产生气泡。经多次作用会使固体介质出现分层、开裂现象，放电有可能在固体介质内发展，绝缘结构的击穿电压因此下降。脉冲电压下液体电介质击穿时，常出现强力气体冲击波（即电水锤），可用于水下探矿、桥墩探伤及人体内脏结石的体外破碎。

1.1.2 电瓷的外绝缘特性

由于电瓷具有优于其他绝缘材料的耐大气老化的能力，因而至今仍为电力系统中最主

图1.6 沿面放电现象

要的外绝缘器件。所谓外绝缘是指暴露在空气中受大气条件影响的绝缘部分。它的作用是防止沿面放电（discharge along surface）。所谓沿面放电是指沿电瓷表面与空气交界面上发生的放电现象，沿面放电现象如图1.6所示。沿面放电是一种气体放电，发展成为贯穿性的空气击穿时称为闪络。闪络电压还受介质种类、绝缘结构的电场分布和表面状态（如污秽、潮湿）等因素的影响。闪络电压即为放电电压，此时两极的电压为零或接近零。

110kV以上变电所、电路上，时常听到"噼哩"的放电声和紫色光环，这称为电晕。电晕产生的电晕电流是一个断断续续的高频脉冲电流，引起有功损耗和无线电通信干扰，产生臭氧和氮氧化物污染环境。电晕一般指气体间隙中，导体周围气体中的放电现象。例如，高压架空导线周围的空气放电、高压瓷套或法兰盘附近绝缘表面的空气放电都属于电晕放电。电晕的产生是因为不平滑的导体产生不均匀的电场，在不均匀电场周围的曲率半径小的电极附近当电压升高到一定值时，由于空气游离就会发生放电，形成电晕。

1.1.3 电瓷的内绝缘特性

所谓内绝缘是指未暴露在空气中，不受大气条件影响的绝缘部分。电瓷按内绝缘强弱可分为不可击穿型（A型）与可击穿型（B型）两类。

不可击穿型电瓷，一种是实心结构，其绝缘体内最短击穿距离大于其外部空气中闪络距离的一半，瓷质被击穿的可能性很小，不可击穿型电瓷主要是考虑外绝缘问题。另一种是高压电器的外壳瓷套，它本身不作为主要绝缘，被击穿的可能性也很小。

可击穿型电瓷其绝缘体内最短击穿距离小于外部空气中闪络距离的一半，瓷质被击穿的可能性较大。瓷质击穿是永久性破坏，不像外绝缘闪络仍能恢复，所以希望电瓷的内绝缘水平要大于外绝缘水平，一般取瓷击穿电压为外绝缘实际干闪络电压的1.3～1.5倍。典型的可击穿电瓷有线路针式、悬式电瓷和电站针式支柱、纯瓷套管绝缘子等。

1.2 电瓷的介电性质

导体的绝缘采用固（电瓷瓷件）和气（空气）的组合，互感器则以固态电瓷为外绝缘，液态变压器油为内绝缘；断路器则可用瓷套为外绝缘，六氟化硫气体为内绝缘，这些例子说明，作为电瓷制造者不仅应了解电瓷这种固态的电介质的介电性能，而且了解气态、液态电介质的介电性能也是必要的。

相对介电常数、电导率、介电损耗角正切和电气强度，这些必要的绝缘基础知识对于帮助人们认识生产工艺中的相关控制措施和工艺规范及产品结构的设计与产品的电气试验方法，都是必不可少的。

1.2.1 相对介电常数

1. 极化与相对介电常数

电介质在外加电场作用下，荷电质点相应于电场方向产生有限位移的现象称为电介质的极化。极化的结果是电介质与电极板相近的那面表现出与电极符号相反的感应电荷，这种电荷不会进入电极而形成漏导电流，故也称为束缚电荷。

2. 极化机理

电介质在电场中产生极化的机理可以是多种多样的。总的效应则为各种极化叠加之和。电瓷为多晶多相材料，有着自己独特的显微结构，可出现的极化有以下几种。

（1）电子极化。没有受电场作用时，组成电介质的分子或原子所带正负电荷中心重合，对外呈中性。受电场作用时，正、负电荷中心产生相对位移（电子云发生变化而使正、负电荷中心分离的物理过程），中性分子则转化为偶极子，从而产生了电子位移极化或电子形变极化。电子极化强度随外加电场强度的增加而增大，电子极化在电场频率小于10^{-15}Hz 范围内对极化有贡献。

一切电解质中均可发生电子极化，这种极化的特点是：第一，极化所需时间很短，约$10^{-15} \sim 10^{-13}$s，因电子质量很小故在各种频率的交变电场下均可产生；第二，极化具有弹性，外电场消失，电子云瞬时恢复原状，故电子极化是可逆性位移极化，不消耗能量，也不会导致电介质发热。

（2）离子极化。离子极化源于电场作用下正负离子的相对位移。所有化合物都存在电子极化和离子极化，离子极化过程的时间也很短，但离子极化比电子极化响应速度低，约$10^{-13} \sim 10^{-11}$s，离子极化属于弹性极化，几乎不消耗能量。温度升高时离子间的结合力降低，使极化程度增加，但离子的密度随温度升高而减小，使极化程度降低。

（3）取向极化。如果电介质中分子的正负电荷中心在正常情况下不重叠则称为极性分子，此种电介质称为极性电介质，极性分子中形成一个永久的偶极矩，即偶极子。其极化程度与温度呈反比，因为温度升高时因碰撞而失去整齐排列的分子数将增加。无外加电场时，极性分子处于不停的热运动中，随机地杂乱分布而不显示极性；在电场作用下，随机排布的极性分子沿电场方向转向，做定向排列，产生了偶极子的极化。

在交变电场中，偶极子要反复随电场的变化而转向，取向极化是非弹性的，在电介质内部引起摩擦损耗，即消耗电场能量。极化时需要克服阻力，极化时间较长，约需 $10^{-6}\sim 10^{-2}$ s。故其 ε_r 与电源频率有较大的关系，频率很高时，偶极子来不及转动，因而其 ε_r 减小。

（4）松弛极化。电介质材料中可能存在着弱联系的电子、离子和偶极子，它们因热运动而随机地杂乱分布，外电场作用使这些空间电荷按照电场规律分布而形成极化。带电离子的移动要克服阻力而消耗能量，是一种不可逆的过程，所需时间为 $10^{-8}\sim 10^{-2}$ s。当电场频率高于 10^9 Hz 时这种极化就不存在了。具有松弛极化的介质，一般介电常数较大，介电损耗也大。

（5）夹层极化。在外电场作用下，不同介质的分界面上形成积聚电荷的现象称为夹层极化。夹层极化是多层电介质组成的复合绝缘中产生的一种特殊的空间电荷极化。在高电压工程中，许多设备的绝缘都是采用这种复合绝缘，如电缆、电容器、电动机和变压器的绕组等，在两层介质之间常有油层、胶层等形成的多层介质结构。在外电场作用下，不同介质的分界面的电瓷绝缘材料由玻璃相和各种晶相组成也类似于这种情况。夹层极化是一种很缓慢的过程，需几秒钟至几十分钟，甚至更长，一般只发生在直流和低频情况下（包括工频在内的 1000Hz 之内），发生夹层极化时伴随着能量消耗，所以也属于有损极化。

（6）空间电荷极化。非均匀介质中，在电场作用下，原先混乱排布的正、负自由电荷发生了有规则趋向的运动过程，从而使正极板附近积聚了较多的负电荷，空间电荷重新分布。在电极附近积聚的电荷就是空间电荷。实际上，晶面、相界、晶格畸变、杂质等缺陷区都可成为自由电荷运动的障碍。在这些障碍处，自由电荷的积聚，形成空间电荷极化。空间电荷极化常常发生在结构不均匀的、特别是含杂质的电介质，如含玻璃相的电瓷。夹层、气泡也可形成空间电荷极化，这种极化称为界面极化。由于空间电荷的积聚，可形成很高的与外电场方向相反的电场，故又称为高压式极化。空间电荷极化的特点是：第一，其时间约为几秒钟到数十分钟，甚至数十小时；第二，属非弹性极化，有能量损耗；第三，随温度的升高而下降；第四，与电源的频率有关，主要存在于低频至超低频阶段，高频时，因空间电荷来不及移动，就没有或很少有这种极化现象。

3．介电常数的温度系数

在电瓷这样的介电材料中，总有玻璃态物质、结构松散的离子晶体，有缺陷的晶体和杂质相，这些物相中的离子易被活化迁移，称为弱联系离子。极化时弱联系离子可做有限位移而达到新的平衡位置，去掉外电场，离子不能回到原来的位置。但这种位移与离子电导不同，它只能在松散结构区或缺陷区附近移动。温度上升时，这种极化所需时间缩短，极化容易发生，介电常数变大。当达到某一温度，介电常数达到最大值。温度再升高，离子的热运动加剧对极化过程产生的干扰，同时温度上升，密度减小，单位体积内极化质点减少，导致极化减弱，介电常数反而变小。所以对电瓷而言，在不太高的温度范围内介电常数具有正的温度系数，即温度上升，介电常数变大。介电常数的温度系数也是电介质的主要性能指标之一。

1.2.2 电介质的电导

绝缘程度高的电介质在电场作用下会出现漏导，电瓷材料在电场作用下同样也会出现漏导。

电介质的电导率与金属的电导率不仅在数值上差异很大，导电机理也不相同，金属的电导率为自由电子的定向运动，电介质的电导率在绝大多数情况下为离子性的（离子或空穴的定向运动）。

对固体电介质而言，结构致密程度对电导率有明显的影响，多孔性的材料，如绝缘纸和水泥胶黏剂应防潮，否则大气湿度增大时电导率剧增。即使是致密的电瓷材料，当受潮和脏污时，也会严重影响它的表面电阻。

外露的电瓷器件与法兰间的水泥胶黏剂表面可涂覆憎水的有机硅或沥青，以有效改善其绝缘性能。

1.2.3 电介质的损耗

1. 介电损耗的概念

绝缘材料在电场作用下，由于介质电导和介质极化的滞后效应，在其内部引起的能量损耗，称为介质损失，简称介损。电瓷中含有 50% 甚至更高一点的玻璃相，它是电瓷介质损耗的一个重要原因。"纯"石英玻璃结构紧密，损耗很小，在 $50\sim10^6$ Hz 的 $\tan\delta$ 只有 $(2\sim3)\times10^{-4}$，玻璃中加入纯金属氧化物后，随着玻璃结构的疏松，联系的碱金属离子的浓度增加时，电导损耗与松弛极化损耗成指数形式快速增加。一般材料，在高温、低频下，主要为电导损耗；在常温、高频下，主要为松弛极化损耗；在高频、低温下，主要为结构损耗。

2. 介质损耗的形式

引起介质损耗的原因是多方面的，介质损耗依照物理特性的不同，可分为下面几种损耗形式。

（1）电导（或漏导）损耗。电介质或多或少地都泄漏电导，在电场下介质中有泄漏电流流过引起电导损耗。泄漏电导与频率无关，故直流和交流电场下均有电导损耗。气体的电导损耗很小，而液体、固体中的电导损耗则与它们的结构有关。非极性的液体电介质、无机晶体和非极性有机电介质的介质损耗主要是电导损耗。而在极性电介质及结构不紧密的离子固体电介质中，介质损耗则主要由极化损耗和电导损耗组成。温度对电导损耗的影响也很显著，在一定温度范围内，随温度上升，电导上升并不明显，当超过一定温度时，离子热运动能量很大，离子在电场作用下的定向迁移受到热运动的阻碍，电导损耗剧烈上升，并在一定温度和频率上出现峰值。介质吸潮后，介电常数会增加，但比电导的增加要慢，由于电导损耗增大及极化损耗增加，而使 $\tan\delta$ 增大。

（2）极化损耗。当介质极化时，如果极化过程极快（电子极化和离子极化），实际上无能量损耗。若建立极化所需时间较长（取向极化、松弛极化、夹层极化和高压极化等）时，极化所造成的电矩往往滞后于外电场，而造成能量损耗。

（3）结构损耗。在高频、低温下，结构损耗与介质内部结构的紧密程度密切相关。结构损耗与温度的关系很小，损耗功率随频率升高而增大，但 $\tan\delta$ 则和频率无关。实验表明，结构紧密的晶体或玻璃体的结构损耗都是很小的，但是当某些原因（如杂质的掺入，试样经淬火急冷的热处理等）使它的内部结构变松散了，会使结构损耗大为提高。

（4）电晕损耗。对于电场不均匀的气体间隙，当外加电场的电压超过起始电晕电压，气体将游离产生带电粒子。这个过程中伴随着光、声、化学等效应，运动离子和气体分子碰撞传递能量等都会引起能量损耗,称为电晕损耗。正常情况下气体间隙的损耗可忽略。气体不存在极化损耗,电导损耗也很小,故空气、氮气和六氟化硫等气体常用做标准电容器的电介质。有时电晕现象在工作电压下就会发生,如高压架空上的电晕。当电压降至起始电晕电压以下,电晕停止,气体又恢复原来的绝缘性能。

(5)游离损耗(电离损耗)。游离损耗是由气体的电离所引起的。气体间隙中的电晕损耗和液、固态绝缘体内局部放电时的功率损耗都称为游离损耗。

(6)局部放电损耗。局部放电是指液、固绝缘体在电场中局部形成"桥路"的一种电气放电,这种放电可能与导体接触,也可能不接触。例如,当变压器油中存在气泡时,电瓷中存在的孔隙及两种不同介电性质的绝缘层的接触面都可能发生局部放电,最初的放电"桥路"一般不与导体接触。此外,电极表面的尖锐边缘也可能发生向液、固绝缘体内部发展的放电,其放电"桥路"一般是紧贴导体发生的,这些局部放电引起的功率损耗均称为局部放电损耗。

1.3 机 械 特 性

电瓷在使用中要长期承受导线拉力或电器瓷套内压力等负荷的作用。此外,在操作、故障或自然环境突变时,还要承受短时的、瞬间的冲击或交变负荷。不同种类的电瓷在不同的使用情况下,受力状况也有相当大的差异,且在使用中不只是受一种力的作用,往往是几种力的复合作用,因而情况比较复杂,目前尚没有与使用受力情况完全符合的检验方法,而是用一些代用的机械特性指标来衡量电瓷承受机械负荷的能力。

1. 抗拉性能

盘形悬式和棒形悬式,以及某些拉杆、支柱绝缘子运行中承受轴向拉力负荷。悬式电瓷除受静拉力外,还受风雪、自振的影响,实际是振动负荷。但是振动负荷试验相当困难,所以一般采用静负荷拉力试验代替振动负荷试验。

2. 抗弯性能

针式、支柱、套管、瓷横担和电器瓷套等产品在使用中都是一端与基础固定连接,另一端支持导电体,处于悬臂梁的受弯曲负荷状态。为此要进行弯曲负荷检验。另外,对超高压棒形支柱绝缘子,为了保证运行的可靠性,也要进行弯曲负荷检验。

3. 抗扭性能

用于隔离开关的支柱绝缘子,在操作时有时要承受扭转负荷作用,进行抗扭性能试验就很有必要。

4. 耐内压性能

高压电器瓷套,特别是气体断路器瓷套和少油断路器瓷套,使用时内孔充以绝缘气体或绝缘油。在正常运行时,内孔处于充压状态,特别在分合闸时,还要受到压力升高的冲击负荷。若瓷套不能承受压力而发生破坏,其结果将非常严重。为此提出了内压强度的要求。对断路器瓷套要进行例行内水压试验和内压破坏试验,其破坏值应不低于标准值。

1.4　冷热和其他理化特性

户外电瓷还要承受长期日照、风沙、雨雪冰霜和污秽有害化学物质的侵蚀。因此电瓷应具有承受热击穿、热应力、各种大自然作用和耐老化、耐潮湿的能力。

1. 热性能

例如，进行冷热试验以检验电瓷对温度突变而引起热应力的承受能力；温升试验以检验套管导体在工作电流长期作用下的发热温度是否超过规定要求，等等。

2. 热机性能

用热机试验来考验电瓷在温度交变和机械负荷交变共同作用下的耐受能力。目前主要用于悬式绝缘子。

3. 吸湿性能

瓷质烧结不良，孔隙率高，使用中瓷体吸潮导致性能劣化。目前用孔隙性试验（即吸红试验）和吸水率测量来检验吸湿性能。

4. 金具的耐腐蚀性能

户外电瓷长期受大气条件的作用，其金属附件应具有良好的耐腐蚀性能，因此黑色金属附件广泛地采用了热镀或电镀锌。目前通过镀层厚度和镀层均匀性测定试验来评价防腐蚀性能。

5. 绝缘子的耐污性能

户外绝缘子在运行中常常会受到工业地区，沿海地区和自然界中各种导电的粉尘、蒸汽和有害气体（如化工厂、冶金厂、水泥厂、发电厂烟囱的排出物，由海风带来的盐雾，盐碱地蒸发的气体等）的污染。绝缘子在正常的运行电压下，由于雨、露、霜、雪等不同气候条件的作用，可能发生闪络现象，使输变电设备跳闸，导致突然停电事故发生，给工农业生产和人民生活带来极大危害。随着工农业生产的发展，污秽闪络问题越来越严重。为此，要求在绝缘子设计、制造、运行维护过程中特别注意这一问题，以提高绝缘子的耐污性能。

1.5　电瓷制备工艺

高压电瓷坯釉的化学成分主要有二氧化硅（SiO_2），三氧化二铝（Al_2O_3）及少量碱金属氧化物（如氧化钾（K_2O）、氧化钠（Na_2O））与碱土金属氧化物（如氧化钙（CaO）、氧化镁（MgO））等。一般地说，凡其主要成分为上述氧化物的矿物岩石均可用做电瓷原料。然而，在电瓷的实际生产中，普通高压电瓷坯料是由黏土、长石、石英以适当的配比调配而成。此外，为了制造高强度电瓷，需要使用高铝原料及其他特殊原料。为了调制各种釉料，还需用到若干金属氧化物，在制造避雷器阀片及耐火棚板时还要用到碳化硅 SiC。

1.5.1 电瓷的主要原料

1. 可塑性原料

所谓可塑性是指物料经过捏练后，在外力作用下产生变形，而外力失去后又不复原的特性。可塑性原料用量最大的是黏土，是由硅酸盐岩石经过长期自然风化形成于地壳表层的颗粒极细(0.001mm 以下)的土状混合土，其成分主要是含水铝硅酸盐矿物，并夹杂有开采和运输过程中混入的杂质，如草木屑、砂石等。它的特点是加水或塑化剂后，具有良好的可塑性，干燥收缩后不失原形，烧成后变得致密坚硬。黏土在电瓷原料中约占总用量的 40%～60%，它是瓷体中三氧化二铝和二氧化硅等化学成分的主要来源，是坯体耐火性质的重要保证。电瓷坯料中的 Al_2O_3 主要由黏土引入，它使电瓷坯体烧成后变得致密、坚硬，呈白色和形成一定数量的莫来石。由于莫来石晶体的耐冷热急变性能好、机械强度高、电绝缘性能强，故电瓷具有良好的性能。

黏土原料中还存在其他矿物，如石英，铁质矿物，钙、镁杂质，硫酸盐，钛质矿物和碱金属矿物等，它们都会对黏土的性能产生影响。

2. 瘠性原料

瘠性原料是一种非可塑性原料，通常用做瘠性原料的有石英、瓷粉和黏土熟料。因为可塑性原料烧结温度高，干燥和烧成收缩大，因此在电瓷原料中还需加入一些熔剂原料和瘠性原料来降低烧结温度、减少收缩和加速干燥过程。石英是黏土中最普遍的杂质，它主要降低黏土的可塑性能、结合性能、收缩率及含水量。石英在高压电瓷坯料中约占 10%～30%，石英等瘠性原料可以根据外观质量进行筛选，主要剔除含铁较多、外表呈棕色和有熔疤的原料。

方石英和石英的结构不同，它们之间的转化是一种改变结构的转化。图 1.7(a)、图 1.7(b)所示为常见的方石英和鳞石英矿。方石英的密度比石英的小，在 1000℃时，石英转化为方石英，体积增大 15%，在更高的温度下，体积变化也差不多。鳞石英也是 SiO_2 的一种晶形，但只有在"杂质离子"存在时才是稳定的。鳞石英的晶体中总存在缺陷，由于缺陷的程度不一，使得它的某些性质变化较大。鳞石英的密度低于方石英。鳞石英在 1000℃以上有两个突变点，这就是鳞石英的可逆性位移转化。

(a) 方石英   (b) 鳞石英

图 1.7 常见的石英矿

石英原料的化学成分随其所含的杂质而各异。脉石英和石英岩中 SiO_2 的含量都很高

（约 97%～99%），而石英砂中 SiO_2 含量较低。自然界中存在的石英大部分是低温型石英，低温型石英是各向异性的。一般来说，石英是无色的，透光度很好，莫氏硬度为 7，断面呈贝壳状。石英原料的密度随其晶型的不同而变化，石英为 $2.65g/cm^3$，方石英为 $2.38g/cm^3$，鳞石英为 $2.27g/cm^3$。石英原料的耐火度决定于氧化硅的状态和杂质的含量。无定形的氧化硅和方石英在 1713℃ 时即行熔融；脉石英、石英岩和石英砂于 1750～1770℃ 时熔融。此时石英为强烈的易熔物，与黏土物质形成易熔共融物，降低耐火度。

在坯体的烧成过程中，在其高温作用下，部分石英熔解在长石玻璃熔体中，从而增大了熔体的黏度。未熔的石英则以方石英或游离石英形态存在，构成坯体的骨架，两者均可减弱坯体在高温时可能出现的变形倾向（骨架作用）。此外，石英熔解在长石熔融液中所形成的玻璃相具有较高的机械强度。

石英也是电瓷釉配方中的主要原料之一。石英熔化在釉层中，同样起着网络骨架作用，故可改善釉面性能，提高电瓷的机械强度、绝缘性能及化学稳定性。

3. 熔剂原料

为了改善产品在制备过程中的工艺性能，电瓷原料中还需熔剂类原料。所谓熔剂类原料，就是这类原料的熔融温度比其他电瓷原料的熔融温度低。因此，这类原料在电瓷的烧成过程中起助熔作用，也降低了坯釉的烧成温度。用做熔剂原料的主要有长石（长石一般在 1100～1200℃ 熔融，有利于熔化，另外还有减少坯体变形性，提高产品机械强度和化学稳定性的优点，长石又分钠长石（$NaAlSi_3O_8$）、钙长石（$CaAl_2Si_2O_8$）等）、石灰石、镁铝水滑石（$Mg_6Al_2(OH)_{16}CO_3$）和白云石（$CaCO_3 \cdot MgCO_3$）等，它们在坯料中的用量约为 25%。

当将它作为瘠性原料考虑时，可使坯体的干燥时间缩短，减少坯体的干燥收缩与变形。长石又是一种熔剂原料，可以降低坯体的烧成温度。在高温下，长石熔融成黏稠的玻璃体，这种熔体能促使高岭土、石英和其他组分熔解，并使之互相扩散、渗透，以加速莫来石晶体的生成，这一作用发生在 1000℃ 以上。当温度在 1100～1150℃ 时，熔融长石易于与石英颗粒及黏土物质的分解产物起熔融作用，长石玻璃液还能填充在瓷体内的孔隙之中，从而增加电瓷的致密度，提高瓷的强度和介电性能。长石也是电瓷坯釉配方中的主要原料之一，它是釉层中玻璃相的主要成分。调整长石的种类和数量，可以适当地控制釉料的成熟温度、流动性能等。

4. 其他原料

1）高铝原料

高铝原料在无线电陶瓷、磨料、耐火材料及炼铝工业上的应用都非常广泛，但在高压电瓷中的使用的时间还不是很长。根据原料的来源，高铝原料一般分为铝矾土和工业氧化铝两类。

2）碳酸盐类原料

碳酸盐类原料有方解石（或石灰石）、白云石等。虽然这类原料本身具有很高的熔点（如石灰石分解出来的 CaO 熔点为 2570℃），但在煅烧过程中却能与坯釉中的其他组分生成低共熔化合物，降低烧成温度，增大坯釉的烧结温度范围。

3）滑石

滑石主要用来配制釉料，改善釉层的某些性能。此外，在匣钵配方中加入少量滑石，可以延长其使用寿命。还有滑石岩可以直接用来砌筑燃烧室和某些窑炉的衬里。滑石是一种天然的含水硅酸镁矿物。它的化学式是 $3MgO \cdot 4SiO_2 \cdot H_2O$，理论化学成分为 MgO 占 31.9%，$SiO_2$ 占 63.4%，H_2O 占 4.7%。滑石含量为 45%～60% 的矿石叫滑石岩，75% 以上的叫滑石片岩，结构非常致密的滑石片岩叫块滑石。与滑石共生的矿物，有的形态与它接近，如自云石、菱镁矿、顽火辉石（$MgO \cdot SiO_2$）、蛇纹石（$6MgO \cdot 4SiO_2 \cdot 4H_2O$）等，有的形态与它相差较远，如黄铁矿、磁铁矿等，后几种是有害杂质。

4）萤石

萤石是一种氟化钙（CaF_2）矿物，它的理论化学组成为：Ca 占 51.1%，F 占 48.9%。图 1.8 所示为萤石，其晶体呈立方体，有时为立方体与八面体的聚形或立方体与菱形十二面体的聚形，属等轴晶系。密度为 $3.1g/cm^3$，常呈紫、绿、黄、蓝等各种美丽的颜色。在紫外光照射下，它可发荧光（紫色）。萤石主要产于铝锌矿层中。由于萤石具有熔点低（纯的萤石熔点为 1360℃）的特点，可用于调制釉料，以降低釉的熔融温度，增加釉的高温流动性。同时，萤石还能起乳浊作用，以提高釉面的白度。此外，萤石亦能增加釉浆的悬浮性能，使釉浆不易聚凝。特别是对于含熟料或石英较多的釉料来说，其作用更为显著。

(a) 首展世界最大萤石"夜"

(b) 紫色萤石

(c) 常见的萤石矿

图 1.8 萤石

5）金属氯化物

（1）二氧化钛（TiO_2）。二氧化钛是生产无线电陶瓷的主要原料之一。目前大多数电容器陶瓷都是钛质瓷。此外，由二氧化钛合成的许多钛酸盐固熔体都具有良好的铁电性能。在半导体釉的研制方面，TiO_2 也是重要对象。

（2）二氧化锆（ZrO_2）。无线电陶瓷生产中常用二氧化锆制造热稳定性电容器陶瓷、热补偿电容器陶瓷及锆-钛-铅型压电陶瓷。在电瓷生产中也有制造锆质瓷的，但目前来说，

ZrO_2 主要是用于配制天蓝釉。由于二氧化锆和一般电瓷坯料不起作用，故常用做垫料。此外，ZrO_2 可用于金属陶瓷和高温陶瓷的生产中。

（3）二氧化锡（SnO_2）。SnO_2 是一种白色粉末，密度为 $8.5g/cm^3$，软化点为 $500\sim600℃$，熔点为 $1150℃$，不溶于水，也不溶于浓硫酸。天然含 SnO_2 的矿物叫锡石，质地不纯。电瓷工业中用的 SnO_2 都是化工原料。

二氧化锡最初用做陶瓷生产中釉和颜料的原料。在电瓷生产中，目前用做半导体釉的原料。SnO_2 的折射率为 $1.99\sim2.09$，玻璃体的折射率为 $1.5\sim1.57$，二者差别较大，这样会使光线散射，增加釉的混浊程度，因而 SnO_2 可作为釉的乳浊剂。SnO_2 的绝缘电阻低，常温下 ρ 为 $10^7\sim10^8\Omega\cdot cm$。因此，可用于制造半导体釉。

（4）氧化锌（ZnO）。氧化锌为白黄色的粉末，不溶于水，但溶于强碱或酸，密度为 $5.6g/cm^3$，$1800℃$ 升华。

（5）氧化铁、氧化铬、氧化锰等。在电瓷棕釉配方中，广泛使用氧化铁、氧化铬和氧化锰作着色剂。三者的用量共达 $8\%\sim10\%$，其中 Fe_2O_3 为 $1.5\%\sim3\%$，Cr_2O_3 为 $1.5\%\sim3\%$，MnO_2 为 $3\%\sim4\%$。

（6）碳化硅（SiC）

碳化硅是难熔的非金属化合物之一，在电瓷工业中用来制造棚板、匣钵及隔焰窑的炉膛等。由于 SiC 具有半导体性能，所以也用它来制造避雷器的阀片。用 SiC 单晶可以制造二极管及其他半导体元件，SiC 又具有耐磨与耐高温的性能，所以，它也用于制造砂轮、磨料及耐高温材料。

（7）杂质

铁质矿物是黏土中最有害的杂质。它主要以褐铁矿（$FeO\cdot nH_2O$）或以菱铁矿（$FeCO_3$）、钛铁矿（$FeTiO_3$）、赤铁矿（Fe_2O_3）、黄铁矿（FeS）等矿物存在。其中以黄铁矿危害最大，它是一种强烈的熔剂，高温下（$1200\sim1300℃$）黄铁矿易与黏土作用，使坯体产生熔洞、鼓泡、斑点或显色。

钛质矿物常以金红石（TiO_2）、钛铁矿（$FeTiO_3$）的形式存在，会在高温下形成呈色很强的钛铁尖晶石（$FeO\cdot Ti_2O_3$）。因其具有半导体性质，故会影响绝缘性能，并使制品呈黄褐色。钛又是较强的熔剂，能降低黏土的烧成温度。

钙、镁杂质主要以 $CaCO_3$、$MgCO_3$、$CaSO_4$ 等形式存在。一般来说，黏土都多少含有这类杂质。$CaCO_3$ 只有在 $900℃$ 以上，在 CO 气氛中保持足够时间后才能完全分解。$MgCO_3$ 的分解温度比碳酸钙的低些。

碱金属矿物一般以长石、云母、角闪石等矿物存在于黏土中，有时也以可熔性盐类（K_2SO_4）存在于黏土中。它会增加黏土的易熔性、降低可塑性。黑云母富于弹性、难以粉碎、融体黏度大，且不与长石玻璃液互溶，以致使瓷坯产生黑斑或熔洞。存在钠、钙、镁等物的硫酸盐时，会使烧成后的胚体形成一层白霜，其中以硫酸钠为甚，因而影响电瓷的外观和性能。

硫酸盐的分解温度比碳酸盐高一些，在氧化气氛中，$800℃$ 以上才开始分解，$1370℃$ 开始大量分解。在还原气氛中，$CaSO_4$ 的分解温度降至 $1000℃$ 左右，所以含硫酸盐较多的坯料在 $1000\sim1170℃$ 应采用还原气氛烧成，以加速 $CaSO_4$ 的分解。否则，将使坯体产生气泡。此外，$CaSO_4$ 还能与黏土熔融，形成熔洞状的浅绿色透明玻璃。上述盐类的分解产物（CaO、MgO）具有熔剂作用（较氧化铁强），故能降低烧成温度。此外，CaO、K_2O 和

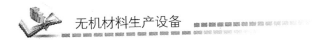

Na_2O一样,有抑制黏土的莫来石化的作用。

有机物在黏土内存在的腐殖质、泥煤和页岩等含碳物质,使黏土呈灰或黑色,提高可塑性,增加灼减量。过多的有机质对 FeS 的氧化有阻碍作用,操作不当时还可能导致坯体出现起泡等缺陷。

1.5.2 泥料制备

1. 泥料的种类

电瓷瓷件的成型方法根据制品的形状、性能要求等因素而定,不同的成型方法对原料的要求也不一样。根据成型方法的要求,通常泥料分为三大类。

(1)注浆料:含水率在 30%~35%,主要用于制作形状复杂的产品。

(2)可塑性料:泥料水分在 18%~26%,大部分电瓷瓷件制品都用于可塑性料成型。

(3)干压料:含水率在 2%~7%,用于低压电瓷和高频瓷的制造,对于半干压泥料,含水率在 8%~15%。20 世纪 70 年代末国外开发的等静压成型新工艺也可用干粉料。

2. 对泥料的要求

上述几种泥料都应达到如下要求。

(1)配料中的原料都应充分混合均匀,颗粒的大小和级配应达到规定的技术要求。

(2)泥料中的水分应分布均匀。

(3)可塑料和注浆料应尽量少含空气或不含空气,因为泥料中的空气会降低成型性能和瓷质的机电性能。

(4)泥料中的有害杂质应尽量少,特别是要避免铁质的混入。

(5)注浆料还要求有好的流动性和适当的滤水性。

3. 可塑性泥料的制备方法

目前,电瓷的成型方法主要是可塑成型法。可塑泥料的制备方法主要有以下几种。

(1)硬质、软质原料共同湿球磨。此方法是将软质可塑性原料与经过粗中碎的瘠性原料或硬质黏土按重量比配料后,在球磨机中加水细磨到一定的细度,然后放浆过筛、除铁、榨泥、陈腐待用。这种方法配料准确,细度较高,使原料混合均匀,但影响整个球磨效率,劳动强度大,粉尘多。

有的电瓷厂为了减轻劳动强度和减少粉尘,在原料粉碎前进行原料块状配料,然后湿法轮碾。泥浆搅拌后送入球磨机中细磨,再过筛除铁、榨泥、泥料陈腐待用。

(2)湿粉碎和湿混合方法制备泥料。此制料方法是将硬质原料(长石、石英)粗碎、中碎、湿细磨成浆入搅拌池中搅拌,同时将软质原料(黏土)破碎搅拌成浆,然后将硬质原料浆按配方比混合、过筛、除铁、榨泥、陈腐待用。

4. 泥料制备的主要工序

电瓷原料大都是大小不一的块状固体,需经破碎和球磨才能达到适当的细度,以符合制泥、成型和烧成等工艺要求。

（1）粉碎。粉碎的作用：①使各种原料颗粒度变小，便于原料混合均匀，使原料可塑性增大；②促进瓷坯在烧成过程中的反应速度，可降低烧成温度；③使原料中的杂质易于分离。

粉碎的方式一般采用劈、压、撞击和球磨。粉碎的主要设备有：颚式破碎机，中碎用轮碾机，细磨用球磨机。为了减少铁质的混入，轮碾机的碾轮、碾盘和球磨机的磨衬及研磨体均用花岗岩石料、卵石或陶瓷材料制成。

（2）球磨。球磨是制泥过程中的关键工序之一，保证料浆所需细度和颗粒级配的要求，把几种原料混合均匀。球磨主要采用球磨机进行。球磨机工作原理：球磨机筒内装有物料、水和研磨体，物料的粉碎是靠研磨体对物料的摩擦、撞击作用及原料与球磨机筒壁的摩擦作用而进行的。

（3）过筛的作用：①控制坯釉的细度和使泥浆均匀；②除去原料中和加工过程中混入的有害杂质，进一步纯洁泥料。

1.5.3 电瓷制备工艺流程

电瓷材料的工业化已经有 150 多年的历史。电瓷具有很高的硬度、一定的机械强度、高温强度、极好的化学稳定性，耐酸、耐碱，在自然条件下可经数十年保持不变，成为高压输变电工程中重要的绝缘材料之一。绝缘子的制造是一个操作单元（或称工序）接着一个操作单元的统一过程。制造过程中的每一环节对产品的产量、质量和性能都有重要影响。由这许许多多操作单元所组成的生产线称为工艺流程。当工厂的原料、产品种类和产量确定之后，工艺设计的主要任务就是合理设计工艺流程和选择相应的生产设备。实践证明，合理的工艺流程对节省建厂投资，缩短建厂周期有着重要作用，更重要的是在工厂投产以后，能够加速生产过程，节约人力、物力，提高产品质量。

绝缘子的种类繁多，各厂所用原料、燃料、设备和工艺不一。因此工艺流程也就多种多样。图 1.9 为高强度棒形支柱和气压瓷套的生产工艺流程图。设计工艺流程时，一方面要考虑所用原料的性状，产品的种类、产量和性能要求及企业的生产能力；另一方面要尽量采用先进技术，以加速电瓷行业自身的现代化。

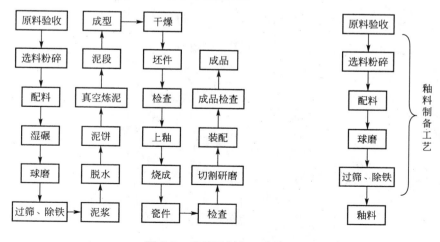

图 1.9　绝缘子制备工艺流程

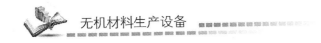

习 题

1-1 什么是电介质的击穿？击穿主要分为哪几种形式？

1-2 什么是外绝缘？它的作用是什么？

1-3 什么是电晕放电？

1-4 极化分为哪几种形式？

1-5 电瓷的机械特性主要通过哪几种测试来表征？

1-6 电瓷的制备主要用到哪几种原料？每种原料的主要作用是什么？

第2章
原料制备设备

 本章教学要点

知识要点	掌握程度	相关知识
粉碎、粉磨	掌握两种破碎设备、三种粉磨设备的基本原理及特点；熟悉破碎及粉磨工艺的应用	破碎设备和粉磨设备的结构及原理；利用破碎设备和粉磨设备进行矿物处理
高能球磨	掌握高能球磨工艺的基本原理及特点；熟悉高能球磨工艺的应用	高能球磨工艺的基本原理；高能球磨工艺的适用领域
粉体合成制备工艺	熟悉固相法、液相法和气相法制备粉体材料的工艺；了解粉体合成制备工艺的特点及应用	固相法、液相法和气相法制备粉体材料的原理；典型粉体材料制备的应用

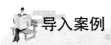
导入案例

世界最大球磨机在洛阳成功试车终结垄断

图 2.1 国内规格最大、技术最先进的 Φ11m×5.4m 半自磨机和 Φ7.9m×13.6m 球磨机

继 2008 年 7 月，中信重工为中国黄金集团乌努格土山项目研制的当时国内最大的 Φ8.8m×4.8m 半自磨机和 Φ6.2m×9.5m 溢流型球磨机，打破国外的市场垄断以来，此次 Φ7.9m×13.6m 溢流型球磨机（图 2.1）成功制造组装完成，并试车成功，再一次成为了国际公司垄断全球高端磨矿装备和市场时代的"终结者"。标志着我国大型磨机技术在短短几年内跨越了全球矿业百年发展史，并打破了全球高端磨矿装备和市场被少数几家国际公司垄断的局面，使我国大型矿山装备制造真正掌握高端技术，进入世界矿业高端市场。

作为大型矿山技术装备，这 6 组磨机最大的特点就是"大"。Φ7.93m×13.6m 溢流型球磨机传递功率达 15 600kW，与其配套的 Φ12.2m×11m 自磨机，相当于五层楼高，回转总重超过 3700t，总重相当于 3700 辆小轿车，运转能力巨大。该自磨机采用世界上最先进的滑环电动机驱动，驱动功率达到 28 000kW，世界最大，变频调速可满足不同物料硬度，大大提高磨况效率。

但是，这 6 组磨机又不止是"大"。据了解，该球磨机在技术设计、材料选择、制造工艺和检测检验等方面，完全按照国际标准执行，并在结构、技术等方面实现重大突破。其轴承采用调心多滑履支撑，超大功率双机拖动，全自动液压驱动，是目前国际规格最大、设备配置最高、控制性能最完善的球磨机设备。它对中国装备制造业、中国矿业发展的影响也不仅仅是一个"大"字可以概括的。

"澳大利亚 SINO 铁矿项目是中资背景的公司完全按照国际标准在海外投资的最大规模铁矿，中信重工 Φ7.93m×13.6m 溢流型球磨机及配套的 Φ12.2m×11m 自磨机的研制组装，以及未来投入使用，将会为所有有意在海外矿业投资的中国企业提供了一种新模式。"任沁新一语道出拥有大型磨机生产能力会给中国矿业带来的改变。过去，这种规格的磨机长期被国际三四家企业垄断，中国企业即使在外面找到矿，也要受国际垄断装备制造企业制约，不能放开手脚。而中信重工的大磨机的出现，改变了中国在海外矿业投资的话语权。

球磨机工厂交付仪式现场，澳大利亚 SINO 铁矿项目业主方中信泰富澳大利亚矿业管理公司项目总监 Northy 先生表示："今天仪式的举行标志着首台球磨机将交付出厂，这是中信重工全体员工辛勤努力的结果，是 CPMM、MCC、CITICHIC 共同努力的结果，也是中国民族工业成长的结果，标志着中国企业完全有能力设计、研发、制造大型矿山的核心装备，也使包括在座的国内外知名矿业企业有了更强大的信心。"

资料来源：http：//www.lymee.cn/_d270799213.htm, 2010

2.1 机械粉碎加工粉体及设备

在电瓷工业中，所有的原料都需要经过粉碎工序。这是为了使物料混合均匀，加快其物理化学反应的速度，提高产品质量。同时也方便运输，强化固体流态化操作过程。由此可见，粉磨机械是电瓷生产过程必不可少的机械设备。如颚式破碎机，锤式破碎机，反击式破碎机，轮碾机，球磨机等。

2.1.1 颚式破碎机

颚式破碎机是一种应用最为广泛的破碎机械。由于它的结构简单、牢固，能处理的物料尺寸范围大，以及操作维护方便，因此从它问世一百多年以来，至今仍然是粗、中碎及细碎作业中主要和有效的破碎设备。如图 2.2 所示，机架前壁作为定颚，动颚悬挂在悬挂轴上，偏心轴在轴承内旋转，偏心轴带动动颚板运动。利用调整装置来改变动颚的相对位置，使出料口的宽度得以调节，此外还有拉杆、弹簧等组成的拉紧装置。当偏心轴转动时，偏心轴带动动颚板做复杂摆动，时而靠近时而离开定颚，从而把加入破碎室中的物料破碎。已破碎的物料则从出料口卸下，从而实现物料的粉碎。颚式破碎机适宜石灰石、砂岩等块状硬质物料的粗碎、中碎。颚式破碎机的外观如图 2.3 所示。

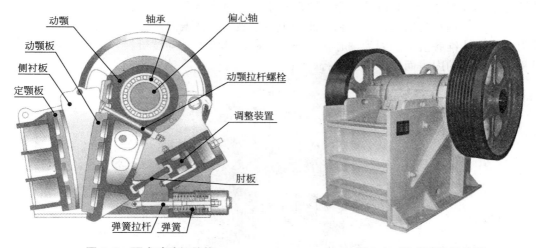

图 2.2 颚式破碎机结构   图 2.3 颚式破碎机外观

颚式破碎机开车前的准备工作如下。

(1) 检查各主要部件是否完好，紧固螺栓等连接件有无松动，安全装置是否完整。

(2) 检查喂料设备、输送设备、电器设备等是否完好。

(3) 检查润滑装置是否良好，检查冷却水管阀是否打开。

启动与正常操作如下。

(1) 应按规定的开车顺序操作，即逆生产流程开车。

(2) 启动主电动机时，要注意控制柜上的电流表指示，经过 20～30s，电流应会降到正常的工作电流值。

（3）调节和控制喂料，使加料均匀，物料粒度不超过进料口宽度的80%～90%；要严防金属杂物进入破碎机。

（4）一般轴承温度不应超过50℃，滚动轴承温度不超过70℃。

（5）检查润滑系统、冷却系统有无漏油、漏水现象，机器零部件的磨损、紧固情况。

（6）当电器设备自动跳闸后，若不明原因，严禁强行连续启动。

（7）发生机械故障和人身事故时，应立即停车。

停车时注意事项如下。

（1）停车顺序与开车顺序相反，即顺着生产流程方向操作。

（2）必须在破碎机停稳后，才能停止润滑系统和冷却系统的工作。

2.1.2　圆锥破碎机

圆锥破碎机目前仍是大中型选矿厂作业破碎的关键设备。它是实现"多碎少磨"（因为破碎的能源利用率要比粉磨的高，多破少磨有利于节约能源，但也不能以破代磨，因为两者的能源利用随着物料粒度变小呈反向变化。）节能工艺的关键，因而近年来圆锥破碎机的开发和研制还是比较快的。

圆锥破碎机的结构如图2.4所示，SDY型圆锥破碎机外观如图2.5所示。其主要部件有：固定圆锥形破碎环（定锥2）、活动的破碎锥体（动锥1）装在破碎机主轴上，主轴的中心线O_1O与定锥的中心线$O'O$于点O相交成β角。主轴悬挂在交点O上，轴的下方活动地插在偏心衬套中。衬套以偏心距r绕$O'O$旋转，使锥沿定锥的内表面做偏旋运动，在靠近定锥处，物料受到动锥挤压和弯曲作用而被破碎。在偏离定锥处，已破碎的物料由于重力的作用从锥底落下。因为偏心衬套连续转动，动锥也就连续旋转，故破碎过程和卸料过程沿着定锥的内表面连续依次进行。

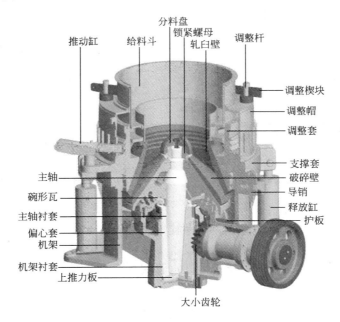

图 2.4　圆锥破碎机工作示意图

在破碎物料时，由于破碎力的作用在动锥表面产生了摩擦力，其方向与动锥运动方向相反。因为主轴上下方均为活动连接，这一摩擦所形成的力矩使动锥在绕 O_1O 做回旋运动的同时还做方向相反的自转运动，此自转运动可使产品粒度更均匀，并使表面的磨损也较均匀。

圆锥破碎机与颚式破碎机相比，在性能上具有如下特点：工作均匀且连续；产量高，破碎单位重量物料的电耗低；较高的破碎比；产品粒度较均匀。它的缺点是：机器的体型较高大，破碎前后物料间有较大的落差，构造较复杂，需精密加工制造且基建投资高；安装、维修与调节较困难。

图 2.5　SDY 型圆锥破碎机外观

2.1.3　滚筒式球磨机

球磨机是一种转筒式磨机，至今已经有一百多年的历史。为提高粉磨效率，出现了辊式磨机、挤压磨等，但目前在硅酸盐工业中球磨机仍为主要粉磨设备。物料经过破碎设备破碎后的粒度大多在 20mm 左右，如要达到生产工艺要求的细度，还必须经过粉磨设备的磨细。粉磨是许多工业生产中的一个重要过程，其中使用面广、使用量大的一种粉磨机械是球磨机。它在水泥生产中用来粉磨生料、燃料及水泥。陶瓷和耐火材料等工厂也用球磨机来粉碎原料。从结构简单、操作维护方便、使用机动灵活等方面考虑，通常采用间歇式球磨机。

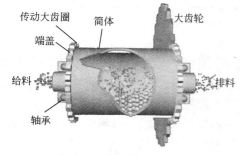

图 2.6　磨机的工作原理

球磨机的主体是由钢板卷制而成的回转筒体。筒体两端装有带空心轴的端盖，筒体内壁装有衬板，磨内装有不同规格的研磨体。当磨机回转时，研磨体由于离心力的作用贴附在筒体衬板表面，随筒体一起回转。被带到一定高度时，由于其本身的重力作用，像抛射体一样落下，冲击筒体内的物料。在磨机回转过程中，研磨体还以滑动和滚动研磨研磨体与衬板间及相邻研磨体间的物料，如图 2.6 所示。

球磨机对物料的适应性强，能连续生产，生产能力大，可满足现代大规模工业生产的要求；粉碎比大，可达 300 以上，并易于调整粉磨产品的细度；可适应各种不同情况下的操作，既可干法作业也可湿法作业，还可把干燥和粉磨合并一起同时进行；结构简单、坚固，操作可靠，维护管理简单，能长期连续运转；有很好的密封性。

提高粉磨效率的方法如下。

1. 采用助磨剂

颗粒的粉碎意味着物质化学键的折断和重新组合。随着粉碎的进行和断裂面的生成，颗粒表面上出现不饱和的价键和带有电荷的结构单元，使颗粒处于亚稳的高能状态。在条件合适时，颗粒在比较弱的引力作用下结团，成为聚结体。通过加入微量的助磨剂能消除研磨体和衬板表面细粉物料的黏附和颗粒聚集成团的现象，强化研磨作用，减少过粉磨现象，从而可提高粉磨效率。

助磨剂的品种繁多，其中有机表面活性物质占大多数。根据国内水泥研究部门的研究结果，乙醇、丁醇、丁醇油、乙二醇、三乙醇胺和多缩乙二醇等助磨剂，助磨效果较好，且来源较广。此外，还有烟煤、焦炭等碳素物质也可用于干法生料粉磨作助磨剂。

应当指出，助磨剂的加入不应对水泥的物理性能带来不利影响，并应核算其成本。表 2-1 为一些常见的助磨剂。

表 2-1　助磨剂的种类及其应用

类型	助磨剂名称	应用	类型	助磨剂名称	应用
液体助磨剂	甲醇	石英、铁粉	液体助磨剂	硅酸钠	黏土
	异戊醇	石英		氯化钠	石英岩
	S-辛醇醛	石英		氧化铝	赤铁矿、石英
	乙二醇	水泥		水玻璃	钼矿石
	甘油	铁粉	固体助磨剂	炭黑	水泥、煤、石灰石
	丙酮	水泥	气体助磨剂	二氧化碳	石灰石、水泥
	有机硅	氧化铝、水泥等		丙酮蒸气	石灰石、水泥
	丁酸	石英		氢气	石英
	羊毛脂	石灰石		氮气	石英、石墨
	碳基化合物	玻璃		甲醇	石英、石墨

2. 加强预烘干降低入磨物料水分

入磨物料的水分对干法生产的磨机操作影响很大。当物料含水量大时，磨内的细粉会黏附在研磨体和衬板上，形成"缓冲垫层"，同时还会堵塞隔仓篦板，阻碍物料流通，使粉磨效率大大降低，还能引起"饱磨"现象。对于烘干兼粉磨的生料磨，往往由于入磨物料水分过大，超过了磨机烘干的能力，致使生料水分超过要求指标，影响生料均化库的正常作业。

为保证磨机操作正常，必须严格控制入磨物料水分，以提高磨机产量。降低入磨物料水分的措施如下。

（1）加强烘干措施，如加大筒式烘干机的排风量，及时排出物料中蒸发的水分；改燃烧室为沸腾炉；燃烧室改为烧煤粉；采用新型烘干设备；加强烘干机的维护管理等。

（2）加强进厂原料、混合材料的管理，天气干燥时多进，下雨时少进或不进。小水泥厂还可采取夏日和晴天多晒原料，增加原料储存量的措施。

（3）采用把破碎和烘干结合在一起、对黏土的干燥有良好作用的湿黏土破碎烘干系统。

有关资料介绍，干法磨的入磨综合水分高于 1.5% 时，产量即下降；高于 2.5% 时，产量下降 15%～30%；高于 3.5% 时，粉磨作业恶化，甚至使选粉、除尘系统故障增多或被迫停机；入磨物料水分高，还会增快选粉、除尘和输送设备的腐蚀。但入磨物料水分也并非越低越好，而应保持在一定范围内。入磨物料的允许水分含量列于表2-2。

表2-2 入磨物料的允许水分含量

入磨物料名称	允许水分含量	入磨物料名称	允许水分含量
立窑熟料	0.5%	黏土	1.0%
高炉矿渣	2.0%	石膏	10.0%
天然火山灰	2.0%	干燥过的煤	1.0%~2.0%

3. 加强磨机通风

加强磨机通风是提高磨机产量，降低粉磨电耗的有效方法之一。在不影响隔仓板强度的条件下，适当增加蓖孔数量与宽度或改进隔仓板的形式等，可以增加通风面积；为了防止漏风，必须采用密封的卸料装置，加强磨尾的密封堵漏；采用机械通风时，为了减小管道阻力，应避免积灰及堵塞；磨尾到收尘器及收尘器到排风机之间的管道长度应尽可能缩短。管道布置与水平面的夹角要大些，以有利于保持良好的通风条件。

4. 降低磨内温度

磨内温度升高之后，还可能使轴承温度也随之升高；磨体由于热应力的作用，会引起衬板变形，螺栓断裂，润滑作用降低，甚至有可能造成合金轴瓦熔化而发生设备事故。

入磨物料温度对磨机产量和水泥质量都有较大影响。入磨物料温度过高，造成粉磨效率下降。由于研磨体对物料的不断冲击和研磨，产生了大量的热量，使水泥细粉容易黏附在研磨体和衬板上，妨碍粉磨过程的进行。随着磨内温度升高，温度对研磨的影响就越明显，磨内温度升高会造成石膏脱水，易造成水泥假凝。对于双仓水泥磨，通常是向细磨仓内喷水，但当熟料温度超过80℃时，也可向粗磨仓内喷水，使粗磨仓出口物料温度保持在110℃左右。可用压力为0.15MPa的压缩空气使水雾化。喷入粗磨仓的水量受该仓隔仓板物料温度的控制，而喷入细磨仓的水量则受到磨机出口物料温度的控制。为防止过多的水进入磨内导致水泥水化，应及时地蒸发水蒸气并排出磨外，并调节喷入磨内的水分。

5. 加强预破碎减小入磨物料粒度

增强预破碎，减小入磨物料粒度，是球磨机增产节电的重要措施。

（1）及时调小破碎机出料口的尺寸，如调小颚式破碎机额板间隙与锤式破碎机蓖条间隙及蓖条与锤头的距离；调整反击式破碎机反击板与打击板的间隙；调小辊式破碎机辊子的间隙等。

（2）采用多级破碎，即在一级或二级破碎之后，再增加一台细碎设备；或在球磨机之前增设预粉碎设备，如辊压机等各种细碎机，使入磨物料粒度碎至5 mm或3mm以下。

（3）选用破碎比较大的高效节能型破碎设备。

入磨物料粒度减小以后，粉磨电耗降低，破碎机电耗提高，因此，应将破碎和粉磨两个工序视作一个整体，破碎和粉磨综合电耗最低时的入磨粒度称为最适宜的入磨粒度。

6. 分别粉磨

例如，生产水泥的原料是熟料、混合材和石膏等，它们是按一定的比例混合后入磨粉磨成水泥的。由于熟料、混合材及石膏的易磨性不同(入磨物料粒度也不同),在一起混合粉磨时,细度变化不一致,易磨性好的(入磨物料粒度小的)物料磨得细些,易磨性差(入磨物料粒度大的)的物料磨得就粗些,而它们又必须同时进、出磨,因而粉磨效率较低。若将这些物料分别进行粉磨,然后再混合均匀,则粉磨效率就比较高。分别粉磨可消除由于各种物料易磨性(入磨物料粒度)不同而引起的相互影响。

7. 磨矿介质尺寸的选择

磨矿介质的尺寸及配比,是影响磨矿效率的重要因素之一。磨矿介质尺寸的选择,应使磨机给矿最大粒度与钢球最大球径互相适应,即适宜的磨矿介质尺寸应当正好磨碎最大的给矿粒度。如果磨矿介质太大,钢球与钢球的表面压力就增大,能够磨碎的矿石粒度也增大,但粉碎接触次数却减少,而每次接触生成的超细粒将增加。如果介质尺寸太小,球与球的表面压力就减小,所能磨碎的矿石粒度也随之减小,粉碎接触的力有时不能使接触的矿粒破碎而浪费能耗。常见的磨矿介质如图2.7所示。

(a) 钢球

(b) 鹅卵石

(c) 氧化锆球

(d) 玛瑙球

图 2.7　常见的磨矿介质

8. 采用新型衬板

衬板的磨损主要有磨料磨损、腐蚀磨损及冲击断裂,筒体衬板直接影响研磨体的运动和磨碎效率,必须慎重选择。可供选用的衬里材料有金属材料、橡胶材料、工程陶瓷材料和磁性材料等四大类,如图2.8所示为常见的衬板材料。

磁性衬板首创于20世纪80年代初期的瑞典,于1981年4月在磨机上安装了磁性衬板,到1987年的报道中仍无明显磨损,产量增加4%,年节电 12×10^5 kW·h。磁性衬板

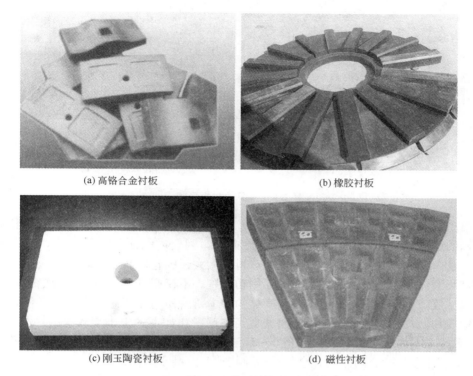

(a) 高铬合金衬板　　　　　　　　　(b) 橡胶衬板

(c) 刚玉陶瓷衬板　　　　　　　　　(d) 磁性衬板

图 2.8　常见的衬板

的工作原理就是靠磁力在衬板表面吸附一层磁性颗粒的介质碎片，形成保护层。这一保护层的组成物质的粒子由内向外逐渐变粗，靠近衬扳表面的内层是由细粒物料组成的床层；中间一层是由小片状和粗粒状磁性物料组成；外层是与物料和介质接触的工作面，它是由细粒与粗粒磁性物质组成的流动床层，这一保护层在磨机运转中并不是永远不变的，而是不断地更新。磁性衬板的优点是，衬板工作可不与运动的物料和介质直接接触，从而达到减轻磨损，延长板材寿命的目的。磁性衬板的另一优点是安装方便，衬板可借助磁力直接吸附在筒体内表面上，不用螺栓固定，大大减轻了安装维护的工作量。这种衬板比钢衬板厚度小，重量轻，对提高产量，降低能耗是有利的。

国内外针对衬板的研究，主要集中在研究优质材料以提高衬板使用寿命。此外，衬板的结构、固定方式和衬板形状也是重点研究方向。可采用沟槽衬板、螺旋沟槽衬板、分级衬板、锥面分级衬板、双螺旋形状分级衬板、组合分级衬板、螺旋衬板等各种新型衬板以提高产量，降低电耗。并应根据物料性质、磨机形式选用不同形式的衬板，图 2.9 所示为常见的衬板形状。

提高粉磨效率的方法还包括：采用倾斜式隔仓板、半倾斜式隔仓板；采用耐磨研磨体和耐磨衬板；采用合理的研磨体填充率和级配方案；改进现有的老式选粉机；加强喂料操作，实现均匀喂料；采用磨机负荷自动控制技术，提高操作和管理人员的专业理论水平、实际操作技能，等等。

9. 球料比和物料流速

控制合适的球料比和适当的磨内物料流速，是保持磨机粉磨效率高的重要条件。仓内

(a) 沟槽衬板　　　　　　　　　　　　　　　(b) 螺旋沟槽衬板

图 2.9　常见的衬板形状

研磨体的质量与物料的质量之比称为球料比，它可大致反映仓内研磨体的装载量和级配是否与磨机的结构和粉磨操作相适应。球料比太小，则仓内的研磨体量过少，或存料量太多，以致仓内缓冲作用大，粉磨效率低；球料比太大，则仓内研磨体装载量过多，或存料量太少，研磨体间及研磨体与衬板间的无用功过剩，不仅产量低，而且单位电耗和金属磨耗高，机械故障也多。球料比适当，研磨体的冲击研磨作用才能充分发挥，磨机才能实现高产、优质和低耗。据生产经验，开路磨适当的球料比如下。中小型双仓磨：一仓 4～6，二仓 7～8。三仓磨：一仓 4～5，二仓 5～6，三仓 7～8。四仓磨：一仓 4～5，二仓 5～6，三仓 6～7，四仓 7～8。闭路磨各仓的球料比均比开路磨小些。

　　磨内物料流速是保证产品细度、影响产量和各种消耗的重要因素。磨内物料流速过快，容易跑粗料，产品细度不好控制；若流速太慢，又会产生过粉磨现象。因此，应根据磨机特点、物料性质和细度要求，控制适宜的物料流速。特别是第一仓的物料流速，使粗料粒尽可能在第一仓被粉磨。否则当粗料粒流入细磨仓时，很难磨细，不但影响产品质量，还可能在磨尾出现料渣。磨内物料流速可以通过隔仓板篦孔形式、通孔面积、篦孔大小、研磨体级配及装载量来调节控制。

2.1.4　搅拌磨

　　搅拌磨是 20 世纪 60 年代开始应用的粉磨设备。由于最初使用的磨矿介质为玻璃砂，因此早期的搅拌磨也称砂磨或帕尔磨。早期的搅拌磨主要用于染料、油漆、涂料行业的料浆分散与混合，因其分散速度快，适合于短时间内粉体的微细化，后来经过多次改进，逐渐发展成为一种新型的高效超细粉碎机。近年来，在各工业领域中，作为微粉碎机再次引起人们注意，有时称之为介质磨，也有人称之为"剥片机"。

　　最初的搅拌磨(砂磨机)是立式敞开型容器，容器内装有一个缓慢运转的搅拌器。在以后的发展中，搅拌磨又由立式敞开型发展为卧式封闭型，如图 2.10 所示。目前，所有搅拌磨无论是立式或卧式，其基本原理及基本组成都相同，只是磨腔和搅拌器结构有所差别。

　　搅拌磨主要由一个填充小直径研磨介质的研磨筒和一个旋转搅拌器构成。由电动机通过变速装置带动磨筒内的搅拌器回转，搅拌器回转时其叶片端部的线速度在 4～20m/s，搅拌器转速为 100～1000r/min。依靠磨腔中机械搅拌棒、齿或片带动研磨介质运动，利用研磨介质之间的摩擦、冲击、挤压和剪切作用，使物料得到超细粉碎或混合、分散，因此

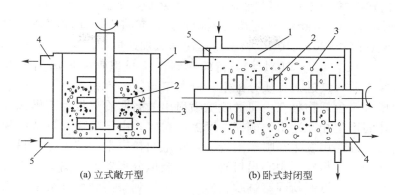

图 2.10 早期典型的搅拌磨结构示意图

1—冷却套；2—搅拌器；3—介质球；4—出料口；5—进料口

搅拌磨既可以作为超细粉碎机，也可以作为混匀、分散机。图 2.11 所示为无锡市鑫邦粉体设备制造有限公司生产的搅拌球磨机。

搅拌磨实质上是一种内部有动件的球磨机，靠内部动件带动介质运动来对物料进行粉碎。由于它综合了动量和冲量的作用，因此，能有效地进行超细粉磨，细度达到亚微米级。搅拌磨的球形研磨介质一般小于 6mm，用于超细粉磨时一般小于 1mm，其莫氏硬度应比被磨物料莫氏硬度大 3 倍以上，不会产生污染且容易分离，密度最好大于被磨物料的密度。研磨筒内壁及搅拌装置的外壁可根据不同的用途镶上不同的材料。循环卸料装置既可保证在研磨过程中物料的循环，又可保证最终产品及时卸出。连续式搅拌磨研磨筒的高径比较大，其形状像个倒立的塔体，筒体上下装有隔栅，产品的最终细度是通过调节进料流量来控制物

图 2.11 无锡市鑫邦粉体设备制造有限公司生产的搅拌球磨机

料在研磨筒内的滞留时间来保证的。循环式搅拌磨是由一台搅拌磨和一个大体积循环罐组成的，循环罐的容积是磨机体积的 10 倍，其特点是产量大，产品质量均匀及粒度分布较均匀。

2.1.5 气流粉碎机

气流粉碎机是国内生产研究最多、机型最齐全的超细粉碎设备，气流粉碎机属于干法生产。美国 Fluid Energy 公司在 1934 年研制成功了气流粉碎机的原理样机。它广泛应用于非金属矿物、化工的超细粉碎，产品粒度取决于混合气流中的固体含量。

1. 结构及工作原理

气流粉碎机种类很多，目前尚没有统一的分类标准。一般分为卧式和立式两大类。卧

式气流粉碎机由粉碎室、喷嘴、进料管和出料管等组成，如图 2.12 所示。

图 2.13 所示为 micron-master 超微气流粉碎机，它将干燥无油的高压空气 $(3\sim9)\times10^5$ Pa 或高压热气流 $(7\sim20)\times10^5$ Pa 喷出后迅速膨胀加速成超声速气流 $(300\sim500\text{m/s})$ 或过热蒸气 $(300\sim400\text{℃}, 0.7\sim20\text{MPa})$，待碎物料由文丘里喷嘴加速到超声速导入粉碎室，高压气流经工质入口进入工质分配室。分配室与粉碎室相通，由于研磨喷嘴与粉碎室的相应半径成一锐角，物料在由研磨喷嘴喷射出的高速旋流带动下做循环运动。颗粒间、颗粒与机体间产生相互冲击、碰撞、摩擦而粉碎。由于喷嘴附近速度梯度很大，因此，绝大多数的粉碎作用发生在喷嘴附近。粗粉甩向粉碎室周壁做循环粉碎，而微粉在离心气流带动下被导入粉碎机中心出口管，进入旋风分离器加以捕集。没有达到要求的物料在离心力作用下再返回粉碎室继续粉碎，直至达到所需细度并被捕集为止。在气流磨中，压缩气体绝热膨胀产生焦耳-汤姆逊效应，因而适用于超细粉碎低熔点、热敏性物料。

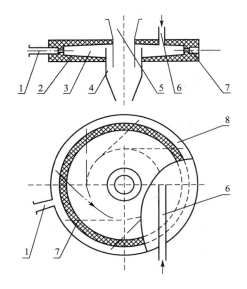

图 2.12 卧式气流粉碎机工作原理示意图

1—工质入口；2—内衬；3—工作腔体；
4—旋风出料口；5—余气出口；6—进料口；
7—工作喷嘴；8—工质分配室

图 2.13 micron – master 超微气流粉碎机外观

2. 气流粉碎机存在的问题

气流粉碎可以省去非金属矿超细粉碎中的烘干工艺，但也存在一些问题：①设备制造成本高、一次性投资大、效率低、能耗高、粉体制备成本大，使其应用领域也受到了一定限制；② 难以制得亚微米级产品(如想制备 $1\mu m$ 的产品，入磨前需经预粉碎)，产品粒度在 $10\mu m$ 左右时效果最佳，在 $10\mu m$ 以下时产量大幅下降，成本急剧上升，不适于应用在非金属矿领域；③气流磨的单机处理能力较小(均小于 1t/h)，不能适应大规模(超细粉体产量在 100t/h 以上)大型化、专业化和高细度生产的需要；④自主创新的机型偏少、设备加工精度低、大多数厂家还在模仿和开发国外同类产品。

2.1.6 高能球磨设备

机械力化学的概念是 Peter 第一次在 20 世纪 60 年代初提出的,他把它定义为:"物质受机械力的作用而发生化学变化或者物理化学变化的现象"。50 年代,Takahashi 在对黏土做长时间粉磨时,发现黏土不仅有部分脱水,同时结构也发生了变化。80 年代以来,这一新兴学科更扩展至冶金、合金、化工等领域,得到了广泛应用。90 年代以来,国际上,尤其是日本,对机械力化学的研究和应用十分活跃。

目前,能够产生明显机械力化学作用的常用粉磨设备是高能球磨,主要包括行星磨、振动磨、搅拌磨等。行星磨是在普通球磨机的基础上发展变化而来的一种新型粉磨机,按磨筒轴线方向可分为立式行星磨和卧式行星磨两种形式。

1. 高能球磨的结构

行星磨的结构较普通磨机的结构更复杂。图 2.14 为立式行星磨的结构示意图,它主要由电动机、三角带传动系、公共转盘、磨筒和齿轮系(或分三角带传动系)组成,高能球磨机的外观如图 2.16 所示。

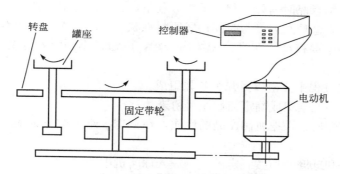

图 2.14 立式行星磨的结构示意图

2. 高能球磨机理

利用球磨机的转动或振动,使硬球对原料进行强行的撞击、碾碎、研磨、压合和再碾碎、研磨的反复过程,将其粉碎为纳米级微粒。这是一个无外部热能供给的、干的高能球磨过程,是一个由大晶粒变为小晶粒的过程。在纳米结构形成机理的研究中,认为高能球磨过程是一个颗粒循环剪切变形的过程。在此过程中,晶格缺陷不断在大晶粒的颗粒内部大量产生,从而导致颗粒中大角度晶界的重新组合,使得颗粒内晶粒尺寸可下降 $10^3 \sim 10^4$ 个数量级。在单组元的系统中,纳米晶的形成仅仅是机械驱动下的结构演变,晶粒粒度随球磨时间的延长而下降,应变随球磨时间的增加而不断增大。在球磨过程中,由于样品反复形变,局域应变带中缺陷密度到达临界值时,晶粒开始破碎。这个过程不断重复,晶粒不断细化直到形成纳米结构。行星磨中每个筒体(半径为 r)绕各自的轴 O 转动,自转的角速度为 ω_r,各磨筒则绕与轴 O 平行的磨机中心轴 R 公转,其角速度为 ω_R,若物料的质量为 m,图 2.15 为研磨介质受力分析,物料的受力 F 为

$$F = G_R + G_r + G_k + mL\,\mathrm{d}\omega/r \qquad (2-1)$$

式中, $G_R = m\omega_R^2 L$ 为公转引起的离心力; $G_r = m\omega_r^2 r$ 为自转引起的离心力; $G_k = 2m\omega_R\omega_r$

为自转和公转共同作用引起的哥氏力；$mL\mathrm{d}\omega/r$ 由公转的速度变化引起，ω_R 恒定时为零。

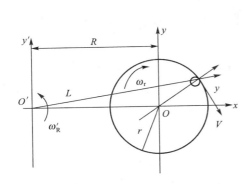

图 2.15　研磨介质受力分析

图 2.16　高能球磨机外观

高能球磨制备纳米晶时需要控制以下参数和条件：①硬球的材质，有不锈钢球、玛瑙球、硬质合金球等；②球磨温度与时间；③原料性状，一般为微米级的粉体或小尺寸条带碎片；④球磨过程中颗粒尺寸、成分和结构变化，可通过不同时间球磨的粉体的 X 光衍射、电镜观察等方法进行监视。

高能球磨工艺过程主要由以下几个步骤组成。

（1）根据产品的元素组成确定初始原料粉末。

（2）选择球磨介质，根据所制产品的性质，在钢球、刚玉球或其他材质的球中选择一种组成球磨介质。

（3）初始粉末和球磨介质按一定的比例放入球磨机中球磨。

（4）工艺的过程是：利用球与球、球与研磨筒壁的碰撞制成粉末，并使其产生塑性形变，形成化合物。经过长时间的球磨，复合粉末的组成细化，并发生扩散和固态反应。

（5）球磨时一般采用惰性气体 Ar、N_2 等保护。

（6）有时需要加入一定量的分散剂（1‰～2‰Wt），如甲醇、硬脂酸等。

通过 QM 行星式球磨机制备了铌镁酸钡 $Ba(Mg_{1/3}Nb_{2/3})O_3$（BMN）。采用荷兰飞利浦公司的 FEI SiVion 型扫描电子显微镜观察样品（已蒸镀金膜）表面形貌，如图 2.17 所示，由此判断晶粒尺寸大小、晶粒生长等情况。

3. 高能球磨的显著特点

（1）高能球磨的磨筒运动方式与普通球磨机不同，高能球磨的磨筒为复杂的平面运动。一方面，电动机带动公共转盘运动，安装在其上的磨筒随之转动，此为"公转"（牵连运动）。另一方面，由于齿轮系或分三角带转动系的作用，磨筒还绕自身的中心轴"自转"（相对运动）。普通球磨机的磨筒体仅绕固定的中心轴旋转。磨筒的行星运动是行星磨区别于普通球磨机的基本标志。

（2）进料粒度在 $980\mu m$ 左右；出料粒度小于 $74\mu m$（最小粒度可达 $0.5\mu m$）。

（3）球磨罐转速快，不为罐体尺寸所限制，球磨效率高。公转为 ±（37～250）r/min，自转 78～527r/min。研磨介质在公转和自转的作用下，离心加速度可达 98～196m/s²，使

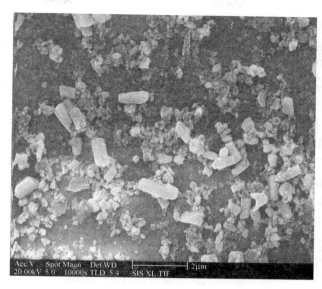

图 2.17　BMN 粉末(仅经过混合)SEM 图谱

粉末产生塑性形变及固相形变，而传统的球磨工艺只对粉末起混合均匀的作用。

（4）与普通球磨机相比，行星磨通常有多个磨筒，一般为 2 或 4 个磨筒均匀对称地水平安装或垂直安装在运动的公共转盘上。

（5）结构紧凑，操作方便，密封取样，无污染，无损耗、工艺简单等。

近年来，它已成为制备纳米材料的重要方法之一，被广泛应用于合金、磁性材料、超导材料、金属间化合物、过饱和固溶体材料及非晶、准晶、纳米晶等亚稳态材料的制备。

4. 影响高能球磨效率及机械力化学作用的因素

影响高能球磨效率和机械力化学作用的主要因素有：原料性质、球磨强度、球磨环境、球磨气氛、球料比、球磨时间和球磨温度等。

（1）原料性质的影响。物料体系的组成和各组分的配比是决定最终产品组成的物质基础。不同的原料组成和组分配比即使在相同球磨条件下也会得到不同的球磨产品。用 MO（M 为二价金属元素）粉与 Si 粉混合粉磨生成 MOSi。在磨球的激烈碰撞下，粉末颗料变形产生了空位、位错等大量缺陷，导致系统内储能增大，引起固溶和原子级反应。

（2）球磨强度的影响。高能行星磨、振动磨和搅拌磨中研磨介质对物料的高速高频冲击、碰撞有利于能量的转换和分子、原子及离子的输运和扩散。实验表明，球磨强度对机械合金化非晶的形成具有重要的影响。强度低时，粉末形成非晶的时间较长，甚至无法形成非晶；强度较高时，形成非晶的时间大大缩短，且有助于非晶成分范围的扩大，但继续球磨时会使已非晶化的粉末重新晶化形成新相。当球磨能量高到一定程度时，更宜形成稳定的化合物而不是非晶。对于硬度和强度较高的多组分氧化物体系，因其价键较牢固，键能较高，球磨强度较低时根本无法使之发生晶格扭曲、畸变等，也就谈不上机械力化学反应。

（3）球磨环境的影响。对无机非金属的粉磨通常有干法和湿法两种粉磨方法。干法操作简单，湿法往往可以得到更小的粉磨产物粒径。廖捷凡通过对碳酸钙的干、湿法粉磨来考察粉磨环境对相变的影响。出乎意料的是，湿法粉磨时，即使粉磨时间延长至 100h 仍看不到相变现象。认为这是摩擦系数减小（摩擦是产生机械力化学效应的有效方式之一），颗粒在水中的界面能小于在空气中的表面能。因而使粉体颗粒难以积聚起足够的能量以克服相变所需的激活势垒的缘故。在湿法球磨白云石、石灰石和石英时，不易观察到多晶转变现象。而干法粉磨至一定程度时，相变的发生几乎是必然的。机械能诱使的材料内部结构变化通常要求颗粒（晶粒）尺寸及自由能达到极限值，而在湿法粉磨环境下，碎裂表面的溶解和"重键"，良好的润滑和冷却环境都阻碍了颗粒尺寸和自由能达到极限值，从而阻碍了多晶转变的发生。

（4）球磨气氛的影响。在金属材料的机械化合金（MA）过程中，金属粉末粒子在冲击碰撞作用下反复地被挤压变形、断裂、焊合及再挤压变形。在每次冲击载荷作用下，粉末都可能产生新生表面。这些新生表面相互接触时即会焊合在一起。因为新生表面原子极易氧化，所以球磨时必须在真空或保护气氛下进行。常用的保护气体有 Ar 和 N_2 等，前者为惰性气体，一般不会参与 MA 过程，而后者却可能参与反应，而且反应产物还与反应气氛的压力有关。

（5）研磨介质尺寸及球料比的影响。高能球磨中多采用尺寸较小的硬质合金球或氧化锆球、氧化铝球等，球径一般为 10mm 以下，这是因为小尺寸球有利于增大研磨介质与物料之间的摩擦面积。

为了获得较高的球磨能量，通常采用比普通球磨机大得多的球料比，一般为 10～30，当物料量和球径大小一定时，球运动的平均自由程取决于装球量。装球量过小即球料比过小时，物料受研磨的机会减少；反之，球料比过大时，磨球的平均自由程减小，不能充分利用球的机械力，因而降低机械力化学反应的程度。

（6）球磨时间和温度的影响。球磨时间的长短直接影响粉磨产物的组成和纯度。某些金属或合金的 MA 非晶化和晶型转变只在一定的时间范围内进行，粉磨时间过短时材料内部能量聚集太少，不足以破坏其结合价键；过长时有可能会发生其他的变化。对于无机非金属材料的机械力化学合成，通常需要较长时间的球磨。

在研磨过程中，由于球磨对粉末的摩擦和撞击，粉末的温度会升高，局部温升有利于固相反应，但整体温度的升高会加剧物料间的团聚及其与磨球和筒壁的黏附，粉磨某些有机物时，温度过高还会导致其分解等现象。一般认为，研磨时粉末的温升不宜超过 350K。

机械合金化通常是在搅拌式、振动式或行星式球磨机中进行的。近年来的研究表明，使用不同的球磨机、球磨强度、球磨介质、球的直径、球料比和球磨温度等会得到不同的产物。相变是其中的重要因素。在不同的球磨条件下，会产生不同的相变过程。碰撞过程中使粉末产生形变，形成复合粉的同时，也会导致温度升高；同时伴随产生空位、位错、晶界及成分的浓度梯度，进一步发生了溶质的快速输运和再分散，为形成新相创造了条件。

因此，在球磨过程中的粉末结构与特征、尺寸的变化及温度、应力和缺陷的数量，都直接影响相变过程，而相变过程又反过来影响进一步的形变和缺陷密度的变化。这是使用机械合金化方法时必须重视的两个方面。

2.1.7　粉磨系统的发展趋势

现代工程技术的进步促进了传统磨机的改进和发展，同时在工程中需要越来越多的高纯超细粉体。超细粉碎技术在高技术研究开发中将起着越来越重要的作用。用机械方式制取超细粉体所依赖的超细粉碎与分级技术的难度不断增大，其发展也有赖于相关技术的进步，如高硬高韧性耐磨构件的加工、高速轴承、亚微米级颗粒粒度分布测定等。因此，今后的发展和研究主要应面向以下几个方面。

1. 在设备大型化的同时，力求选用高效、节能型磨机

随着水泥窑系统大型化，水泥磨也向大型化方向发展。近年来，设计的巨型磨机直径已达 7m 以上，电动机功率达 12000kW 以上。例如，中信重工中标澳大利亚某公司的 $\phi 7.93 \times 13.6m$ 的溢流型球磨机，打破了全球高端的磨矿设备技术和市场被少数几家国际公司长期垄断的局面。采用大型磨机不但可以提高粉磨效率、降低衬板和研磨体消耗，减少占地面积，并且可以简化工艺流程，减少辅助设备，也有利于降低产品成本。我国新建生产线重点采用立式磨加球磨或辊压机加球磨的半终粉磨流程，以保证水泥综合电耗大幅度降低。同时，俄罗斯、美国、德国等国家还正在试验喷射磨、离心磨、爆炸磨、振动磨、行星式球磨等新型磨机。

2. 降低粉磨温度，提高粉磨效率

对于传统的粉磨作业，特别是使用钢球磨机，会使大部分输入的能量转变为热能传递给物料，使粉磨物料的温度上升到 100℃ 以上。这样不但会使水泥在粉磨作业中引起二水石膏脱水，失去作为水泥缓凝剂的作用，造成水泥的假凝。并且温度过高还会使物料黏结，黏糊研磨介质，从而降低粉磨效率。因此，为了提高粉磨效率，改善水泥品质，近年来广泛采用了磨体淋水，加强磨内通风、磨内喷水、在选粉机内通风冷却和采用水泥冷却器对出磨水泥进行冷却等方法。我国从 1987 年针对三峡水利枢纽工程大坝岩基细裂纹灌浆处理问题及其他工程类似问题，开展了超细粉磨水泥技术和装备的研究。超细水泥可通过气流粉碎机、胶体磨等设备制备。

3. 采用新型衬板，改进磨机部件材质

随着磨机大型化，世界各国水泥设备制造厂家，在不断改进磨机结构，提高加工精度的同时，还十分重视采用新型衬板，改善磨机易损部件材质，以提高磨机综合效率，节省能源，延长运转周期。磨机衬板已不再是单纯地保护磨机筒体的部件，它已发展成为直接影响粉磨效率和能源消耗的技术性构件。由于它直接传递能量、对研磨体还起着分级的作用，因此其结构形状、材质等都对磨机生产效率有着很大的影响。近些年来，国内外都十分重视新型衬板的研究。水泥磨常用的衬板有压条式凸棱衬板、大凸波形衬板、曲面环向阶梯衬板、锥面分级衬板、螺旋凸棱形分级衬板、角螺旋分级衬板、圆角方形衬板、环形沟槽衬板、橡胶衬板、无螺栓衬板等。

在改善易磨部件材质方面，则日益广泛地采用各种合金钢材料，提高耐磨性能，降低磨耗率，提高部件和研磨体使用寿命。原来使用耐磨性低的普通钢材时，每吨水泥磨耗的衬板、研磨体达 1000g 之多，目前一般可降到 100g 以下。例如，丹麦使用的一种含铬 28% 的铸钢，可使衬板使用寿命达 2～4 万小时。瑞典研制的一种铬、锰、硅合金钢，强度高、耐磨性优良。比利时马格托公司的研磨体也是铬合金钢，其性能居世界前列。

4. 添加助磨剂，提高粉磨效率

助磨剂能够消除水泥粉磨时物料结块，衬板的弊端，改善粉磨作业，提高粉磨效率，

因而受到越来越多的重视。据报道，掺加助磨剂可使粉磨效率提高20％以上。美国、德国、日本、俄罗斯等国家都日益广泛地将助磨剂用于水泥工业生产。常用的助磨剂有醇胺类、乙二醇类、木质素化合物类、脂肪酸类及盐类等。这些助磨剂必须经过鉴定证明对产品无害。一般从磨头掺入，掺加量为0.008％～0.08％。

5. 开发与超细粉碎设备相配套的精细分级设备及其他配套设备

为了适应磨机大型化的要求，近些年来闭路粉磨作业越来越多，因此其重要的配套分级设备也得到了较大发展。超细粉碎与分级设备相结合的闭路工艺，可以提高生产效率，降低能耗，保证合格产品粒度。可以说，处理量大、分级精度高的设备是超细粉碎技术发展的关键。离心式选粉机(又称机械空气选粉机)是水泥工业应用最早的具有代表性的空气选粉设备，其直径已达11m以上，选粉能力达300t/h以上。为了与大型磨机相匹配，旋风式选粉机在水泥粉磨作业中也得到了日益广泛的应用，同时亦有利于进行水泥冷却，其选粉能力已达500t/h。此外，以O-Sepa选粉机为代表的第三代选粉机也得到较快的发展，正在广泛地用于水泥的选粉。当然还有许多新型选粉机出现。选粉机发展的主要趋势是：进一步提高分级效率，提高单机物料处理量，结构简单化、机体小型化，可进行遥控操作等。

6. 重视超细粉碎基础理论的研究

基础理论的研究对于超细粉碎技术的开发和应用极为重要。其内容包括对微细粉体粒子的粒度与表面物理化学等特性及粉碎过程的描述；不同超细粉碎方法(或机械应力的施加方式)如冲击、研磨、摩擦、剪切、压碎、剥蚀等在不同粉碎环境中的能耗规律、粉碎效率、产品细度与能量利用率，以及对粉碎物料的晶体结构和物理化学性能等的影响；粉碎物理化学环境及助磨剂、分散剂等对产品细度、物化性能及粉碎效率的影响等。

7. 开发研究与超细粉碎技术相关的粒度检测和控制技术

超细粉碎的粒度检测和控制技术，是实现超细粉体工业化连续生产的重要条件之一。粒度测试仪器及测定与控制技术，是与超细粉碎技术密切相关的。超细粉体的分散、低污染耐磨材料的制备和超细粉体的评价等将会受到重视。

8. 设备与工艺相结合

物料特性和产品指标要求不一致促使了超细粉碎与分级设备规格型号的多样化。如将超细粉碎和干燥等工序结合、超细粉碎与表面改性相结合，机械力化学原理与超细粉碎技术相结合，可以扩大超细粉碎技术的应用范围。借助于表面包覆、固态互溶现象，将可制备一些具有独特性能的新材料。在材料领域，用机械合金化制备特种新材料。

9. 不断提高和改进超细粉碎设备

超细粉碎技术的关键是设备。因此，首先要开发新型超细粉碎设备。例如，日本的MICRO超细磨，利用射流冲击的高压均化器和射流粉碎机已在非金属矿行业中得到应用。这类设备利用高压射流的强大冲击力，使得被粉碎物料沿层间解离或缺陷处爆裂，达到超细剥片的目的。因此这类设备适用于云母、高岭土等脆性、低硬度和层状结晶的非金属矿的超细粉碎或剥片，其特点是能耗低、噪声小、处理能力大、占地面积小。

10. 采取其他技术措施

粉磨工艺和设备的发展主要体现在节能、增产上，也体现在产品质量提高、劳动生产率增长、操作强度下降、设备性能完善、实现自动化、易损件磨耗量减少、操作费用降低和实现文明生产上。例如，发电厂的烟气脱硫中需要制备石灰石浆料，粒度要求～325 目 90% 以上。美国 Union Process 公司采用高速搅拌磨取代卧式球磨机，可明显节约 50% 的能耗，值得在我国进行推广。

2.2 粉体合成制备工艺

2.2.1 固相法

1. 热分解反应法

热分解反应基本形式（S 代表固相，G 代表气相）：

$$Sl \longrightarrow S2 + G1 \tag{2-2}$$

很多金属的硫酸盐、硝酸盐等，都可以通过热分解法而获得特种陶瓷用氧化物粉末。如将硫酸铝铵（$Al_2(NH_4)_2(SO_4)_4 \cdot 24H_2O$）在空气中进行热分解，即可制备出 Al_2O_3 粉末。

草酸盐的热分解机理如下：

$$MC_2O_4 \cdot nH_2O \xrightarrow{-H_2O} MC_2O_4 \xrightarrow{-CO_2, -CO} MO \quad 或 \quad M \tag{2-3}$$

$$MC_2O_4 \cdot nH_2O \xrightarrow{-H_2O} MC_2O_4 \xrightarrow{-CO} MCO_3 \xrightarrow{-CO_2} MO \tag{2-4}$$

究竟以哪一种进行要根据草酸盐的金属元素在高温下是否存在稳定的碳酸盐而定。

利用有机酸盐制备粉体，优点是：分解温度比较低，组成准确可靠，有机酸盐易于金属提纯，容易制成含两种以上金属的复合盐，产生的气体由 C、H、O 等组成。

2. 固相反应法

固相反应法是将反应原料按一定比例充分混合研磨后进行煅烧，通过高温下发生固相反应直接制成或再次粉碎制得。由固相热分解可获得单一的金属氧化物，但氧化物以外的物质，如碳化物、硅化物、氮化物等及两种金属元素以上的氧化物制成的化合物，仅仅靠热分解就很难制备。通常是将最终合成所需的原料混合，再使用高温使其发生化学反应，工艺如图 2.18 所示。

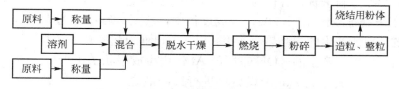

图 2.18 固相反应法制备粉体工艺流程

两种或两种以上的固体粉末，经混合后在一定的热力学条件和气氛下反应而成为复合物粉末，有时也伴随气体逸出。钛酸钡粉末、尖晶石粉末、莫来石粉末的合成都是化学反应法：

$$BaCO_3 + TiO_2 \longrightarrow BaTiO_3 + CO_2 \qquad (2-5)$$

$$Al_2O_3 + MgO \longrightarrow MgAlO_4 \qquad (2-6)$$

$$3Al_2O_3 + 2SiO_2 \longrightarrow 3Al_2O_3 \cdot 2SiO_2 \qquad (2-7)$$

3. 氧化还原法

非氧化物特种陶瓷的原料粉末多采用氧化物还原方法制备。或者还原碳化，或者还原氮化，如 SiC、Si_3N_4 等粉末的制备。SiC 粉末的制备：将 SiO_2 与碳粉混合，在 $1460 \sim 1600°C$ 的加热条件下，逐步还原碳化。其大致反应如下：

$$SiO_2 + C \longrightarrow SiO + CO \qquad (2-8)$$

$$SiO + 2C \longrightarrow SiC + CO \qquad (2-9)$$

$$SiO + C \longrightarrow Si + CO \qquad (2-10)$$

$$Si + C \longrightarrow SiC \qquad (2-11)$$

Si_3N_4 粉末的制备是在 N_2 条件下，通过 SiO_2 与 C 的还原氮化。反应温度在 $1600°C$ 左右。其基本反应如下：

$$3SiO_2 + 6C + 2N_2 \longrightarrow Si_3N_4 + 6CO \qquad (2-12)$$

4. 火花放电法

把金属电极插入气体或液体等绝缘体中，不断提高电压，按图 2.19 所示的电压-电流曲线进行，直至绝缘被破坏。如果首先提高电压，可观察到电流增加，在 b 点产生电晕放电。一过电晕放电点，即使不增加电压，电流也自然增加，向瞬时稳定的放电状态，即电弧放电移动。

从电晕放电到电弧放电过程中的过渡放电称为火花放电。火花放电的持续时间很短，只有 $10^{-7} \sim 10^{-5}$ s，而电压梯度则很高，达 $10^5 \sim 10^6$ V/cm，电流密度也大，为 $10^6 \sim 10^9$ A/cm²。也就是说火花放电在短时间内能释放出很大的电能。因此，在放电发生的瞬间产生高温，同时产生很强的机械能。在煤油之类的液体中，利用电极和被加工物之间的火花放电来进行放电加工是电加工中广泛应用的一种方法。在放电加工中，电极、被加工物会生成加工屑，如果我们积极地控制加工屑的生产过程，就有可能制造微粉，也就是由火花放电法制造微粉。有人对氧化铝制备进行了试验。在水槽内放入金属铝粒的堆积层，把电极插入层中，利用在铝粒间发生的火花放电来制备微粉。反应槽的直径是 20cm，高度是 120cm，铝粒呈扁平状，直径为 $10 \sim 15$mm。在放电电压为 24kV、放电频率为 1200 次/s 的条件下来制备微粉(图 2.20)。合成过程中，反复进行稳定的火花放电而不发生由于各铝粒间的放电所产生的相互热熔连接。由于放电而引起铝粒表面有微细的金属剥离和水的电解，由水的电解产生的—OH 基团与 Al 作用生成浆状 $Al(OH)_3$。将这种浆状物进行固液分离，其固体成分经 24h 干燥后再进行捣碎煅烧就获得一次粒径为 $0.6 \sim 1\mu m$ 的 Al_2O_3 微粉。因为使用的是铝电极，所以能合成高纯 Al_2O_3。

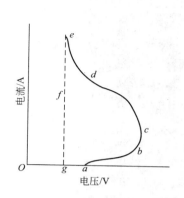

图 2.19　绝缘破坏电流-电压曲线

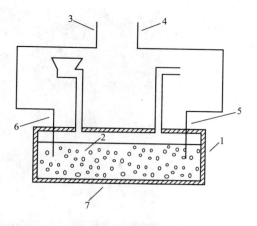

图 2.20　火花放电法合成氧化铝微粉的装置
1—反应槽；2—纯水；3，4—输出接线柱；
5，6—铝电极；7—铝片供给底舱

2.2.2　液相法

液相法是目前实验室和工业上最为广泛的合成超微粉体材料的方法。与固相法比较，液相法可以在反应过程中利用多种精制手段。另外，通过所得到的超微沉淀物，很容易制取各种反应活性好的超微粉体材料。液相法制备超微粉体材料可简单地分为物理法和化学法两大类。

物理法是从水溶液中迅速析出金属盐，一般是将溶解度高的盐的水溶液雾化成小液滴，使液滴中的盐类呈球状迅速析出，然后将这些微细的粉末状盐类加热分解，即得到氧化物超微粉体材料。

化学法是通过溶液中反应生成沉淀，通常是使溶液通过加水分解或离子反应生成沉淀物，如氢氧化物、草酸盐、碳酸盐、氧化物、氮化物等，将沉淀加热分解后，制成超微粉体材料。

1. 溶胶-凝胶法

溶胶-凝胶法是指将金属氧化物或氢氧化物的溶胶变为凝胶，再经干燥、煅烧，制得氧化物粉末的方法。即先造成微细颗粒悬浮在水溶液中（溶胶），再将溶胶滴入一种能脱水的溶剂中使粒子凝聚成胶体状，即凝胶，然后除去溶剂或让溶质沉淀下来。溶液的 pH、溶液的离子或分子浓度、反应温度和时间是控制溶胶凝胶化的四个主要参数。采用溶胶-凝胶法制备钇铝石榴石（Yttrium Aluminum Garnet，YAG），并进行了 Tb、Ce、Gd 掺杂，图 2.21 给出的是在 1050℃条件下烧结的 YAG：Tb、Ce、Gd 试样的扫描电镜图，从图中我们可以看出粉末形貌基本上呈现为圆形，而且粒度分布较窄，尺寸范围为 70nm 左右。

溶胶-凝胶法优点为通过受控水解反应能够合成亚微米级（$0.1\sim1.0\mu m$）、球状、粒度分布范围窄、无团聚或少团聚且无定形态的超细氧化物陶瓷粉体，并能加速粉体再烧成过程中的动力学过程，降低烧成温度。

2. 水解法

水解法可分为无机盐水解法和金属醇盐水解法。无机盐水解法主要是利用一些金属盐

图 2.21　1050℃ 条件下烧结的试样的扫描电镜图

溶液在高温下水解生成氢氧化物或水和氧化物沉淀。金属醇盐是金属与醇反应生成的含有 Me—O—C 键的金属有机化合物，其通式为 $Me(OR)_n$，Me 为金属，R 为烷基或烯丙基。金属醇盐易于水解，生成金属氧化物、氢氧化物或水和物沉淀。金属醇盐一般具有挥发性，易于精制。该方法不需要添加碱，加水就能进行分解，而且也没有有害的阴离子和碱金属离子，因而生成的沉淀纯度高，反应条件温和，操作简单，制备的粉体活性高，具有很好的低温烧结性，但成本昂贵。

例如，以 $TiCl_4$ 为原料制备纳米 TiO_2 粉体，将已配制好的 $TiCl_4$ 储备液用蒸馏水分别稀释至 0.1、0.3、0.5、0.7、0.9mol/L，并且编号为 a、b、c、d 和 e。分别倒入清洁的三颈瓶中，于水浴锅中以 1℃/min 的速度升温至 80℃并保温 2h，全程搅拌，搅拌速率为 300～400r/min。将水解后得到的白色悬浮液分为两部分：一部分静置以观察其分层情况；一部分离心分离，用蒸馏水充分洗涤，然后用适量氨水中和少量残留盐酸至 pH＝7，再离心分离，于 30℃下真空干燥得纳米水合氧化钛粉体，然后于茂福式加热用电阻炉中、500℃下煅烧 2h，制得纳米 TiO_2 粉体。图 2.22 所示为初始钛浓度分别为 0.1mol/L、0.3mol/L、0.5mol/L、0.7mol/L、0.9mol/L 条件下，经 500℃下煅烧 2h 所得 TiO_2 粉体的 SEM 照片。

3．沉淀法

沉淀法是液相化学合成高纯度纳米微粒采用最广泛的方法之一，包括直接沉淀法、共沉淀法和均匀沉淀法等。

1）直接沉淀法

直接沉淀法是制备超细微粒广泛采用的一种方法。其原理是在金属盐溶液中加入沉淀剂，在一定条件下生成沉淀并从溶液中析出，将阴离子除去，沉淀经洗涤、热分解等处理可制得超细产物。采用直接沉淀法合成 $BaTiO_3$ 微粉的步骤如下。

（1）将 $Ba(OC_3H_7)_2$ 和 $Ti(OC_5H_{11})_4$ 溶解在异丙醇或苯中，加水分解（水解），就能得到颗粒直径为 5～15nm（凝聚体的大小小于 $1\mu m$）的结晶性较好的、化学计量的 $BaTiO_3$ 微粉。

（2）在 $Ba(OH)_2$ 水溶液中滴入 $Ti(OR)_4$（R：丙基）后也能得到高纯度的、平均颗粒直径为 10mm 左右的、化学计量的 $BaTiO_3$ 微粉。

(a) 0.1mol/L (b) 0.3mol/L

(c) 0.5mol/L (d) 0.7mol/L

(e) 0.9mol/L

图 2.22　不同初始钛浓度下烧结后 TiO₂ 粒子 SEM 照片

直接沉淀法操作简单，对设备要求不高，不易引入杂质，产品纯度高，成本低。不足是溶液中的阴离子除去较困难，产品粒度分布较宽，分散性较差。

2) 共沉淀法

共沉淀法是在混合的金属盐溶液（含有两种或两种以上的金属离子）中加入合适的沉淀剂，由于解离的离子均一存在于溶液中，经反应生成组成均匀的沉淀，沉淀热分解得到高纯超微粉体材料。共沉淀法的关键在于保证沉淀物在原子或分子尺度上均匀混合。

例如，四方氧化锆或全稳定立方氧化锆的共沉淀制备。以 $ZrOCl_2 \cdot 8H_2O$ 和 Y_2O_3（化学纯）为原料来制备 $ZrO_2 - Y_2O_3$ 的纳米粉体的过程如下：Y_2O_3 用盐酸溶解得到 YCl_3，然后将 $ZrOCl_2 \cdot 8H_2O$ 和 YCl_3 配制成一定浓度的混合溶液，在其中加 NH_4OH 后便有 $Zr(OH)_4$ 和 $Y(OH)_3$ 的沉淀粒子缓慢形成。反应式如下：

$$ZrOCl_2 + 2NH_4OH + H_2O \longrightarrow Zr(OH)_4 \downarrow + 2NH_4Cl \qquad (2-13)$$

$$YCl_3 + 3NH_4OH \longrightarrow Y(OH)_3 \downarrow + 3NH_4Cl \qquad (2-14)$$

41

得到的氢氧化物共沉淀物经洗涤、脱水、煅烧可得到具有很好烧结活性的 $ZrO_2(Y_2O_3)$ 微粒。

沉淀法制备微粉应考虑的因素：

金属离子浓度与沉淀剂浓度。操作温度，两种溶液混合的方式和均匀化速率（如搅拌），其他杂质的存在、性质和作用及溶液中 pH 等的影响，反应副产物的去除方法（如洗涤等），沉淀物的干燥方式，沉淀物的灼烧（升温程序），化学物间的转化等。沉淀条件不同，后续处理方式不同，都会影响沉淀。颗粒乃至于影响到分解后氧化物粒子的大小、形貌、团聚状态和性能等。

共沉淀法的特点如下。

优点是原子（离子）、分子水平上混合均匀、操作简便、成本低；共沉淀法中的沉淀生成情况，能够利用溶度积通过化学平衡理论来定量讨论、产品转化率高。不足是过剩的沉淀剂会使溶液中的全部正离子作为紧密混合物同时沉淀。利用共沉淀法制备超细粉体时，洗涤工序非常重要。此外，离子共沉淀的反应速度也不易控制。

4. 溶剂蒸发法

溶剂蒸发法是把溶剂制成小滴后进行快速蒸发使其组分偏析最小，得到的纳米粉末一般可通过冷冻干燥法、喷雾干燥法、热煤油干燥法和喷雾热分解法等加以处理（图 2.23）。

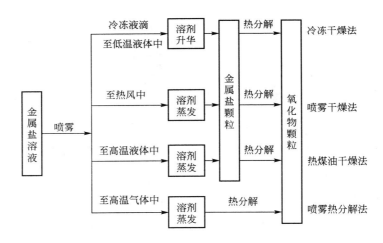

图 2.23 采用溶剂蒸发法以金属盐溶液制备氧化物粉料

喷雾干燥法是采用喷雾器将金属盐溶液喷入高温介质中，溶剂迅速蒸发，从而析出金属盐的超细粉。喷雾干燥热分解法则是把溶液喷入高温的气氛中，溶剂的蒸发和金属盐的热分解同时进行，从而直接制备金属氧化物超细粉。喷雾干燥法和喷雾热分解法制备能力强，操作简单。但一些盐的热分解会产生有毒有害气体，如 SO_2、NO、NO_2 和 HCl 等。

冷冻干燥法是将金属盐的溶液雾化成微小细液滴，并使其快速冻结成固体，然后加热使这种冻结的液滴中的水升华气化，从而形成溶质的无水盐，经焙烧得到超微粉。冷冻干燥法分为冻结、干燥和焙烧三个过程。冻结液滴干燥装置如图 2.24 所示。

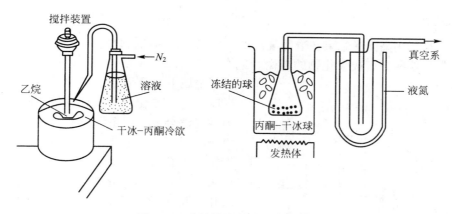

图 2.24 冻结液滴干燥装置示意图

2.2.3 气相法

气相合成法的原理是将所欲制备成超微粉体的相关物料通过加热蒸发或气相化学反应后高度分散，然后将冷却凝结的超微颗粒收集。过程的实质是一种典型的物理气相"输运"或化学气相"输运"反应，或是两者的结合。制备粉体及超微粉体的气相法包括等离子气相合成法、激光法、化学气相沉积法、溅射法、离子化学气相沉积法、激光诱导化学气相沉积法等。这里主要介绍等离子气相合成法和激光法。

1. 等离子气相合成法

等离子体法是在惰性气氛或反应性气氛下通过直流放电使气体产生高温等离子体，从而使原料熔化和蒸发，蒸气遇到周围的气体就会被冷却或发生反应生成超微粉。等离子化学气相沉积设备如图 2.25 所示。在惰性气体的保护下，几乎可以制备任何金属的超微粉。从工艺设备和工艺过程来看，等离子体气相合成法与等离子体化学气相沉积法(CVD)大同小异。差别在于前者的产品是粉末制品，后者是薄膜。与激光法比较，该法制备粉末量大。

图 2.25 等离子化学气相沉积设备

美国已采用等离子体合成法制备超细 WC 和 TiC 粉末，国内以建立超细 TiO_2（钛白粉）和 Sb_2O_3（锑白粉）的等离子体合成生产线，正在生产细度约为 50mm 的 Si_3N_4 超细粉生产线。

2. 激光法

激光法是利用高能激光束在惰性气氛中直接辐射金属或氧化物，让这些物质蒸发，冷凝后直接得到这些金属或氧化物的超微粉或在 N_2、NH_3、CH_4 等反应气氛中将激光束辐射到金属上，金属被加热蒸发后与气体发生反应制得其氮化物和碳化物等。图 2.26 所示为激光法合成 SiC 超细粉末实验装置示意图。激光法对于合成氮化物、碳化物、硼化物超细粉尤为合适，特别是 Si_3N_4、SiC 的纳米级粉末，而这些非氧化物超细粉用化学共沉淀法和溶胶-凝胶法等液相法不易制备。与其他气相合成法相比，激光法合成粉末更易保证高纯超细且不团聚，通常粉末细度为 $10\sim20$nm。该法制备的超微粉纯度高、粒径小，其不足是能耗大，超微粉回收率低，价格昂贵。目前，激光合成 Si_3N_4、SiC 等正向商业化发展。

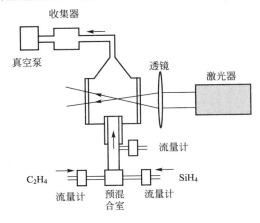

图 2.26 激光法合成 SiC 超细粉末实验装置示意图

 习 —— 题

2-1 颚式破碎机的结构和工作原理是什么？

2-2 圆锥破碎机的结构和工作原理是什么？

2-3 采用助磨剂减少过粉磨现象，可提高粉磨效率的原理是什么？

2-4 简述高能球磨工艺过程主要由哪几个步骤组成。

2-5 气流粉碎机的结构和工作原理是什么？

2-6 请选用合适的原料，通过沉淀法制备四方氧化锆或全稳定立方氧化锆。

第**3**章
除铁设备

 本章教学要点

知识要点	掌握程度	相关知识
除铁目的	掌握除铁的目的； 熟悉原料中铁质的来源	利用除铁设备处理原料提高电瓷绝缘性能的原因； 原料中铁质的来源及控制
磁选法原理	掌握干式和湿式磁选设备的基本原理及特点； 熟悉两类磁选设备的结构	两类磁选设备的工艺特征及原理； 两类磁选设备的结构

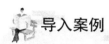
导入案例

中国第一台低温超导除铁器

图 3.1 中国第一台低温超导除铁器安装现场

图 3.1 为中国第一台低温超导除铁器安装现场。低温超导除铁器利用超导磁体来产生除铁所需的强大磁场，优点是在超导状态下（－269℃）有电流无电阻，电流通过超导线圈来产生超强磁场（50000Gs），具有磁场强度高、磁场深度大、吸铁能力强、重量轻、能耗低、运行节能环保等普通电磁除铁器无法比拟的优点。我国的第一台低温超导除铁器，是由高能物理研究所与山东华特磁电科技股份有限公司联合研制的。2008 年 11 月，中国科学院理化技术研究所予以鉴定通过。

低温超导磁体是除铁器的关键核心部件，是高能物理研究所运用建造大科学装置"北京谱仪"所掌握的超导技术，继成功建造我国最大的单体超导磁铁后，经过近两年的攻关，研制成功的。这一工业实用超导磁体具有 0.93m 的大口径，最高磁场场强高达 5.6T，中心磁场场强 3T，储能为 3.4MJ。它打破了由美国艺利公司长期一统天下的局面。

资料来源：http://www.sdhuate.com/2009/1254992787d861.html，2009

3.1　除铁目的

陶瓷原料中含有过量的铁及其氧化物，会使瓷件表面产生熔斑、熔洞、降低陶瓷制品的色泽、质量和性能，是有碍于制品质量的重要原因。因为铁是一种良好的导体，电瓷制品是一种绝缘性要求高的材料，铁质的存在将降低瓷件的电气性能，是电检中绝缘子被击穿的主要原因。随着优质矿产资源的消耗，以及对原料用量的增加和对质量的要求不断提高，原料处理日益重要。物料及泥浆的除铁是电瓷生产工艺中一个非常重要的环节。一般工厂对干粉料有 1～2 次除铁过程，对泥浆有 2 次以上除铁过程。

原料和泥浆中铁质的来源一般有以下三个方面。

（1）在原料开采及粗碎过程中，由于工作上的粗心及机械零件的破损，很可能在物料中落入一些铁片、碎块、螺栓等尺寸较大的金属物。如果这些物件进入到下一工序，就容易造成设备事故。

（2）在原料粉磨、输送、搅拌等制备过程中，在坯料挤制、切削等加工过程中，由于机械设备的磨损、管道的锈蚀、刀模具的磨损等原因，使粉料和泥料、泥浆混入一些颗粒较细微的铁粉中。

（3）在矿山里，与电瓷原料一起混杂着少量铁钛质矿物，如加强磁性的磁铁矿，弱碱性的黄铁矿、菱铁矿、褐铁矿和黑云母等。

所以，在电瓷生产工艺中，一方面要注意尽量避免在坯料中混入铁质；另一方面要设法清除掉这些难以避免而混入的铁质。原料经机械处理以后，为了除去混进的及磨损下来的铁质，工厂内一般都采用电磁铁来除去。这时料浆通过电磁除铁器，其中的铁质即被钢栅吸住，流出的泥浆就是不含铁质的干净的料浆了。

除铁杂质的方法很多，有淘洗法、水力旋流法、酸洗法、电泳分离法、高频感应法和磁选法等。目前在生产实际中普遍采用磁选法，它具有工艺简单、效率高、成本低的特点。所以在电瓷生产中使用的除铁设备，一般是磁选设备。

先进陶瓷原料对化学成分要求十分严格，对于有害的铁杂质常采用酸洗和磁选的方法予以清除。酸洗主要是对用钢球磨细碎的原料（氧化铝就是用钢球磨细磨的）而言，用来除去磨损下来的铁质的。因为磨损下来的铁质太多，同时对原料纯度的要求又较高，所以只有采用化学方法才能将铁质比较彻底地除去。

酸洗的过程大致如下：将一定浓度（30％）的盐酸溶液注入原料中，加热煮沸，原料中的铁溶于盐酸中形成 $FeCl_3$，然后再经过多次水洗清除 $FeCl_3$，直到水溶液中不含 Fe^{3+} 为准。检验方法是取溶液数毫升，滴入数滴 NH_4SCN 溶液。不显示红色的 $[Fe(SCN)]^{2+}$，即为水洗达到了要求。盐酸的浓度和温度越高，酸洗效率也越高。

磁选是利用铁的磁化性质，使物料通过强大的磁场，铁质等被磁场吸引而从原料中分离出来。

3.2 磁选法原理和结构

3.2.1 磁选法原理

根据各种物质在受到磁场作用以后所产生的磁化性能不同，凡能被磁化的物质，就容易被磁极吸引住；凡不能被磁化或磁化性能很弱的物质就不能被磁极吸住，达到分离的目的。

金属铁、钛、磁铁矿石等铁钛物质是能被磁场强烈磁化的物质，黄铁矿等次之，而石英、长石、高岭土等电瓷原料是不能被磁化的物质，所以它们共置于磁场中时，就有可能互相分离。磁选设备，实质上是一种具有磁场的设备。磁选设备的分类如下。

（1）按产生磁场的来源不同分固定磁铁和电磁铁两类。一般来说，电磁铁的磁场较强些。

（2）按除铁工艺特征分干式和湿式两类。干式用于分离原料碎石及干粉中的铁屑；湿式用于分离泥浆中的铁粉。

（3）按设备的结构分滚筒式、滑轮式、悬挂式、过滤式等数种。

3.2.2 磁选设备的结构和性能

1. 干式磁选设备

干式磁选设备包括以下几种。

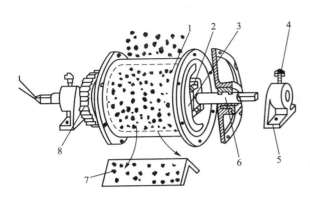

图 3.2 滚筒式磁选机

1) 滚筒式磁选机

滚筒式磁选机的结构如图 3.2 所示。主要用于细颗粒和粉状物料的磁选。在回转滚筒 1 的内部，有一条固定不动的中空轴 6，在此轴上固装着由线圈 2 和磁极 3 组成的磁性系统。电磁线团的引线由轴 6 的中孔通入。轴 6 用止动螺钉 4 固定在支承座 5 上。轴上磁性系统的磁场，位于物料加入口的那个侧面，约占滚筒表面一半（180°），传动齿轮 8 与滚筒固装在一起，可以围绕固定轴 6 回转。滚筒的筒体通常用黄铜板卷制而成。如用钢板，滚筒表面的磁性将大大减弱。

滚筒式磁选机一般安装在料仓卸料口的下方作为卸料器使用。当滚筒旋转时，物料被慢慢地卸出。附着在滚筒表面那层物料中的铁质颗粒，在进入磁场作用区时，被吸附在滚筒表面上。随着滚筒的旋转这些，颗粒逐渐离开磁场作用区。当磁性吸力减弱到不足以克服其本身重力时，铁质颗粒就掉落到分离架 7 的后侧。而非铁质颗粒始终没有受到磁场的吸引作用，它们不会随滚筒一起旋转一段距离，而是直接地从滚筒表面滑下，掉落到分离架的前侧。

从结构上分析，该筒有一定的厚度。该筒与磁极表面有一定距离，依制造精度和安装质量而定，一般为数毫米。这样就造成滚筒表面上的物料与磁极表面有相当大的距离，可是磁场的磁通密度是随着与磁极距离的增加而急剧下降的，所以滚筒式磁选机的有效磁通密度是比较小的。

如把这种滚筒式磁选机配置在带磁极板料槽的振动给料机下方，磁选效果会明显地提高。因为有给料机供料，所以落在滚筒表面的物料量比较均匀，料层厚度容易调节。还因为物料进入带磁极板的料槽中时，由于振动力、物料颗粒的重力和磁场吸力的作用，使铁质颗粒逐渐处于物料流的下层，非铁质颗粒处在上层，这样分层的物料加到滚筒表面时，铁质颗粒就比较容易被滚筒表面所吸住。

2) 滑轮式磁选机

滑轮式磁选机外形与滚筒式磁选机相似，其结构简单，使用广泛，常安装在皮带运输机上，用以代替卸料端滚筒，所以又称为电磁皮带轮。

电磁滑轮的轮壳是一个绕制了电磁线圈的铸钢件。其表面全部呈现磁性，被安装在中空的传动轴上，线团的导线从轴的中孔向外引出，通过滑环与电刷相接。轮壳表面蒙有一层用铜片或橡胶等非磁性材料制成的保护层。

当物料随皮带到达滑轮表面时，铁粉颗粒被吸住，其他物料从皮带表面滚下。当皮带中的某一段继续运动而逐渐离开滑动表面时，原吸附在这段皮带上的铁屑所受到的磁感应强度逐渐减弱，至吸力不足以克服重力时就掉落下来。

3) 悬挂式磁选机

悬挂式磁选机是一个具有两个马蹄形磁极的电磁吸铁器，悬挂在皮带运输机等有物料流经过的地方，磁极表面与物料层表面之间的距离应尽量靠近，一般不超过 0.1m。要定期地从磁极表面清除铁屑。

4）自卸式电磁除铁器

图 3.3 为自卸式电磁除铁器。自卸式电磁除铁器是一种自冷式自动卸式除铁器，该除铁器在保证决定除铁器性能的主参数 $I \times N$ 的积不变的情况下，增加线圈匝数 N，降低电流密度 I，从而大幅度降低线圈的发热量，将除铁器温升控制在 70℃ 之内，可延长除铁器的使用寿命。

这种除铁器本体采用全密封结构，适合在户外和环境恶劣的场合下使用，并且舍弃了皮带传动，采用摆线针减速机，从而使用可靠，调整方便，维护简单。自卸式电磁除铁器适用于焦炭、石灰石、谷类等原料中除去弱磁场物质。

5）高梯度磁选机

高梯度磁选机是一种专门针对弱磁性矿选矿的设备分干选强磁机和水选强磁机两种。一般的弱磁性矿主要有褐铁矿、赤铁矿、锰矿、共生矿（多种矿共同存在）。这种弱磁性矿主要由三氧化二铁组成，要想把三氧化二铁提取出来就需要用高强磁设备。

图 3.4 所示为 DLS 系列立环高梯度磁选机，它是结合国内外强磁磁选机的特点，我国自行研制开发的一种新型强磁磁选机。该系列产品是目前国内外性能最好、技术最先进的强磁磁选设备。该机采用转环立式旋转、反冲精矿，并配有高频振动机构。高梯度磁选机工作过程中，对于每一组磁介质而言，冲洗精矿的方向与给矿方向相反，粗颗粒不必穿过磁介质堆便可冲洗出来，从而有效地防止了磁介质的堵塞。设置矿浆高频振动机构，驱动矿浆产生脉动流体力。在脉动流体力的作用下，矿浆中的矿粒始终处于松散状态，可提高磁性精矿的质量；平环高梯度磁选机对给矿粒度要求比较严格，独特磁系结构及优化组合的磁介质，使磁选机给矿粒度上限达到 2.0mm，简化了现场分级作业，具有更为广泛的适应性；采用多梯度介质技术和液位稳定控制装置使铁精矿品位和回收率提高；转环转速及高频振动箱振动频率采用变频器无级调节；与国内同类产品比较其独特的设计有效地解决了转环的"步进"现象。它具有富集比大、对给矿粒度、浓度和品位波动适应性强等优点，从根本上解决了平环强磁磁选机和平环高梯度磁选机磁介质容易堵塞这一世界性技术难题。

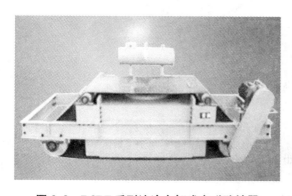

图 3.3　RCDF 系列油冷自卸式电磁除铁器

图 3.4　DLS 系列立环高梯度磁选机

国内某系列高梯度磁选机技术特性见表 3-1。

表 3-1　某系列高梯度磁选机技术特性

技术参数	SSS-I-1000	SSS-I-1200	SSS-I-1500	SSS-I-1750	SSS-I-2000
分选环直径/mm	1000	1200	1500	1750	2000
额定激磁功率/kW	25	35	46	63	72
处理量/(t/h)	4~10	10~20	20~35	30~50	40~75
配套电动机功率/kW	4.5	6.6	8.4	13.5	16.5
机重/kg	8000	12 000	21 000	38 000	51 000

2. 湿式磁选设备

随着对电瓷产品性能要求的提高，国内外都广泛地开展了对高效泥浆除铁器的研制工作。湿式磁选设备是用于泥浆除铁的设备，又称为泥浆除铁器。目前，我国生产的 SHP 系列湿式强磁选机可产生感应磁通密度超过 1.7T 的磁场，不仅能除去金属铁之类的强磁性铁质，还能除去泥浆中氧化铁之类的弱磁性矿物。对不同的分选介质参数进行设置，还可有效分选粒度为 $+10\mu m$~1mm 的弱磁性矿物。该系列设备工作场强高，比能耗低，运转平稳，单机处理能力大、分选效果好，运行成本低，适应性强，易于操作的常用的泥浆除铁器有格栅式、槽式和过滤式三种。

1）格栅式泥浆除铁器

格栅式泥浆除铁器结构如图 3.5 所示，外观如图 3.6 所示。它有一个用黄铜板或不锈钢板制成的箱壳 1，箱内装有电磁线圈和铁心，格栅状的磁栅板 2 固定在电磁铁心上并伸出在箱壳外。除铁器的磁栅板安装在泥浆流经的通道里，泥浆在格栅中流过时分成许多细薄的流股并受到磁选。箱壳上装有励磁电流的指示灯泡。磁极板要定期清洗。这种磁选机的技术规格是线圈 2100 匝，串绕，导线直径为 1.25mm，总电阻为 12.3Ω。直流电源电压为 80V，电流为 6A。

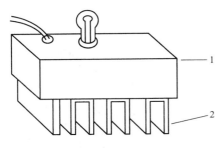

图 3.5　格栅式泥浆除铁器
1—箱壳；2—磁栅板

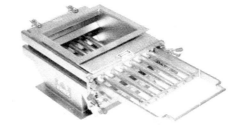

图 3.6　美国艺利强磁抽屉式格栅除铁器

2）槽式泥浆除铁器

槽式泥浆除铁器做成溜槽的形式，结构如图 3.7 所示，外观如图 3.8 所示。工作时，将浆料流入槽内，使浆料经过槽体，泥浆入槽以后在磁极板之间迂回通过。电磁线圈和铁心部分可以置于槽体的上部或下部。线圈可以串绕，也可以分绕。当工作一段时间后，关掉浆阀，然后提起槽体，使之脱离永磁板磁力作用，再放水冲洗去掉吸附铁磁物。

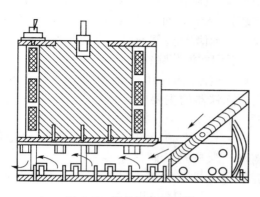

图 3.7　槽式泥浆除铁器

图 3.8　槽式泥浆除铁器外观

3）过滤式泥浆除铁器

按泥浆流向不同，有逆流式、顺流式和返回式三种。

（1）逆流式泥浆除铁器。

逆流式泥浆除铁器结构如图 3.9 所示。整个装置由支架 11 支承，在机壳 8 上装有许多板式散热片，机壳上部有上盖 2 和出浆管道 15，出浆管道上装有电磁隔离阀 1，机壳下部通过三通阀 14 与进浆管 9 相连，进浆管道上装有手动进浆阀 12，机壳的内部是电磁系统和泥浆过滤磁选部分。电磁系统包括：电磁线圈 6、顶板 5、内胆 7 和底板 10。泥浆过滤磁选部分主要由固定在机壳上的工作腔管 13 和叠放在工作腔管内的一组耦片 4 组成。工作腔管也就是线圈绕组的内圆筒体，它与内胆所形成的环柱形空间内，充以净化处理过的变压器油，线圈都浸在油内，以加强线圈的散热和绝缘。

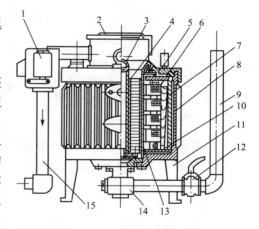

图 3.9　逆流式泥浆除铁器

1—电磁隔离阀；2—上盖；3—提手；
4—耦片；5—顶板；6—线圈；7—内胆；
8—机壳；9—进浆管；10—底板；11—支架；
12—进浆阀；13—工作腔管；
14—三通阀；15—出浆管

压力为 0.05MPa 左右的泥浆从进浆管经进浆阀、三通阀流入磁选机工作腔的底部又自下而上地在由许多芯片组成的过滤区中通过，最后经电磁隔离阀和出浆管道排出。在泥浆通过过滤区时，其中铁质颗粒就吸附在被强烈磁化了的耦片表面，排出机外的泥浆是被磁选除过铁的。采用电磁隔离阀，以防止停电对未经磁选处理的泥浆沉入已经磁选过的泥浆中去。

在使用过程中，根据泥浆含铁量多少，定期冲洗耦片，通常每 2～3h 冲洗一次。清洗时首先关闭进浆阀，后关机停电、打开上盖、把三通阀旋至排污位，再拉住提手 3 将一组耦片全部提出机外进行清洗，同时用水冲洗工作腔管内壁。

采用逆流式进浆方式，使泥浆流动比较平稳，对耦片没有冲击力，吸附在耦片表面的铁粉不会重新落入到泥浆中去。通过阀门调节控制泥浆的流速和泥浆在过滤区中通过的时间，以达到产量高、除铁效果好的目的。

使用过程中应注意供浆不易过浓，料浆含水率必须控制在65%以上，随着含水率的下降，除铁效果迅速下降。设备空转的时间不宜超过5min，否则，没有料浆的冷却作用，会造成线圈过热烧毁。也有使用者减少耦片数量，达到增加浆速度，这也是不允许。

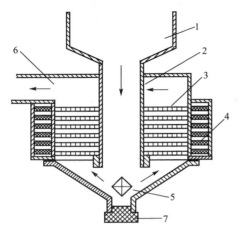

图 3.10　返回式泥浆除铁器
1—碗形漏斗；2—中空铜管；
3—耦片；4—电磁线圈；5—浮筒；
6—出浆槽；7—排污阀

（2）返回式泥浆除铁器。

结构与逆流式的相似，如图3.10所示。与逆流式泥浆除铁器的主要的区别在：①在原安装经手拉杆的耦片中孔里，插入一根中空铜管，在铜管的上端装有一个碗形的受料漏斗；②机壳上部无上盖和出浆管道，而是安装敞开式的出浆槽；③机壳下部无进浆管道，只安装了一个排污阀；④泥浆的流量，依靠安装在中空铜管下方的浮筒进行调节控制。

当泥浆加到受料漏斗后，在重力的作用下顺中空铜管流下，在液体静压强作用下，自耦片组的底层往上层返回，流经装满了耦片的过滤区。在这个过程中铁粉被磁选，经过净化了的泥浆从出浆槽排出。清洗耦片和过滤区是采用从出浆槽顶部放水冲刷的办法，带铁粉的污水经排污阀流出。

返回式泥浆除铁器的优点是结构上不需要采取密封措施；泥浆在除铁器内的流动依靠其本身的静压力（不要外界动力）；泥浆流量容易控制，除铁效果较好。其缺点是清洗耦片不够方便、不够彻底。

（3）顺流式泥浆除铁器。

结构与逆流式的相似。泥浆从机壳的上部加入，经过滤区顺流而下，磁选除铁后的泥浆从底部阀门排出。它的特点是结构简单、操作方便，但性能没有逆流式的好。

 习　　题

3-1　电瓷制备原料中为什么要除铁？

3-2　原料和泥浆中铁质的来源一般有哪些方面？

3-3　高梯度磁选机的原理是什么？

3-4　逆流式泥浆除铁器的工作原理是什么？

3-5　简述返回式泥浆除铁器结构与逆流式除铁器的主要区别。

第 **4** 章
搅拌与输送设备

 本章教学要点

知识要点	掌握程度	相关知识
搅拌的概念、气流搅拌、机械搅拌	掌握搅拌的概念；掌握机械搅拌工艺的结构及应用	气流搅拌和机械搅拌的工艺特征；气流搅拌和机械搅拌的优势
离心式泥浆泵、往复隔膜式泥浆泵	掌握两种泥浆泵的基本原理及特点；熟悉两种泥浆泵的应用	两种泥浆泵的结构；两种泥浆泵的基本原理；两种泥浆泵的适用领域

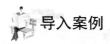导入案例

陶瓷缸体在机械设备中的应用

工程陶瓷材料在机械设备制作中，最引人注目的应用便是作为耐高温、耐磨损、抗腐蚀零件，如高温、含有泥浆、黏土环境下及有腐蚀性场合下使用皆有目共睹。它发挥了金属等材料所无法比拟的威力。特别是，工程陶瓷材料在许多缸体零件中得到了广泛的应用。

实践证明，通过采用陶瓷化工泵，可以大大延长泵的使用寿命，缸体类陶瓷，如钻探设备中的泥浆泵，要求有很高的寿命和可靠性，以往泥浆泵的缸体均采用硬质合金材料，因耐磨性能不理想，寿命偏低，越来越难以满足日益高速、高效、恶劣钻探工况的需要。通过采用 ZTM 陶瓷材料制作泥浆泵的缸套，其寿命是硬质合金缸套的三倍以上，大幅度提高了泥浆泵的工作寿命和可靠性。因此，工程陶瓷材料在机械设备中应用日益广泛，是最富有应用前景的材料。

陶瓷发动机是世界发达国家竞相研究的热点之一。由于能源危机迫使人们寻求降低燃料消耗和提高功率的途径。通过提高工作温度来增加发动机的燃烧效率是解决这一问题的有效方案。但是，一般金属材料难以承受 $1000℃$ 以上的高温，陶瓷材料具有优良的高温机械性能，是胜任高温耐磨、绝热的最佳材料。例如，无冷却系统陶瓷发动机气缸多采用氧化钴材料，我国"八五"计划 6105 发动机气缸上圈采用 Mg-PSZ 陶瓷材料作为绝热件，已经通过 500h 的装车试验。

▨ 资料来源：于爱兵，谭业发，林彬等，陶瓷缸体在机械设备中的应用，工程机械，1998(3).

4.1 搅 拌 设 备

4.1.1 搅拌的概念与作用

使一种或多种物料互相分散而达到温度场(温度在空间的分布)、浓度场(物料组分在空间的分布)均匀的操作，称为搅拌。供搅拌用的机械称为搅拌机械。

由于物料相态的不同，又把固体粉料的搅拌称为混合；浆状物料的搅拌称为拌和；液状物料的搅拌称为搅拌。

在化工生产中，搅拌得到了广泛的应用，如加速传热、传质、化学反应、溶解过程及制备混合液、乳浊液、悬浮液等方面。在电瓷生产中，主要用于化浆池、贮浆池、釉浆池等处的泥浆搅拌。具体来说有如下几点作用。

1. 使固体物料在水中高度分散以制备泥浆

黏土类的软质物料可不经球磨而直接投入搅拌池中用高速搅拌机加水浸散，制得泥浆悬浮液。有些原料是经矿山淘洗的泥干，颗粒细度已基本符合工艺要求，那么用这种化浆方法，再经适当的过筛处理来制备泥浆有很大优越性。

在成型等工序中所产生的各种废泥、废坯，需重新使用时，也可不必经过球磨，而只需切碎后加入到搅拌池中去就可变为泥浆。

2. 防止固体颗粒沉淀，保持泥浆悬浮状态

电瓷原料一般都要经过破碎、加水球磨后制成泥浆。泥浆的成分和性质很复杂，基本上属于固体颗粒大小为 $0.5\sim100\mu m$ 的细粒子悬浮液，其中固体组分 $30\%\sim35\%$，含水量 $65\%\sim70\%$。由于长石、石英、黏土等固体物料颗粒的密度较大，它们在水溶液里的悬浮状态是不稳定的，会在其重力作用下慢慢地自行沉降，结果造成泥浆池中，下部泥浆很浓、上部几乎只有清水的状况。为了保持泥浆中固体颗粒的悬浮状态，应该施以外力克服沉降力，搅拌就能达到这个目的。

3. 使料浆的成分均匀

电瓷生产中要制备新浆，也回收废泥、旧浆。新旧浆搭配使用，对降低生产成本、提高泥料的可塑性等方面是有利的。有些在泥浆中加入少量电解质，以提高泥浆流动性，改善泥浆脱水性能。所以在泥浆池里就要使用搅拌机。

泥浆成分的均匀性对产品质量影响极大。若使用颗粒级配、化学组成不均匀的泥浆、釉浆来制造坯件、瓷件，必定会产生开裂、变形、釉疵、机电性能差等毛病。所以，搅拌在生产工艺中意义重大、不可忽视。凡是有贮浆设备的地方，都要考虑使用搅拌机械。

4.1.2 气流搅拌和机械搅拌

在电瓷生产中对泥浆的搅拌，目前有三种方法：气流搅拌，机械搅拌，气流-机械混合搅拌。

1. 气流搅拌

当工厂的空压设备或锅炉的能力有富裕时，特别宜于采用气流搅拌。气流搅拌的装置最简单，只要在泥浆池中插入一根或数根开有许多 $3\sim6mm$ 小孔的气管，用压缩空气或蒸气通入就可以了。用蒸气搅拌榨泥用泥浆，还能提高泥浆的温度，可提高压滤机的生产能力。

通入泥浆的空气或蒸气，其压强应足以克服搅拌池中泥浆的静压头，并具有一定的气流速度从气管的小孔中喷出。通常为 $0.2\sim0.4MPa$ 气管端部与贮浆池池底之间的距离以 $0.4\sim0.6m$ 为宜。气体消耗量按表 4-1 数据选取。

表 4-1 气流搅拌消耗量

搅拌类型	微弱	中强	剧烈
气体消耗量/($m^3/min\cdot m^3$)	0.4	0.8	1.0

注：表中单位的意义是每分钟每立方米泥浆消耗的气体的体积。

气流搅拌的缺点是会给泥浆带入空气，能量消耗多于机械搅拌，搅拌力较弱。一般用于维持泥浆悬浮状态的场合。

2. 机械搅拌

机械搅拌是指用机械搅拌泥浆。搅拌机械种类很多，但基本形式是相似的，在一条回转的中心轴上安装一个或数个不同形状的桨叶。按传动形式不同，有齿轮传动、皮带轮传动、摩擦轮传动等几种；按桨叶形式不同，有平直桨叶、螺旋桨叶、涡轮桨叶、框式、锚

式等几种形式。它们能在不同的介质中起到良好的搅拌作用。在电瓷生产中使用最广泛的是螺旋桨式搅拌机。

4.1.3 螺旋桨式搅拌机

1. 搅拌机主轴及其传动机构

1) 螺旋桨

在搅拌机转动主轴 2 的端部，套装着一个螺旋桨 1。现在生产的螺旋桨均具有三片桨叶，很像船舶推进器，所以又称为推进式搅拌机。

螺旋桨的螺距(假设螺旋桨在固定介质中旋转，每旋转一圈，前进的距离)为螺旋桨直径的 0.9～1.4 倍，螺旋桨的直径 $d = 0.2～1.0$m，按搅拌池直径 D 的大小选配，一般应使 $D = (3～4)d$。螺旋的升角为 $20°～25°$。螺旋桨的转速 n，在不同工作时，有不同的要求，以搅拌、混均和维持泥浆悬浮状态为主要目的时，$n = 150～200$r/min，在以浸散物料、制备泥浆为主要目的时，$n = 250～500$r/min。也可用下式确定：

$$n = \frac{125}{d} + 80 \qquad (4-1)$$

式中，n——螺旋桨转速(r/min)；

　　　d——螺旋桨直径(m)。

桨叶通常用铸造法制造。材料有铸铁(HT15-33，HT20-40)、铸钢(ZG200-400，ZG1Cr13)、铸铝(ZL7，ZL5)、铜合金、硬木、耐磨尼龙和耐磨橡胶等。由于急速旋转的螺旋桨与固体物料颗粒及泥浆的强烈摩擦作用，所以磨损情况比较严重，如采用上述非金属材料制造，则可避免铁质掺入泥浆。

2) 主轴及其传动部分

主轴即搅拌轴，在经过强度、刚度及临界转速等计算后，所得轴径尺寸值应调整成标准系列的公称轴径(30mm、40mm、50mm、65mm、80mm、95mm、110mm 等)。

主轴采用实心的光制钢棒或空心的无缝钢管制成。一般除了轴的配合组装面需要车削以外，轴的中段可不要加工。为了提高主轴耐磨性，表面最好进行调质处理或喷涂硬铬，布氏硬度(HB)为 25～30MPa。

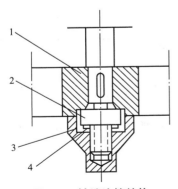

图 4.1　轴端连接结构

1—螺旋桨；2—紧固螺母；
3—防锈帽；4—销钉

主轴应校直。垂直度的许用偏差为轴长的 0.1%～0.2%。为保持搅拌轴旋转时的稳定性，轴的悬臂长度 L 与安装主轴的两个轴承之间距离 B 的关系，悬臂长度 L 与主轴直径 d 的关系，应符合下列不等式

$$L \leqslant (4～5)B \qquad (4-2)$$
$$L \leqslant (40～50)d \qquad (4-3)$$

电动机 5 通过联轴节，密封式减速器 3 内的锥形齿轮副 4，主轴 2 和螺旋桨叶 1 旋转。也可采用皮带轮传动方式。

螺旋桨与主轴轴端的连接，最好采用如图 4.1 所示的结构。在主轴端部开有键槽，螺旋桨 1 套装在上，后用紧固螺母 2 固紧，再在轴孔中插上销钉 4 定位，最后再拧上

防锈帽 3。其优点是连接牢固、可靠，保护轴端连接部分，防止紧固螺母诱蚀变形。

2. 搅拌池

泥浆搅拌池通常是一个砌成正多边形(六边或八边)内壁的混凝土质贮浆池。池内表面用水泥砂浆作黏合剂贴上瓷面板。在多边锅底形的池底里，其中一边稍陷下一些，作为泥浆泵抽浆管道插入处或排浆管道安装处。为获得较佳的搅拌效率，损拌池应有合理的形状和尺寸，一般搅拌池的直径(正多边形池内接圆的直径)D 约为搅拌池高度(池壁高)h 的1.5 倍。

搅拌机通常采取立式(以主轴方位而言)安装，即把搅拌机用横梁 6 架装在搅拌池的上方，搅拌轴垂直向下，直插入池中(图 4.2)。

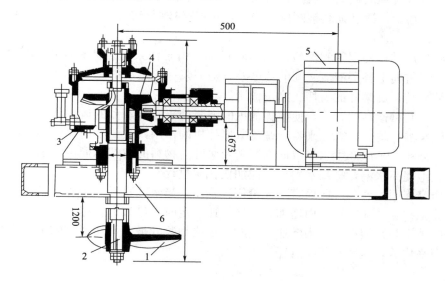

图 4.2 螺旋桨式搅拌机
1—螺旋桨；2—主轴；3—减速器；4—锥形齿轮副；
5—电动机；6—横梁

3. 设 计 计 算

1) 生产能力

电瓷生产中使用的螺旋桨式搅拌机都是间歇操作的，它的生产能力按下式计算：

$$Q = \frac{V \cdot n}{1000} \qquad (4-4)$$

式中，Q——生产能力(m^3/h)；

$\quad V$——制备过程每小时循环次数(h^{-1})；

$\quad n = 3600/\tau$，τ 为每次循环时间，$\tau = t_1 + t_2 + t_3(s)$；$t_1$ 为装料时间，$t_1 = 10 \sim 20s$；t_2 为搅拌时间(s)；t_3 为卸出泥浆时间，$t_3 = 10 \sim 20s$。

2) 搅拌功率

搅拌机所消耗的功率主要用于使静止的泥浆运动和克服泥浆对桨叶和池壁的摩擦阻力。

在理论上，如果确定了桨叶上的作用力，就能计算出搅拌机所消耗的功率。但是实际情况比较复杂，影响因素很多，如搅拌机的几何尺寸，桨叶的形状，搅拌池的结构，泥浆的浓度、黏度等性质，操作情况和传动效率等。目前还没有一个较好的理论公式来概括这些因素，而采用经验公式来计算搅拌功率。

泥浆搅拌机的功率消耗 N_p 与螺旋桨直径 d、转速 n、泥浆密度 ρ 之间的函数关系为 N_p 正比于 $Kd^5n^3\rho$。

4. 工作原理

从搅拌机理看，正是由于流体速度差，才使流体各层之间相互混合，因此，凡搅拌过程总是涉及流体剪切速率。利用具有一定速度旋转的螺旋桨叶，使泥浆和泥料向下运动，在它们撞击到搅拌池底面后，就向池壁方向流动，在碰到池壁后，又顺着壁面向上返回。处在搅拌池上层的泥浆和泥料被螺旋桨吸入，接着又被螺旋桨往下推，形成一个容积循环的流动状态。

螺旋桨的旋转还使泥浆和泥料产生回转运动。由于泥浆的黏性和搅拌池壁面的阻力，造成回转半径方向上各层液流之间的速度差。随泥浆一起运动的泥料块和固体颗粒，有时还受到高速旋转螺旋桨叶的剪切、撞击作用。

由于上述几种运动的合成，使搅拌池里的泥浆处于非常紊乱的运动状态。于是泥料被浸散，使泥浆混合均匀。总的来看，螺旋桨搅拌机的作用，主要是使池内物料产生垂直方向上的容积循环，其次产生水平方向的回转及桨叶对物料的剪切和撞击。水是浸散泥料的介质，适宜地提高水温，提高水料比，能加快化浆过程。

实验研究表明，就桨叶区而言，无论何种桨型，当桨叶直径一定时，最大剪切速率和平均剪切速率都随转速的提高而增加。但当转速一定时，最大剪切速率和平均剪切速率与桨叶直径的关系与桨型有关。当转速一定时，径向型桨叶最大剪切速率随桨叶直径的增加而增加，而平均剪切速率与桨叶直径大小无关。

5. 特点

(1) 结构简单、重量轻。

(2) 安装方便、操作容易、使用面广。

(3) 传动部分密封性好不会沾污泥浆。

(4) 搅拌效率高、有强烈的化浆作用。

(5) 桨叶的磨损快，要采取有效的措施以延长桨叶使用期限。

泥浆是一种含有大量磨损性固体颗粒的悬浮液，要使用结构特殊的泥浆泵输送。目前，常用的是离心式泥浆泵和隔膜式泥浆泵。此外尚有油隔离式泥浆泵、螺杆泵等。

6. 使用安全

(1) 搅拌机应设置在平坦的位置，用方木垫起前后轮轴，使轮胎搁高架空，以免在开动时发生走动。

(2) 搅拌机应实施二级漏电保护，上班前电源接通后，必须仔细检查，经空车试转认为合格，方可使用。试运转时，应检验拌筒转速是否合适。一般情况下，空车速度比重车(装料后)稍快 2～3 转，如相差较多，应调整动轮与传动轮的比例。

(3) 拌筒的旋转方向应符合箭头指示方向，如不符实，应更正电动机接线。

(4) 检查传动离合器和制动器是否灵活可靠，钢丝绳有无损坏，轨道滑轮是否良好，周围有无障碍及各部位的润滑情况等。

（5）开机后，经常注意搅拌机各部件的运转是否正常。停机时，经常检查搅拌机叶片是否打弯，螺钉有否打落或松动。

（6）当混凝土搅拌完毕或预计停歇 1h 以上，除将余料出净外，应用石子和清水倒入料筒内，开机转动，把粘在料筒上的砂浆冲洗干净后全部卸出。料筒内不得有积水，以免料筒和叶片生锈。同时还应清理搅拌筒外积灰，使机械保持清洁完好。

（7）下班后及停机不用时，应拉闸断电，并锁好开关箱，以确保安全。

4.2 输 送 设 备

泥浆泵是一种宽泛的泵的一个通俗概念，是材料生产中泥浆泵输送泥浆的重要设备。不同的地域、习惯，最终涉及的泵型不会一样，另外，泥浆泵也是钻探过程中向钻孔里输送泥浆或水等冲洗液的机械。在常用的正循环钻探中，它是将清水、泥浆或聚合物冲洗液在一定的压力下，经过高压软管、水龙头及钻杆柱中心孔直接送到钻头的底端，以达到冷却钻头、将切削下来的岩屑清除并输送到地表的目的。

4.2.1 离心式泥浆泵

1. 离心式泥浆泵的工作原理

离心式泥浆泵又名砂泵，其结构与离心式水泵相似，如图 4.3 所示。

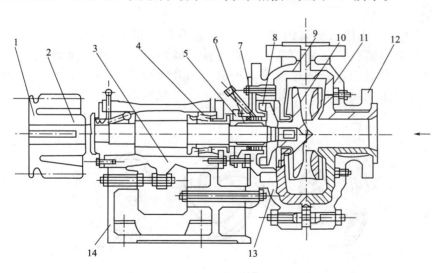

图 4.3 离心式泥浆泵

1—联轴器；2—主轴；3—轴承座；4—轴承；5—填料压盖；6—轴套；
7—水封填料箱；8—平衡盘；9—后衬套；10—叶轮；11—前衬套；
12—前壳体；13—后壳体；14—机座

在泥浆泵的壳体内有一个叶轮 10，被安装在直接与电动机轴相连或为传动装置带动的旋转主轴 2 上。叶轮上有数片均匀分布的形状特殊的叶片，在叶片间形成泥浆的通道。泵壳为螺旋形蜗壳。泥浆进口管安于壳体的轴心处，泥浆出口管装在壳体的切线方向上。

当叶轮随主轴高速旋转时，依靠叶轮的带动，壳体内泥浆跟随叶片旋转，产生了很大的离心力。这种离心力所具有的压强，即为叶轮处泥浆的动压头。当泥浆流到壳体出口处时，流道扩大，流速降低，于是部分动压头转化为静压头，当此压头高于泵外系统的压头时，泥浆就被排出泵外。

随着泵内泥浆的排出，叶轮中部逐渐降为负压，于是机外的泥浆被吸入。砂泵就是这样把泥浆不断地吸入和排出，进行着输送工作。

泥浆在离心力作用下所产生的压力为

$$\mathrm{d}p = \rho \omega^2 r \mathrm{d}r \tag{4-5}$$

式中，ρ——泥浆密度；

ω——泥浆旋转角速度；

r——泥浆旋转半径。

由公式(4-5)可见，离心力所产生的压力与该流体的密度呈正比。如果泥浆中含有较多空气，那么泵送这种泥浆时所产生的压力就很小。

由离心泵的工作原理可见，泵的压头是随着叶轮直径和转速的增加而增加的。但受到泵用材料强度、制造精度、功率消耗等方面的影响，离心泵叶轮直径不宜过大、转速不宜过高，因此离心式泥浆泵的压力不能很高。单级泵的压力，一般不超过 0.2MPa。

2. 主要结构部件和特点

1) 叶轮

叶轮 10 是直接作用于泥浆的部件，要求它有足够的强度和耐磨性。应选用耐磨材料制造，如灰口铸铁、高硅铸铁、镍烙铸铁、铸钢、铬铸钢、镍铬铸钢、锈铝钼铸钢、钛合金、天然橡胶和合成橡胶等。一般采用开式和半开式叶轮，为加强叶片的刚度和强度，也可采用闭式叶轮，如图 4.4 所示。叶轮内的流道宽大平滑，叶片短厚而片少(2～4 片)。

| (a) 闭式叶轮 | (b) 半闭式叶轮 | (c) 开式叶轮 |

图 4.4 离心泵的叶轮

闭式叶轮的叶片两边，通常是两块平行的盖板，当泥浆进入这种结构的叶轮，流过通道，到叶轮出口处时，会由流道中心向叶轮两外侧流动，形成外旋涡，使此处的固体颗粒浓度增加，对壳体和叶轮的磨损加剧。若将叶轮上的盖板内表面加工成凸弧形、向叶轮的出口方向逐渐扩大，那么在叶轮出口处会形成内旋涡，固体颗粒向流道的中心集中，叶轮两侧的浓度较低，可延长泥浆泵的使用寿命。

在叶轮前后盖板上还制有径向或成以旋转方向凸出的副叶片，用以防止固体颗粒进入轴封装置。

在叶轮的后盖板上应开 $4\sim6$ 个小孔，使叶轮后方与吸入口处的压力尽量一致以达到平衡轴向力的目的。这种开平衡孔的办法简单易行，但会引起泥浆回流，泵送效率降低，同时仍有 $10\%\sim25\%$ 的轴向力得不到平衡。采用安装平衡盘 8 的方法，可进一步平衡轴向力。

2）壳体

离心式泥浆泵的壳体，内部曲线平滑、流道宽大，壳体内密封环（图 4.3 中密封环已与前衬套整体制造）与叶轮进口处外缘的间隙较大。常把壳体做成剖分式的结构，即分成前壳体 12 和后壳体 13，以便于清洗和处理阻塞事故。装配时，壳体的中心线与叶轮旋转中心线重合。在壳体内表面，还分别安装有前壳护板衬套 11 和后壳护板衬套 9，这些橡胶质的护板衬套有较好的耐磨性，容易更换，对壳体起保护作用。

为了保证泥浆泵在使用期间不因部件的磨损而降低送浆效率，可装设叶轮与壳体间隙的调整机构。为在泵的使用过程中及时清除堵塞物，应在壳体的适当位置开设检修孔。在剖分式壳体上采用摇臂连接方式，有利于快速装拆。

3）主轴与轴承

主轴 2 使用碳素钢或不锈钢等材料制成，有足够的强度。如在它的轴封部位上加装耐磨材料制成的轴套，则可提高其使用寿命。主轴的一端通过法兰式（或齿轮式）挠性联轴器 1（联轴器是连接两轴或轴和回转件，在传递运动和转矩过程中与被连接件一同回转而不脱开的一种装置，是机械传动系统中的重要组成部分。联轴器一般分为刚性联轴器和挠性联轴器，在传动过程中不改变转动方向和转矩的大小，这是各类联轴器的共性功能。由于刚性联轴器对所联两轴的同轴度要求极高，而挠性联轴器具有补偿两轴相对偏移的功能，因此挠性联轴器被广泛地应用）与电动机转轴相连。主轴的另一端固装着叶轮 10。整个主轴用轴承 4 安装在机座 14 上。

因为离心泵工作时有轴向力存在，所以安装主轴的轴承应选用止推滚珠轴承。如果轴向力不大或泵的功率较小，也可以选用径向滚珠轴承或巴氏合金衬里的滑动轴承。

4）轴封装置

在旋转主轴与固定壳体的交接处，必须有轴封装置，它对泵的使用情况和泵送效率有很大的影响。多数采用简单的压盖填料箱轴封装置。带水封环的填料箱结构效果较好，如图 4.5 所示。

填料箱安装在壳体上，或与壳体整体制造。填料又称盘根，是一种用浸透润滑油脂的动、植物纤维、合成纤维制成的软填料，或是在纤维中加入软金属的半金属填料，或在纤维中混入石墨、石棉等制成材料。轴封的严密性用松、紧填料压盖的方法来保证。压盖常用青铜等耐磨材料制成。在水封环中注入干净的水，使填料箱得到经常的冲洗，这样即使有固体颗粒进入填料箱，也会被及时排走，以延长填料寿命，避免主轴表面的磨损。

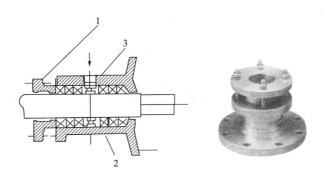

图 4.5 填料箱结构
1—填料压盖；2—水封环；3—填料；4—填料箱

3. 离心式泥浆泵的使用注意事项

(1) 如果泥浆中含有较多空气，那么泵送这种泥浆时所产生的压力就很小，甚至难以泵送出去，这就是"气缚"现象。所以在开泵以前，泵内和吸入管内必须充满泥浆，排除空气。也可将泵体置于受吸液面之下，让泥浆自行流入泵内，免去了"灌泵"操作。

(2) 保证有良好的轴封，防止空气漏入泵体，调紧填料压盖可加强轴封的严密性。但调得过紧，会因填料与主轴摩擦阻力的急剧增大而使主轴无法转动。

(3) 安装吸入管时应尽量少用弯管和接头，以免影响吸入高度，管道接口处要严密无缝，不能漏气，可用肥皂水作泄漏试验。吸入管上不能产生存留气体的"气袋"。

(4) 离心式泥浆泵是一种高速转动的机械，主轴可以与电机轴直连，但须注意两轴对中，整个设备应有单独基础，不与其他基础相连，以免发生共振。

(5) 配管(吸入管、输浆管)应有其他构件支撑，避免壳体荷载过重。

总之，砂泵结构简单、传动紧凑、调节容易、工作可靠、排浆均匀、使用方便。

4.2.2 往复隔膜式泥浆泵

往复隔膜式泥浆泵简称隔膜泵。普通结构的隔膜泵能输出压力为 0.8～1.0MPa 的流体，在电瓷生产中常常与压滤机配套使用，使泥浆脱水而成为一定含水率的泥饼。一般是泵送的压力越高，过滤的效率越高，榨取的泥料含水率越低。隔膜泵也可作为料浆或釉料的输送之用，在陶瓷原料生成中是不可或缺的重要机械设备之一。隔膜泵使用寿命长，在医药、化工、食品以及无水处理等行业中有广泛的应用。目前，我国能制造输送压力为 2MPa 以上的隔膜泵。按柱塞运动的方向可分为立式隔膜泵和卧式隔膜泵；按输出压力大小分低压隔膜泵、中压隔膜泵和高压隔膜泵；按缸体数目不同，隔膜泵有单缸泵、双缸泵和多缸泵数种。

1. 隔膜泵的结构

双缸泵比单缸泵的生产能力大，在同等流量的情况下，可减少柱塞每分钟往复次数，提高橡皮隔膜的使用寿命，输浆的速度和压力较均匀，电动机的负荷较均匀。多缸泵的性能则更为良好，如相位差为 120° 的三缸泵，其瞬时最小流量约为平均流量的 87%，瞬时最大流量为平均流量的106％。多缸泵的缺点是结构比较复杂，造价较高。隔膜泵的结构如图 4.6 所示。

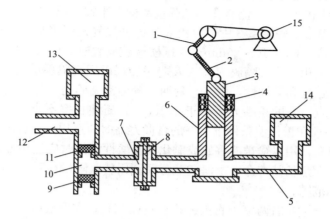

图 4.6　隔膜泵

1—曲柄；2—连杆；3—柱塞；4—填料箱；5—油管；6—柱塞缸；7—隔膜室；
8—隔膜；9—进浆阀；10—阀门室；11—出浆阀；12—出浆管；
13—空气室；14—贮油筒；15—电动机

双缸隔膜泵实质上是由两个单缸隔膜泵合成的，把两个泵送系统对称地安装在机架两侧，共用电动机、机械传动机构、进浆管道和出浆管道。所以只要剖析其中一个泵送系统就可以了。

它的结构部件主要有机架、机械传动系统、柱塞和柱塞缸、隔膜和隔膜室、阀门和阀门室、空气室、压力调节器等。

（1）机架。它是安装和支承机械传动系统和泥浆输送系统的构件，用铸铁或铸钢整体铸造而成，在其装配面上需经机械加工。也可用钢板焊接而成或采用装配式结构。机架的形状有立式喇叭状和立式四棱柱状两种。通过地脚螺钉安装在混凝土基础上，要求机架的制造在保证有足够的强度和刚度前提下，减轻重量、节约材料、缩小外形尺寸。

（2）机械传动系统。隔膜泵的送液作用，首先是由于泵体上柱塞 3 的往复运动而获得的。根据机械运动学原理，柱塞在曲柄连杆机构带动下做往复运动时，往复的频率，或者说曲柄轴的转速是受到一定限制的。为不使这种往复运动产生过大的惯性冲击力，在负荷较大的情况下，通常要求曲柄轴的转速小于 60r/min。所以隔膜泵的传动系统，在传递动力的同时还必须有一定的减速比。

隔膜泵上的机械传动系统有减速器传动和皮带轮传动两种形式。图 4.6 所示为皮带轮传动。皮带轮传动机构，是电动机经二级皮带轮传动使曲柄旋转的机构。当曲柄 1 旋转时，连杆 2 和柱塞 3 做上下往复运动。弹性皮带对设备有一定的保险作用，直径与重量较大的皮带轮有飞轮作用，使电动机负荷比较均匀，且具有加工比较容易等优点。其缺点是设备重量、外形尺寸、占地面积均较大。

（3）柱塞和柱塞缸。圆柱形的柱塞 3 是一条钢柱，它可以在柱塞缸 6 内做上下往复运动，柱塞与柱塞缸的接触表面，按配合要求作了很好的精加工，为加强它们之间的配合紧密度，在柱塞缸的上部安装有压盖填料箱式的密封装置，调节紧固螺栓，可使压盖压紧填料，增加缸内密封性。柱塞缸下部稍有扩大，内贮液压油，一侧有孔经管道 5 与压力调节器的贮油筒 14 底部相通，另一侧有孔与隔膜室 7 的右半室相通。

（4）隔膜和隔膜室。隔膜室 7 中的隔膜 8 是这种往复式泥浆泵的特有部件。隔膜通常以天然橡胶模压而成，厚约 10～25mm。在压模橡胶隔膜时，橡胶内安置了一种尼龙编织网以分散应力从而强化隔膜。隔膜内加入人造添加剂以提高隔膜的抗化学性和弯曲性能，因此隔膜有很好的强度和柔韧性、耐热、耐油。较为常见的是丁腈橡胶，具有耐油性、耐磨性和气密性等优点。它的拉断力不小于 8MPa，拉断伸长率不小于 350%，拉断永久变形不大于 30%。要求在极低温条件下有好的弯曲寿命时应选用三元橡胶；要求在极高温条件下有好的弯曲寿命，用以输送芳香族或氯化烃及酸性液体时应选用氟化橡胶。为了控制隔膜的弯曲形状从而延长其寿命，上海宝龙公司利用特氟隆（聚四氟乙烯）隔膜带加强肋来扩展隔膜泵的应用范围。

隔膜把隔膜室分成左右两室，右室经孔板通往塞缸；左室经孔连通阀门室 10。所以，隔膜把机械活动部分与泥浆输送部分隔离开来，使隔膜泵具有耐磨、使用寿命长、容易清洗、不易堵塞等优点。

（5）阀门和阀门室。在阀门室 10 中有进浆阀 9 和出浆阀 11。进浆阀下方与进浆管道相连；出浆阀上方与出浆管道 12 及空气室 13 相连。对阀门的要求是：①阀的流通面积较大，对液流的阻力较小；②阀的闭启灵活自如，关闭时，阀体与阀座之间的接触严密无泄漏，开启时，阀体离阀座的距离适当、容易复位；③阀体本身重量恰当，当依靠其自重落在阀座上时，冲击力小。同时，不会轻易离位、阀门闭合良好；④阀的强度、刚度、耐磨性好，在承受相当大压力时，不会变形和破坏。在受泥浆多次冲击后，仍能保持原形；⑤进浆阀和出浆阀可以互换。

目前常用的有球形阀和平板阀两种，都是单向阀。依靠液压向上顶开，依靠自重落下复位。球形阀是一个铸造的实心铁球，外缘胶合了厚约 10mm 的耐磨橡胶。优点是关闭灵活，进浆阻力小，球阀自洁性好。不足是球形阀重心与形心的不重合导致球形阀的不均匀磨损，制备成本高。平板阀结构简单，成本低，使用寿命长，密封性好。不足是阻力较球形阀大，自洁性差。

有些泵在阀座上方的阀门室里，装有挡盖，用以限制阀体离座的距离。为检修、安装、清洗的方便，阀门室上开有检修孔，平时用盖板封闭着。

（6）空气室。空气室 13 是一个中空壳体，内部充填着一定压力（一般为大气压）的空气。空气室底部与阀门室和出浆管道相通，空气室顶部装有指示输浆压力的压力表。为什么要设置空气室呢？

由于柱塞在整个冲程中的往复运动是变速运动，所以隔膜泵送浆的瞬时压力与流量会随着时间有相应的起伏变化。这种不均匀的脉动输液情况是由液体在通过泵体和配管时有加速度存在导致的。由加速度所产生的阻抗会增加电动机的功率消耗、加剧管道磨损、缩短设备使用寿命、使泵体和配管产生振动、发出噪声等。为了缓和这种脉动情况，一般采取的措施如将单缸泵改为双缸泵或多缸泵，安装弹簧式缓冲装置等，设置空气室等。

在泵的排出冲程、出浆管道中压力增大时，封闭在空气室中的空气被压缩，吸收部分压力能，贮存部分液体，使管道内的压力和流量不会上升得太高；在管道中压力逐步降低时，被压缩的气体膨胀、释放出压力能。贮存的液体补充到管道的液流中，使出浆管道内的压力和流量不会迅速减小。所以,空气室好似电路中的滤波器一样对管道中的液流起到了缓冲脉动作用。

图 4.7 所示为空气室的两种结构形式。在气液隔离式结构中,有一个可以自由胀缩的橡皮空气袋或波纹管,其优点是气体不与液体接触,因而气体不会被液体吸收,气室内空气的装填压力和装填量能始终保持原来数值。

由于泵的脉动输液情况,使压力表指针时常摆动且摆幅较大,影响压力表使用寿命。为了保护压力表,可安装压力表开关,只在读、示压力时才将开关打开。压力表与空气室的连接管最好选用螺旋管,以免操作不慎时泥浆直接喷入表中,影响精度。

隔膜泵的实际输液压力是随负载的阻力而变化的,负载(如压滤机)的阻力越大,它的输

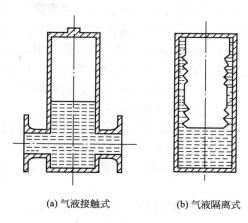

(a) 气液接触式　　　　(b) 气液隔离式

图 4.7　空气室的结构形式

液压力也越大。在理论上,可以提供无限大的压力,可是实际上要受隔膜材料、泵体结构和泵用功率等多种因素的限制。所以,应把压力弹簧的压力调节到柱塞排液冲程时出浆管道压力(有压力表显示)达到规定数值时,柱塞缸内的液压油正好冲开保险阀,排向贮油筒。这样就可防止泵体因出现压力过高而损坏的情况,同时也保证输送的泥浆能达到一定的压力要求。

2. 隔膜泵的工作原理

电动机经过机械传动系统带动曲柄连杆机构,使柱塞上下往复运动。在柱塞上升时,柱塞缸容积增加产生部分真空,缸内压力下降,当缸内压力降低至小于阀门室 10 中的压力时,隔膜 8 向柱塞缸一侧弯曲变形。这时,阀门室容积逐渐增大,室内压力也随之降低,当出现较大负值时,泥浆在外界大气压作用下经过进浆管道,冲开进浆阀 9,进入阀门室。当柱塞下压时,缸内容积减小,压力渐增,并通过油液传递给隔膜。当缸内压力大于阀门室中压力时,隔膜向阀门室一侧弯曲变形,充满在阀门室里的泥浆受到隔膜的推力,压住了单向进浆阀 9,当推力大于出浆管道中的压力时,泥浆冲开单向出浆阀 11,进入输浆管道,排到其他系统去。

只要柱塞不断地上下往复运动,就使泥浆被隔膜泵不停地吸入和输出。

3. 隔膜泵的设计计算

1) 生产能力

隔膜泵的生产能力是指泵送液体或泥浆的流量,可按下式计算:

$$Q = 60mSsn\eta_r \qquad\qquad (4-6)$$

式中,m——泵缸数目;

　　Q——单位时间的体积流量(m^3/h);

　　S——柱塞断面积;

　　s——柱塞冲程(m),等于曲柄长度的一倍;

　　n——曲柄轴回转速度(r/min);

η_r——隔膜泵容积系数，$\eta_r = 0.65 \sim 0.85$。

隔膜泵容积系数的意义是实际排出量与理论排出量的比值。产生 $(1-\eta_r)$ 的原因是：①因进浆阀未关闭严密而引起的泄漏；②因出浆阀未关闭严密而引起的泄漏；③因进浆阀关闭的迟后，在柱塞排液冲程时，阀门室中的泥浆向进浆管倒流；④由于出浆阀关闭的迟后，在柱塞吸液冲程时，出浆管道中泥浆向阀门空倒流；⑤由于液体(或泥浆)的压缩性而使排液量减少，当用气流搅拌的泥浆被泵送时，由于泥浆中含有较多的空气，这种情况就较为严重；⑥隔膜泵的设计、制造精度较差。

2) 曲柄连杆机构的设计

隔膜泵柱塞的往复运动，通常由电动机经减速机构和曲柄连杆机构的传动来实现的。曲柄连杆机构的设计按下述步骤进行。

(1) 根据所选用电动机型号和减速传动的速比，确定曲柄轴的转速 n，并要求 $n < 60 r/min$。

(2) 根据隔膜泵的缸数 m、柱塞直径 d 和所需的生产能力 Q，确定曲柄长度 $a(m)$。

(3) 确定连杆长度 b。

【例 4-1】 有一台柱塞直径为 100mm 的双缸隔膜泵，额定流量为 $5 m^3/h$，选用 JO2-41-4 型电功机，WD120-37-V 蜗轮减速器。

(1) 电动机的轴与减速器输入轴直连，双缸泵的两个曲柄轴与减速器的两个输出轴直联。查手册得知电动机转速 $n = 1440 r/min$，减速器速比 $i = 37$。所以曲柄轴转速为

$$n = \frac{n_D}{i} = \frac{1440}{37} \approx 39$$

(2) 由式(4-6)可知

$$s = \frac{Q}{60mSn\eta_r} = \frac{4Q}{60\pi d^2 mn\eta_r}$$

因为曲柄长度 $a = s/2$，所以

$$a = \frac{Q}{30\pi d^2 mn\eta_r}$$

若取 $\eta_r = 0.65$，则

$$a = \frac{5}{30 \times 3.14 \times 0.1^2 \times 2 \times 39 \times 0.65} = 0.1045m$$

(3) 曲柄存在的条件是连杆长度 b 必须大于曲柄长度 a。同时曲柄连杆机构中的最大压力角不能大于 $40° \sim 45°$。这里所说的压力角，是指连杆对柱塞作用力的方向与柱塞运动方向之间的夹角。在隔膜泵中，当曲柄与连杆互成直角时，其压力角最大。显然，在曲柄长度一定时，连杆越长，其最大压力角越小，但增加连杆长度，会使整个设备尺寸增大。所以连杆长度的适宜尺寸，应是在满足上述两个要求前提下，再根据设备的其他结构布置情况来确定。一般可取 $b > (5 \sim 6)a$。

4. 泥浆泵产品特点

(1) 可输送高浓度高黏度 <10000PaS 及含有颗粒的悬浮浆液。

(2) 输送液流稳定、无过流、脉动及搅拌、剪切浆液现象。

(3) 排出压力与转速无关，低流量也可保持高的排出压力。

(4) 流量与转速量呈正比，通过变速机构或调速电动机可实现流量调节。

（5）自吸能力强，不用装底阀可直接抽吸液体。

（6）泵可逆转，液体流向由泵的旋转方向来改变，适用于管道需反正向冲洗的场合。

（7）运转平稳，振动、噪声小。

（8）结构简单，拆装维修方便。

4.2.3 泥浆泵使用的相关问题

1. 泥浆泵开机注意事项

泥浆泵开机前，请检查进水管、出水管是否堵塞，向前后轴承是否还加注黄油，检查盘根是否充满。泥浆泵工作时应配备高压清水泵，将大于泥浆泵压力的清水输向防漏填料，对填料进行防护。泥浆泵工作时不得关闭冲洗泵，否则，将使密封部分迅速磨损。叶轮与护板之间的间隙是否合理，对泥浆泵寿命影响很大。间隙不合理，则泵运转时产生振动与噪声，过流部件很快损坏，因此更换叶轮时，应注意使间隙满足图纸要求。间隙调整，可通过后轴承体上的调整螺钉来进行。泥浆泵的允许吸程是在输送清水时测定的，在抽吸泥浆时应考虑泥浆对吸上能力的影响。

2. 泥浆泵安全操作规程

（1）起动前检查：各连接部位要紧固；电动旋转方向应正确；离合器灵活可靠；管路连接牢固，密封可靠，底阀灵活有效。

（2）液下泥浆泵起动前，吸水管、底阀、泵体内必须注满引水，压力表缓冲器上端注满油。

（3）用手转动，使活塞往复两次，无阻梗且线路绝缘良好时方可空载起动，起动后，待运转正常再逐步增加载荷。

（4）运转中应注意各密封装置的密封情况，必要时加以调整。拉杆及副杆要经常涂油润滑。

（5）运转中经常测试泥浆含沙量不得超过10％。

（6）有几挡速度的泥浆泵为使飞溅润滑可靠，应在每班运转中将几挡速度分别运转，时间均不少于30s。

（7）严禁在运转中变速，需变速时应停泵换挡。

3. 泵常见故障及排除方法

故障1：水泵振动。

原因：泵轴与柴油机（或电动机）不同心，叶轮不平衡，轴承损坏。

解决方法：调节同心度，叶轮作平衡测试，更换轴承。

故障2：泵不吸水。

原因：灌注引水不够，泵内空气无法排出，吸水管漏气，前衬板与叶轮间隙大。

解决方法：继续灌注引水，检查管路是否漏气，调节叶轮与前衬板间隙。

故障3：泵上水慢。

原因：前衬板与叶轮间隙大，出水管道不能封住空气，排空满。

解决方法：调节间隙，调节出水管道，安装抽真空装置。

故障4：叶轮轴颈磨损快。

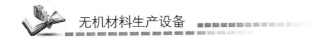

原因：高压水泵扬程低，盘根错位，泵轴与后盖不同心。

解决方法：更换高于泥浆泵扬程的高压泵，更换盘根，调节同心度。

故障5：出水压力小，流量小。

原因：泵内有空气、叶轮与前衬板间隙大，离合器闭合不紧，叶轮或衬板磨损。

解决方法：排空泵内气体，调节间隙，调节离合器摩擦片间隙，更换叶轮或衬板。

故障6：泵磨损快。

原因：施工环境（颗粒大）差，输送距离远，进水管路长。

解决方法：更换沙场，添加加力机组，缩短进水管长度，减小汽蚀。

4. 泥浆泵的正确保养与维修

施工部门应当有专门的维修人员，负责对施工机械的保养和维修。定期对泥浆泵及其他机械进行检查、维护，及早发现问题予以解决，以免造成停工。施工时应注意泥沙颗粒的大小，颗粒大时就要经常检查泥浆泵的易损部件，以便及时维修或更换。泥浆泵的易损坏部件主要是泵壳、轴承、叶轮等。采用先进的抗磨措施，提高易损部件的使用寿命，可降低工程的投入，提高生产效率。同时应常备易损零部件，以备及时更换。

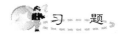习——题

4-1 在化工生产中，搅拌具体来说有什么作用？

4-2 安装在离心式泥浆泵壳体上填料箱的作用是什么？

4-3 往复隔膜式泥浆泵为什么要设置空气室呢？

4-4 隔膜泵的工作原理是什么？

4-5 泥浆泵开机时应注意哪些事项？

第5章
脱水设备

本章教学要点

知识要点	掌握程度	相关知识
过滤分类、过滤原理	掌握过滤的基本原理及特点； 熟悉过滤的分类	过滤速率方程式； 典型构件的成形优势
板框式压滤机、水平带式真空过滤机、过滤离心机	掌握三种压滤机工艺的基本原理及特点； 了解三种锻造工艺的应用	三种压滤机的工艺特征； 板框式压滤机的结构原理

HEPA 过滤器

HEPA(high efficiency particulate air filter)，中文意思为高效空气过滤器。HEPA 过滤器(图 5.1)是由叠片状硼硅微纤维制成的。对于 $0.1\mu m$ 和 $0.3\mu m$ 的有效率达到 99.7％。HEPA 网的特点是空气可以通过，但细小的微粒却无法通过。原始的 HEPA 过滤器在 20 世纪 40 年代被设计和用于防止传播空中放射性污染物，它在 50 年代商业化。目前演变为满足对空气质量需求更高的各种各样的高技术产业，如航空航天、配药处理、医疗保健、核燃料、核能和计算机芯片。

图 5.1 HEPA 过滤器

许多吸尘器也使用 HEPA 过滤器作为它们的滤清系统一部分。这对哮喘和过敏受害者是有利的，因为 HEPA 过滤器可滤除那些引发过敏和哮喘症状的微粒(如花粉和尘土、小蜘蛛排泄物)。另外，目前家用空气净化器的初级净化也使用 HEPA 过滤网。

资料来源：http://baike.baidu.com/view/3381215.htm，2012

5.1 过 滤

电瓷原料一般均是先加水球磨后变为细度符合要求的泥浆。这种泥浆通常含有 60％～70％的水分。但成型工序中要求泥料的含水率比较低，如注浆法为 30％～35％；可塑法为 18％～26％；干法为 2％～7％。因此，泥浆必须脱去一部分水，以满足成型的需要。

泥浆是一个在水中悬浮着固体颗粒的液体系统，是一种非牛顿型塑性流体悬浮液。由于存在许多极其微小带有电荷的颗粒，所以，还具有胶体溶液性质。

泥浆中固体颗粒的重度一般比水的密度大，可用重力沉降法浓缩泥浆。但由于电瓷物料的亲水性较强，所以，浓缩的效率极低，难以获得成分较为均匀、含水率较低、可供成型的泥料。

利用泥浆中固体颗粒带有负电荷、水分子带有正电荷的电泳脱水法，正在研制中。

目前，普遍采用的脱水方法是过滤法和喷雾干燥法。所使用的脱水设备是压滤机和喷雾干燥器。一些过滤装置的种类和用途见表 5-1。

表 5-1 过滤装置的种类和主要用途

种 类			主 要 用 途
加压过滤机	间歇式	压滤机 叶形加压式过滤机	颜料和涂料的过滤机洗涤黏胶的澄清化、石油的脱蜡、黏土的过滤、细粉末的高压过滤和洗涤
	连续式	回转圆筒式 回转圆板式	高温过滤、高蒸汽压溶剂的处理

（续）

种　类			主　要　用　途
真空过滤机	间歇式	吸滤器 叶形过滤器	试验及试验装置用颜料的过滤和洗涤
	连续式	回转圆筒形	底部给料 细结晶和淤泥的过滤、洗涤顶部给料 粗结晶的过滤和干燥
		回转圆板形 垂直圆板 水平圆板 水平圆筒形	原液浓度高时粗结晶
		水平条形	可过滤细粒子

用过滤介质捕集分离液体中不溶性悬浊颗粒的操作称为过滤。以重力、压力和离心力作推进力。过滤按用途分为两大类。

（1）滤饼过滤。悬浊液的浓度相当高，在过滤介质表面上形成的滤饼中，如有 1% 以上的固体颗粒，约占 3%～20% 的体积起过滤介质作用者称为滤饼过滤。

（2）澄清过滤。当过滤 0.1% 以下至百万分之几的极薄悬浊液时，颗粒被捕收于过滤介质的内部或表面，几乎不生产滤饼，其目的在于提取澄清液，故称澄清过滤，亦称闭塞过滤、或过滤介质过滤、内部过滤。

介于以上两者的中间浓度（0.1%～1%）悬浊液，因同时产生闭塞过滤和滤饼过滤，故使过滤操作恶化，需添加硅藻土和石棉粉等助滤剂或用沉降法浓缩提高浓度后再过滤。

1. 过滤基本方程式

设：滤液体积为 $V(\text{m}^3)$，滤饼厚度为 $L(\text{m})$，过滤面积为 $A(\text{m}^2)$，滤饼的压力降为 $\Delta P_c(\text{Pa})$，干滤饼的空隙率为 ε，过滤介质的压力降为 $\Delta P_m(\text{Pa})$，压降为 $\Delta P_f(\text{Pa})$，过滤时间为 $t(\text{s})$，过滤速度为 $u(\text{m/s})$，干滤饼的密度为 $\rho_p(\text{kg/m}^3)$，μ 为液体黏度（$\text{Pa} \cdot \text{s}$），每 1m^3 滤液所得的干滤饼质量为 $W(\text{kg/m}^3)$，对于过滤，须考虑如下条件。

（1）滤饼的厚度随时间的增长而增加，且滤饼的填充率及其结构亦变化。

（2）恒压过滤时，过滤量随时间的增加而减少，但过滤阻力增加。

（3）将过滤介质和滤饼的阻力分开考虑。

（4）分非压缩性滤饼和压缩性滤饼，后者的 ε 随过滤压力而变化。

1）干滤饼质量平衡

$$LA(1-\varepsilon)\rho_p = W(V + \varepsilon LA)$$

因 $\varepsilon LA \ll V$，则

$$LA(1-\varepsilon)\rho_p \approx WV \tag{5-1}$$

由 Kozeny‐Carman 公式：

$$V_f = \frac{1}{K''} \cdot \frac{\varepsilon^3}{S_V'^2(1-\varepsilon)^2} \cdot \frac{\Delta P}{\mu L_0}$$

$$u = \frac{\varepsilon^3}{(1-\varepsilon)^2} \cdot \frac{\Delta P_c}{\mu S_V^2 L K} = \frac{1}{A} \cdot \frac{dV}{dt} \tag{5-2}$$

将式(5-1)中 $L = WV/A(1-\varepsilon)\rho_p$ 代入上式

令 $\alpha = \frac{(1-\varepsilon)S_V^2 \cdot K}{\rho_p \varepsilon^3}$，则体积比阻

$$u = \frac{1}{A} \cdot \frac{dV}{dt} = \frac{\Delta P_c}{\frac{\alpha \mu WV}{A}} \tag{5-3}$$

为什么 α 为体积比阻？由式(5-3)得

$$a = \frac{\Delta P_c}{\frac{u \mu WV}{A}}$$

其物理意义是数值上等于黏度为 1Pa·s 的滤液以 1m/s 的速度通过，得单位质量 WV 时的压降。体积比阻的大小和过滤介质的结构特点密切相关。

令滤饼阻力 $R_c = \alpha WV/A$（单位面积上滤饼所受的阻力）

$$\Delta P_c = \frac{1}{A} \cdot \left(\frac{dV}{dt}\right)\mu R_c \tag{5-4}$$

2）过滤介质

为方便计算，过滤介质用当量滤液量 V_0 表示（即过滤介质的体积比阻同滤饼的体积比阻相等时，过滤介质的厚度应折合成多厚的滤饼）：

$$\frac{\Delta P_c}{\frac{u \mu WV}{A}} = \frac{\Delta P_c}{\frac{u \mu WV_0}{A}}$$

滤饼：$WV = LA$

过滤介质：$WV_0 = L_e A$

式中，L_e——当量，滤饼厚度。

同理，将 L 用 L_e 代替，则

$$u = \frac{1}{A} \cdot \frac{dV}{dt} = \frac{\Delta P_c}{\frac{\alpha \mu WV_0}{A}} \tag{5-5}$$

其次，通过过滤介质的液流可假定为层流，令过滤介质阻力 $R_m = \alpha WV_0/A$，由此可类推：$\Delta p_m = \frac{1}{A} \cdot \frac{dV}{dt} \mu R_m$

由于液体作直流，令总压降为

$$\Delta p_f = \Delta p_c + \Delta p_m \tag{5-6}$$

$$\Delta p_f = \frac{1}{A} \cdot \frac{dV}{dt}(\mu R_c + \mu R_m) = \frac{\Delta P_f}{\mu(R_c + R_m)} \tag{5-7}$$

则

$$\frac{1}{A} \cdot \frac{dV}{dt} = \frac{\Delta P_f}{\mu(R_c + R_m)} \tag{5-8}$$

将 $R_c = \alpha WV/A$、$R_m = \alpha WV_0/A$ 代入式(5-8)，

$$\frac{1}{A}\left(\frac{dV}{dt}\right) = \frac{\Delta P_f}{\frac{\alpha W \mu}{A}(V+V_0)} \tag{5-9}$$

2. 非压缩性滤饼的过滤速度式

恒压过滤：
$$\int_0^V (V+V_0)dV = \int_0^t \frac{A^2 \Delta P_f}{\mu \alpha W}dt \tag{5-10}$$

$$\frac{V^2}{2} + VV_0 = \frac{A^2 \Delta P_f}{\mu \alpha W V}t \tag{5-11}$$

$$K = \frac{2A^2 \Delta P_f}{\mu \alpha W}(m^6/s)$$

$$V^2 + 2VV_0 = Kt$$

设：
$$t_0 = V_0^2/K$$

$$(V+V_0)^2 = K(t+t_0)$$

上式为恒压过滤方程式，说明过滤滤液体积与过滤时间成二次抛物线关系。

$$V^2 + 2VV_0 = Kt$$

$$\frac{V^2}{V} + 2V_0 = K\frac{t}{V}$$

$$\frac{t}{V} = \frac{V}{K} + \frac{2V_0}{K} \tag{5-12}$$

恒速过滤：dV/dt 为常数

$$\Delta p_f = \frac{\mu \alpha W}{A^2} \cdot \frac{dV}{dt}(V+V_0) \tag{5-13}$$

为了保持恒定的过滤速度，必须持续提高 ΔP_f，以克服不断增加的过滤阻力。

5.2 压 滤 机

压滤在 18 世纪初就应用于化工生产，至今仍广泛应用于化工、制药、冶金、染料、食品、酿造、陶瓷及环保等行业。压滤机(pressure filter)又称榨泥机，间歇式运行，是压力法过滤脱水设备，即利用一种具有很多毛细孔的物体作介质，在外力作用下，使泥浆中的水从毛细孔中通过，将固体颗粒截留住。能制得含水率 22%～25% 左右的泥料，压滤机的工作压力为 0.8～1.2MPa，工作周期为 1～1.5h。国外使用的高压榨泥机的工作压力可达 2MPa，泥饼的水分含量可控制在 20%。近年来，国外出现了工作压力达 7.5MPa，制备泥饼水分为 15.5% 的榨泥机，榨泥机工作压力的提高使生产周期大大缩短，另外通过加热泥浆，降低泥浆的黏度也可改善压滤速度。

压滤机为间歇操作，按过滤方式分为箱式压滤机(chamber pressure filter)、带式压滤机(belt pressure filter)、隔膜式压滤机、板框压滤机。按结构分为桥式压滤机和带式压滤机。

压滤机型号说明，如 X/B A/M YZ ＊1/＊2 U/B/K。

X/B 滤板形式：X 厢式，B 板框式。

M/A 液流形式：M 明流，A 暗流。

Y/J/S/Z 压紧方式：S 手动，J 机械，Z 自动，Y 液压。

G：隔膜。

＊1 过滤面积 m²。

＊2 滤板外形尺寸 mm。

滤板材质：U 聚丙烯，X 橡胶。

滤饼洗涤：B 不可洗，K 可洗。

例如，XMYZ100/800 - UB，指 800 - 100 型压滤机，厢式，明流出液，液压压紧，过滤面积 100m²，滤板尺寸 800×800mm，聚丙烯滤板，滤饼不可洗。

5.2.1 板框式压滤机

厢式压滤机是把原来板框压滤机的框厚度尺寸分 1/2 在滤板的两侧面，使板与框形成一整体，将原来从边缘进料改成中间进料。它避免了进料堵塞和短路的弊病，与板框压滤机比较，具有进料压力高，过滤快，滤饼含水率低，比同规格干框压滤机效率提高了20％，且具有滤饼不用铲、劳动强度低等优点。

压滤机的结构构造中，主要有三种结构是其生产和发展的主要动力，其中压紧结构在其工作过程中表现出了极为重要的特点，根据其工作方式的不同，也将其生产分为手动压紧，机械压紧和液压压紧三种方式。

1. 手动压紧

手动压紧是以螺旋式机械千斤顶推动压紧板将滤板压紧。

2. 机械压紧

机械压紧机构由电动机(配置先进的过载保护器)减速器、齿轮副、丝杆和固定螺母组成。压紧时，电动机正转，带动减速器、齿轮副，使丝杆在固定螺母中转动，推动压紧板将滤板、滤框压紧。当压紧力越来越大时，电动机负载电流增大，当大到保护器设定的电流值时，达到最大压紧力，电动机切断电源，停止转动，由于丝杆和固定丝母有可靠的自锁螺旋角，能可靠地保证工作过程中的压紧状态，退回时，电动机反转，当压紧板上的压块，触压到行程开关时退回停止。

3. 液压压紧

液压压紧机构的组成有：液压站、油缸、活塞、活塞杆及活塞杆与压紧板连接的哈夫兰卡。片液压站的结构组成有：电动机、油泵、溢流阀(调节压力)、换向阀、压力表、油路、油箱。液压压紧机械时，由液压站供高压油，油缸与活塞构成的元件腔充满油液，当压力大于压紧板运行的摩擦阻力时，压紧板缓慢地压紧滤板，当压紧力达到溢流阀设定的压力值(由压力表指针显示)时，滤板、滤框(板框式)或滤板(厢式)被压紧，溢流阀开始卸荷。这时，切断电动机电源，压紧动作完成。退回时，换向阀换向，压力油进入油缸的有杆腔，当油压能克服压紧板的摩擦阻力时，压紧板开始退回。液压压紧为自动保压时，压紧力是由电接点压力表控制的，将压力表的上限指针和下限指针设定在工艺要求的数值，当压紧力达到压力表的上限时，电源切断，油泵停止供电。由于油路系统可能产生的内漏和外漏造成压紧力下降，当降到压力表下限指针时，电源接通，油泵开始供油；压力达到上限时，电源切断，油泵停止供油，这样循环以达到过滤物料的过程中保证压紧力的效果。

图 5.2 为一厢式压滤机结构示意图。图中 2 是固定头板，5 是可移动的尾板，在这两个端板间排列着滤板 3 和滤布 4，所有的滤板都可以借助自己两侧的把手悬挂在横梁 7 上，并可沿横梁做水平方向移动。活塞杆 8 的前端与可动压紧板 6 相连动，当活塞在液压推力下推动压紧板，将所有滤板滤布压紧在机架中，达到液压压紧工作压力后，用锁紧螺母锁紧保压。关闭液压站电动机后，即可进行过滤。厢式压滤机滤液排放同样也有明流、暗流之分，滤饼也有可洗和不可洗两种方式。板框式、厢式压滤机在国内已有一系列产品，我国已编有该产品的系列标准及规定代号。

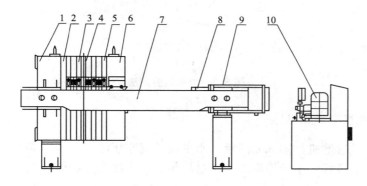

图 5.2　920 厢式压滤机

1—止推板；2—头板；3—滤板；4—滤布；5—尾板；6—压紧板；
7—横梁；8—液压缸；9—液压缸座；10—液压钻

滤布即为压滤机中的过滤介质，通常采用棉帆布或尼龙帆布。覆盖在滤板表面 1～3 层，根据布质疏密程度作适当的选择。滤布的种类和质量对压滤机的生产能力有很大影响。实际使用情况表明，尼龙帆布比棉帆布好，新布比旧布好，经过涂刷硅藻土、活性炭之类助滤剂，或浸过含 $CaSO_4$、Na_2CO_3 的氨水溶液处理的滤布，比没有经过处理的滤布要好些。滤板两侧滤布的表面性质(主要是与泥饼的黏附力)通常是一样的，但在有些自动压滤机中，为了适应机械手抓取泥饼的需要，两侧滤布表面制成光面与绒面两种，使压滤后的泥饼总是贴附在绒面这一侧，造成定向排列的情况。滤布在滤板上的固定，除了上述方法外，在各种自动压滤机中尚有其他方法。如有的滤布并不固定，而是可以在滤板表面移动。在设有滤布振打器的自动压滤机中，滤布在滤板上的固定，采用如图 5.3 所示的方法。

当压滤含黏土质物料较多的泥浆时，应在滤布与滤板之间填上一块开有许多小孔的镀锌薄铁片——衬板。其作用是避免滤布过紧地贴附在滤板上，以改善排水情况，延长滤布使用寿命。

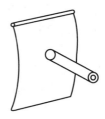

(a) 中心孔处两块布缝在一起　　(b) 将一边的滤布按图示叠在一起　　(c) 将叠起的滤布搓成棒形

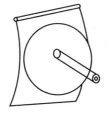
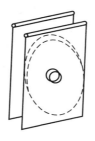
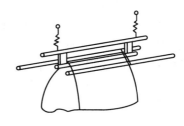

(d) 将棒形滤布穿过滤板中心孔　　(e) 将两块滤布前后铺平　　(f) 将滤布固定杆从滤布一头的缝
套中穿过并接到滤布吊架上

图 5.3　滤布固装方法

5.2.2　水平带式真空过滤机

水平带式真空过滤机如图 5.4 所示。水平带式真空压滤机是由一条开有槽的或开有孔的无接头排水带支撑着一条纤维质无接头过滤带，该无接头过滤带在真空及气盒上从一端移动到另一端。料浆在过滤机的一端用料浆送上滤带，滤饼在过滤的另一端卸除。

需要对滤饼进行洗涤时，洗涤液沿着滤带方向在一处或多处洒向滤带。在卸渣端，排水带与滤带分开，由设置在过滤机底部的托辊组导向。滤带在回到过滤机头端的行程中洗涤。在过滤机前端，滤带与排水带再次连接起来，这类过滤机的优点是滤布洗涤效果好，滤饼可以完全卸除。它固有的缺点是只有 50% 的过滤表面得到了利用。

图 5.4　水平带式真空过滤机

水平带式真空过滤机真空操作的单位过滤面积的生产能力高，它对于过滤密度较大的固体物料特别有效，滤饼和洗涤液一起溢流，因而滤饼实际上是沉浸在洗涤液之中的。这类过滤机非常适用于逆流浸取或逆流洗涤技术。

5.2.3　过滤离心机

离心力自动卸料过滤离心机又称过滤离心机。如图5.5所示，悬浮液从上部进料管进入圆锥形滤筐底部中心，靠离心力均匀分布在滤筐上，滤液透过滤筐而形成滤渣层。滤渣靠离心力作用克服滤网的摩擦阻力，沿滤筐向上移动，经过洗涤段和干燥段，最后从顶端排出。这种离心机结构简单，造价低，功耗小，生产能力大。

分离因数（separation factor）是离心分离机转鼓内的悬浮液或乳浊液在离心力场中所受的离心力与其重力的比值，即离心加速度与重力加速度的比值。分离因数以 α 表示。过滤离心机的 α 为 100～1500，沉降离心机的 α 为 1000～6000，分离机的 α 为 3000～60 000，气体分离用超速管式分离机的 α 高达 62 000，实验分析用超高速分离机的 α 最高可达610 000。可分离固体粒子浓度较高，粒径为 0.04～1mm 的悬浮液，在结晶产品的分离中得到广泛应用。

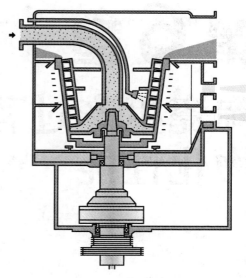

图 5.5　离心力自动卸料过滤离心机

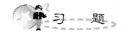 习 题

5-1　过滤装置主要分为哪几类？其主要用途都有哪几个方面？

5-2　压滤机主要分为哪几类？XMYZ100/800-UB 型号的设备表示什么意思？

5-3　板框式压滤机的工作原理是什么？

第6章

陶瓷生产过程中原料的物化性能

 本章教学要点

知识要点	掌握程度	相关知识
原料取样、原料预处理	掌握采用不同方式取样时的特点； 掌握原料预处理的目的	利用不同方式取样时的特征； 典型的原料预处理
粉料粒度测定、铁杂质含量、坯料性能	掌握粉料粒度测定的基本原理及特点； 熟悉粉料中铁杂质含量的测定； 熟悉收缩率、可塑性的测定	粉料粒度测定的方法和基本原理； 收缩率、孔隙率、可塑性的设备原理
釉料性能	掌握釉料的润湿角、黏度、表面张力等物理性能； 掌握施釉的注意事项	润湿角、黏度、表面张力等与施釉质量之间的关系； 施釉样品的烧成工艺
工艺放尺	掌握工艺放尺的概念； 掌握影响工艺放尺的因素	进行工艺放尺的原因； 进行工艺放尺应注意的问题

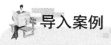

导入案例

原料与古瓷赝品

原材料的选取是古陶瓷制作的第一步，仿品制作亦是如此。我们在对许多品种的古陶瓷研究中都会发现，存在一个普遍规律就是前期产品的质量要好于后期产品的质量。南宋龙泉好于元龙泉，元龙泉好于明龙泉，宋均好于元均，宋定好于金定等。其主要原因就在于原料，并非后人的制瓷技术不如前人，只是前人先行选用的是优质原料，优质原料用完了，给后人留下的是劣质原料，当原料资源全部枯竭时，生产也就截止了。今人在制作仿古瓷时，由于古瓷原料的枯竭，只能使用替代品或改变加工工艺，如采用原生矿物和部分化工原料替代，这就是为我们通过胎质鉴定来辨别真伪和断代提供了客观依据。而替代品的矿物成分和化学元素与古代真品不会完全一样，最多也只是貌似。它有可能骗过人眼（多数情况下连人眼也骗不过，除非是无经验者），但很难骗过科学仪器。

▷ 资料来源：http：//collection.sina.com.cn/cqty/20110619/082829356.shtml，2011

6.1　样品的采集与预处理

在硅酸盐工业生产过程中，特别是电瓷的生产过程中，必须对原料、坯料、釉和瓷等进行物理性能和化学性能的分析和实验。我们遇到的除了液体、气体物质外，最多的还是以固体颗粒状态存在的物质，也就是通常所说的粉体作业过程，如粉碎、均化、造粒、干燥、烧结、流化等都是重要的工艺步骤。样品是从大批量物料中选取的很少一部分，因此这部分物料必须能代表原始物料的物理性能、化学成分和矿物组成等全部特性。这要求取样方法、样品加工和缩分，采用合理的科学方法。否则即使实验测定结果非常准确，也不能真实代表原始物料，会导致经济损失。为了使上述过程能有效地进行，就必须在生产过程中对粉体性质进行检测，分析检测结果，调整生产过程参数，控制生产过程稳定进行，最终达到保证产品质量的目的。

6.1.1　生产工艺过程中的取样

取样过程中要求随机取样，否则取样后的检验将失去意义。

1. 检验进厂原料质量的取样

电瓷行业对质量控制提出了指导性的技术文件 JB/TQ 7079—81《电瓷原材料的检验和生产工艺控制》，这是对原料的质量控制的基本要求，各厂还应当制定体现自身技术管理水平的原料检验和质量控制的工厂标准。

对存放在料库与堆放在料场的料堆，可采用网格法取样。袋装加工后的粉料、化工原料及水泥等，可采用攫取法或探针法取样，如图 6.1 所示。取样数量应根据试验需要而定。但为了保证取样的准确性，原料块度越大，越不均匀，取样数量应越多；粒度小而均匀的原料，可适当少取。每批取样的数量，块状原料约 100kg，粉状原料 20～30kg，化工原料 2～

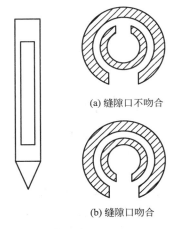

(a) 缝隙口不吻合

(b) 缝隙口吻合

图 6.1　圆筒式复式探针

3kg。并应注意每批取样允许的最大批量应符合有关规定。一般批料用的各种原料的最大批量，最好不超过 50～100t，釉料用原料不超过 30～50t，化工原料可按每批实际进厂数量而定。

从大量物料中采取粗样，由于物料的堆放和运动方式不同，其取样方式也较多。所以不可能制定符合所有取样情况的细则，特别是在较大的颗粒分级的情况下，更应该注意所采用的取样方法。下面具体介绍经常遇到的几种取样方法。

1）午从移动的料流端部或输送带上取样

移动物料的取样方法如图 6.2 所示。

2）在车厢和容器中取样

由于在装车和运输过程中已经发生了严重的颗粒分级，因此如果在车厢和容器中取样得到满意的试样是很困难的。一般的取样方法是在车厢的铅直断面上对称地取八个点，八个点上的圆柱体物料作为分析试样（图 6.3）。

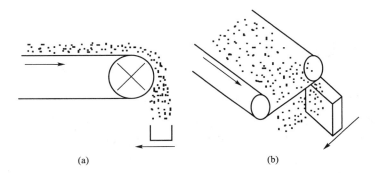

(a)　　　　　　　　　(b)

图 6.2　移动物料的取样方法

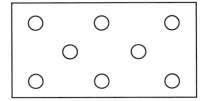

图 6.3　车厢中的取样点分布情况

3）在包装袋中取样

一般是随机选取几袋试样进行缩分处理，若出现物料特性波动很大的情况，应使各袋物料均匀后再进行取样缩分处理。

4）斗式输送机中取样

随机取一个或几个斗中的试样进行缩分，检测试样。

5）在料堆中取样

在料堆中存在着严重的分级现象，成分分布也不均匀，很难取得有代表性的试样。可采用多点勺取法取样，这种方法容易造成误差，因此取样后应进行混合、缩分得到所需试样，如图 6.4 所示。

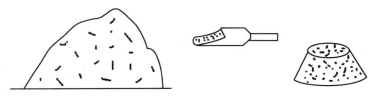

图 6.4　勺取法示意图

2. 坯料和釉料的配料时测定原料水分的取样

在配料使用的原料处，可采用网格法取样，取样点一般应不少于 6 点，取样数量一般为 5～10kg，可以在现场缩分至 500g 左右，立即用容器或塑料袋密封好，以避免水分的蒸发。

3. 测定泥浆、釉浆性能和铁杂质的取样

样品应在泥浆和釉浆过筛除铁后的搅拌池内采集，并且必须将池内的浆料搅拌均匀后进行。取样数量，按试验需要而定，但控制球磨泥浆和釉浆细度的取样，应在球磨时间达到后，直接取球磨机内的浆料。取样数量，一般为 300～500g。

4. 测定泥饼含水率的取样

任意抽取一块泥饼，用钢丝弓从边饼的边缘至中心切取一条泥带，然后再加工成若干分段，每隔一段切取一薄片，作为混合平均样，用塑料布包好待用。

5. 检查泥段质量和含水率及铁杂质的取样

样品可以直接从真空练泥机挤出来的泥段上采集，取样的数量应根据测试项目的需要来确定。检查泥段质量(是否包有气孔和夹层及硬泥杂质)时，在挤出泥段的横切面上切取厚约 5～10mm 的薄层即可，测定泥段含水率。直接从泥段上任意切取 200～300g，检测泥料内的铁杂质时，则间断切取厚约 20mm 的泥片，总重量应相当于 5kg 左右干料。

6. 全面检查釉料理化性能的取样

坯料的样品可以直接取榨泥机榨出的泥饼或真空练泥机挤出的泥段；釉料的样品可以直接取贮釉池内的釉浆，但必须将池内的釉浆搅拌均匀后采集。取样数量均根据测试项目的需要而定。

7. 测定毛坯和坯件含水率的取样

测定阴干后泥段(毛坯)的含水率，应在毛坯表面下部的一定位置取样，但最好不破坏泥段，即该泥段仍可用于成型坯件；测定坯件的成型水分，直接从坯件上取样或成型坯件表面的余泥取样；测定干坯含水率，待坯件干燥终了，在干坯最厚的主体上采取，一般尽量利用废坯件。测定上述各种含水率的取样数量，一般为 200～300g。

8. 检验瓷件的烧结程度和分析瓷件结构的取样

根据测试目的和要求，直接从瓷件上取样。但取孔隙性试验和吸水率用样品，必须在瓷件最厚的中心部位取样，对大型瓷套和棒型产品，还应包括上、下两个部位的样品。取样一般不少于两块，每块重 20～30g。

6.1.2 原料的预处理

原料进行处理的目的是调整和改善其物理、化学性质，使之适应后续工序和产品性能的需要，如改变粉末的平均粒度、粉末的流动性、去除吸附气体、水分和游离碳等杂质。原料是否进行处理要根据具体情况而定。

1. 原料的精选

电瓷的主要原料多为天然的矿物原料，原矿形式的原料中总是含有一些污泥、碎屑。

有的杂质是与原料主要矿物共生的云母、铁质等有害矿物，有的杂质是加工过程中混入的。对长石、石英等瘠性原料的精选主要为清洗表面的污泥水锈及用磁选方法除去破碎过程中混入的铁质。

黏土需要预先风化，冬季可促使原料分散崩裂，便于粉碎，夏季可增加腐殖酸作用，提高可塑性。黏土类矿物的杂质有游离石英、长石碎屑、白云母及铁钛的氧化矿物。此外，对含游离杂质较多的黏土有时用淘洗、水力旋流、浮选等方法进行分离、提纯可除去黏土中的杂质矿物。图 6.5 为 XJ 型浮选机，每槽兼有吸气、吸浆和浮选三重功能，自成浮选回路，不需任何辅助机床设备，水平配置，便于流程的变更。矿浆循环合理，能最大限度地减少粗砂沉淀。

图 6.5　XJ 型浮选机

烧结的高铝原料硬度和密度都较高，常采用钢球为研磨体进行超细粉碎，此时则需用酸洗洗去细粉碎过程中混入的铁杂质。总之，原料的精选是提纯和去除杂质，使原料的化学成分、矿物组成和颗粒分布均能符合要求的一道重要工序。

2. 原料的预烧

矿物原料因种种原因，有的具有片状结构(滑石)，有的硬度大难粉碎(石英)，有的收缩大易开裂(高塑性黏土)，有的有多种晶体结构(氧化铝、氧化锆、二氧化钛)，往往需预烧处理后才能使用。

(1) 矾土和工业氧化铝的煅烧。工业氧化铝的预烧是为了形成稳定的刚玉晶体，如 β-Al_2O_3 煅烧成 α-Al_2O_3。预烧温度常大于 1400℃，矾土预烧后形成稳定的刚玉和莫来石，煅烧温度常大于 1450℃，显然它们的煅烧温度均高于电瓷坯体的烧成温度，故必须预先单独地进行。

(2) 石英(图 6.6)的预烧。如果采用脉石英、石英岩等天然石英原料，它们是低温型的 β-石英，其硬度为 7，质地坚硬很难破碎，通常将其预烧到 900～1000℃。强化其晶型转化，然后投入水中淬冷，石英因 573℃的高温型向低温型转变的体积效应，产生内应力，使之内部结构疏松而便于粉碎。经预热后夹杂的铁杂质因很强的着色能力而暴露，也便于人工挑选和原料的提纯。

(a) 白脉石英　　　　　　　　　　　(b) 高温煅烧石英粉

图 6.6　石英

（3）黏土原料的预烧。黏土的预烧可减小收缩，提高纯度，当采用黏土用量较大的坯料或压制成型（等静压成形也在内）的坯料及釉料中用量超出所需的量时，对坯釉配方中的部分黏土预烧制成熟料，预烧温度为700～900℃，排出其化学结合、物理结合的水分、气体和有机物等，即可提高原料的纯度。

（4）滑石的预烧。滑石为层状结构，矿物常为片状，釉料中滑石用量较大时应经1400℃左右的温度预烧破坏其层状结构，改善工艺性能。

（5）氧化锌的预烧。釉料中加入较多氧化锌时，容易缩釉，需将部分氧化锌在1250℃左右预烧。

（6）长石的预烧。长石一般是不经预烧而直接使用的，但长石中溶解一定的气体，这些气体在长石玻璃中形成气泡，为了提高釉面质量（减少釉面中的气孔），可将长石预烧，防止釉中气泡产生的不良影响，经预烧后的长石原料在湿法细磨时，碱金属离子在水中的溶解度也可减少。

3．塑化

传统陶瓷中，黏土本身是一种很好的塑化剂，无须另加塑化剂。粉末冶金中，因为金属粉末有良好的塑性，因此也常不加或加少量的塑化剂。只有压制难压物料时才加塑化剂。塑化剂也称黏结剂，与润滑剂混称为成型剂。常见的塑化剂详见8.6节内容。

4．制泥浆用的水

电瓷坯釉料中含有一定水分，制坯（釉）的用水性质对坯（釉）料的工艺性能和制品的质量均有直接的影响。例如，某电瓷厂的坯体在干燥过程中表面出现白霜或丝状结晶物，它们是坯体中硫酸盐和其他可溶性盐随水向表面迁移沉积的产物，另一部分可溶成分来源于原料，另一部分则与用水的性质有关。对水质的要求主要是水中所含的可溶性的金属离子和络合阴离子的种类与数量，其中以 Ca^{2+}、Mg^{2+}、SO_4^{2-} 对泥浆的稳定性影响较大，它们含量较高时容易引起泥浆絮凝，对泥浆的可塑性也有不良影响。

因此，电瓷球磨用水一般要求 Ca^{2+}、Mg^{2+} 的浓度低于 10～15mg/kg；而 SO_4^{2-} 的浓度低于 10mg/kg。水的 pH 对泥浆的稳定性和泥料的可塑性均有影响，水的 pH 值在 6～8.5 的范围内可塑性最好，生产中应采用 pH 接近 7 的中性水。

图 6.7 为 ACVEX 橡胶衬里水力旋流器。水力旋流器是用于分离去除污水中较重的粗颗粒泥沙等物质的设备，有时也用于泥浆脱水，分压力式和重力式两种，常采用圆形柱体构筑物或金属管制作。水靠压力或重力由构筑物（或金属管）上部沿切线进入，在离心力作用下，粗重颗粒物质被抛向器壁并旋转向下和形成的浓液一起排出。较小的颗粒物质旋转到一定程度后随二次上旋涡流排出。水力旋流器由上部一个中空的圆柱体，下部一个与圆柱体相通的倒锥体，二者组成水力旋流器的工作筒体。此外，

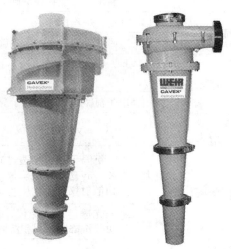

图 6.7 ACVEX 橡胶衬里水力旋流器

水力旋流器还有给矿管，溢流管，溢流导管和沉砂口。

水力旋流器用砂泵（或高差）以一定压力（一般是 0.5～2.5kg/cm）和流速（约 5～12m/s）将矿浆沿切线方向旋入圆筒，然后矿浆便以很快的速度沿筒壁旋转而产生离心力。通过离心力和重力的作用，将较粗、较重的矿粒抛出。

水力旋流器在选矿工业中主要用于分级、分选、浓缩和脱泥。当水力旋流器用做分级设备时，主要用来与磨机组成磨矿分级系统；用做脱泥设备时，可用于重选厂脱泥；用做浓缩脱水设备时，可用来将选矿尾矿浓缩后送去充填地下采矿坑道。水力旋流器无运动部件、构造简单、单位容积的生产能力较大、占面积小、分级效率高（可达 80%～90%）、分级粒度细、造价低、材料消耗少。

6.2 原 料 性 能

6.2.1 粉料粒度测定

粉末颗粒的粒径和形状会显著影响粉末及其产品的性质和用途，因此，对粉末粒径和形状的测量越来越受到人们的重视。例如，水泥的强度与其细度有关，人造金刚石的粒径和粒径分布与晶型决定了其质量等级，WC 粉末粒径直接影响硬质合金的性能，催化剂粉末的粒径对其催化活性有重要影响。另外，各种粉末和其加工单元过程也往往需要用粒径和粒径分布来评价。随着现在纳米材料与技术的发展，人们对粉末粒径与形状的测量提出了更高的要求。

目前已有许多粒径测量的方法，随着现代光电技术、信息技术的发展，这些测量方法在实践中得到改进和完善。因此，一些粒度测定方法得到了研究和发展，如沉降法、显微镜法、激光法、库尔特计数器和激光粒度分析仪，以及用于测表面积的透过法和吸附法等。这些测定方法和原理，测定的粒度范围和特点见表 6－1。

表 6－1 粒径主要测量方法分类

方法		测量装置或物理基础	可测粒径范围	测量结果
筛分法		丝网筛	$>45\mu m$	粒径分布直方图
		电磁振动筛、音波振动筛	$5～50\mu m$	
显微镜法		光学显微镜、	$1～100\mu m$	粒径、粒径分布的形状参数
		扫描电子显微镜、透射电子显微镜	$0.001～10\mu m$	
X－ray 衍射法		X－ray 衍射分析仪	$0.01～0.3\mu m$	粒径的平均尺寸
沉降法	重力	沉降天平、光透过式沉降仪、X－ray 透过式沉降仪、β射线返回散射仪	$0.1～150\mu m$	粒径、粒径分布
	离心	光透过式沉降仪、X－ray 透过式沉降仪、累积沉降仪	$0.01～30\mu m$	
比表面积法		BET 吸附仪、气体透过仪	$0.003～3\mu m$	比表面积、平均粒径

1. 筛分法

筛分法（sieving method）是粒径与粒径分布的测量中应用最早、应用最广，也是最简单的快速的粒度鉴定方法。常用测定范围在 $45\mu m$ 以上，硅酸盐行业中的粉料大都在此粒径范围内。根据流体介质不同，筛分法（图 6.8）可以用干筛分，也可以用湿筛分。按筛子的振动方式，又可分为人工筛分（主要应用在重要的生产分析、科研中）和机械筛分（主要用于日常的生产分析）。

（1）筛分原理：筛分法是利用筛孔将粉体机械阻挡的分级方法。将筛子由粗到细按筛号顺序上下排列，组合成一套筛，将一定量粉体样品置于最上层中，借助振动将粉末分成若干等级，称量各个筛号上的粉体质量，求得各筛号上的不同粒径质量百分数，由此获得以质量为基准的筛分粒径分布及平均粒径。

图 6.8　筛分法

（2）筛号与筛孔尺寸：筛号常用"目"表示，"目"系指在筛面的 25.4mm（1 英寸）长度上开有的孔数。如开有 30 个孔，称 30 目筛，孔径大小是 25.4mm/30 再减去筛丝的直径。由于所用筛丝的直径不同，筛孔大小也不同，因此必须注明筛孔尺寸，常用筛孔尺寸是 μm。筛网目数越大，筛孔越细。

各国的标准筛号及筛孔尺寸有所不同，目前最常用的是美国泰勒（Tyler）标准筛和国际 ISO 标准筛。我国使用的是国际标准筛（ISO），国际标准筛基本沿用泰勒（Tyler）筛比，不同之处在于直接给出筛孔尺寸，以 $\sqrt{2}$ 为等比系数递增或递减其他筛孔尺寸。表 6-2 列出一些国家标准筛系的对照关系，我国常用的标准筛号与尺寸见表 6-3。但是，随着粉体材料的发展，筛分法测定粉体粒度显露出它的局限性。

表 6-2　各国标准筛系比较

中国	日本		美国（Tyler 标准筛）		英国	
GB 5330—85	JISZ8801		A. S. T. M. -E-11-61		B. S. 410	
筛孔尺寸/μm	筛孔尺寸/μm	目数	筛孔尺寸/μm	目数	筛孔尺寸/μm	目数
（上略）						
5600	5660	3.5	5660	3.5		
4750	4760	4.2	4760	4		
4000	4000	5	4000	5		
3350	3360	6	3360	6	3350	5
2800	2830	7	2830	7	2800	6
2360	2380	8	2380	80	2400	7
2000	2000	9.2	2000	10	2000	8
1700	1680	10.5	1680	12	1680	10
1400	1410	12	1410	14	1400	12
1180	1190	14	1190	16	1200	14

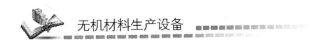
（续）

中国	日本		美国（Tyler 标准筛）		英国	
GB 5330—85	JISZ8801		A. S. T. M. - E - 11 - 61		B. S. 410	
筛孔尺寸/μm	筛孔尺寸/μm	目数	筛孔尺寸/μm	目数	筛孔尺寸/μm	目数
1000	1000	16	1000	18	1000	16
850	840	20	841	20	850	18
710	710	24	707	25	710	22
600	590	28	595	30	600	25
500	500	32	500	35	500	30
425	420	36	420	40	420	36
355	350	42	354	45	355	44
300	297	48	297	50	300	52
250	250	55	250	60	250	60
212	210	65	210	70	210	72
180	177	80	177	80	180	85
150	149	100	149	100	150	100
125	125	120	125	120	125	120
106	105	145	105	140	105	150
90	88	170	88	170	90	170
75	74	200	74	200	75	200
63	63	250	63	230	63	240
53	53	280	53	270	53	300
45	44	325	44	325	45	350
38	—	—	37	400	—	—
（下略）						

表 6-3 国内常用标准筛

目次	筛孔尺寸/mm	目次	筛孔尺寸/mm	目次	筛孔尺寸/mm
8	2.50	45	0.400	130	0.112
10	2.00	50	0.355	150	0.100
12	1.60	55	0.315	160	0.090
16	1.25	60	0.280	190	0.080
18	1.00	65	0.250	200	0.071
20	0.90	70	0.224	240	0.063
24	0.80	75	0.200	260	0.056
26	0.70	80	0.180	300	0.050
28	0.63	90	0.160	320	0.045
32	0.56	100	0.154	360	0.040
35	0.50	110	0.140		
40	0.45	120	0.150		

2. 沉降法

沉降法(sedimentation method)的原理可以基于颗粒在悬浮体系时，颗粒本身重力(为了加快细颗粒的沉降速度，缩短测量时间，现代沉降仪大都引入离心沉降方式)、所受浮力和黏滞阻力三者平衡，并且黏滞力服从斯托克斯定律来实施测定的，此时颗粒在悬浮体系中以恒定速度沉降，且沉降速度与粒度大小的平方呈正比。根据 Stocks 方程求出粒径的方法。Stocks 方程适用于 $100\mu m$ 以下的粒径的测定。沉降法的优点是操作简便、仪器可以连续运行、价格低、准确性和重复性较好、测试范围较大。缺点是测试时间较长。

3. 激光粒度分析法

激光粒度分析法是根据夫琅和费衍射原理设计的。由激光器发出的激光束，经滤波、扩束、准值后变成一束平行光，在该平行光束没有照射到颗粒的情况下，光束经过富氏透镜后将汇聚到焦点上。激光粒度分析仪工作原理如图 6.9 所示，激光粒度分析仪如图 6.10 所示。

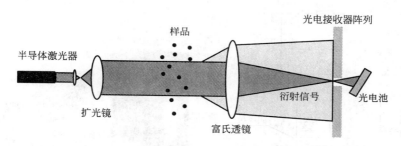

图 6.9 激光粒度分析仪工作原理

当通过某种特定的方式把颗粒均匀地放置到波长为 λ 的平行光束中时，激光将发生衍射和散射现象。通常当颗粒粒径大于 10λ 时，以衍射现象为主；当粒径小于 10λ 时，则以散射现象为主。理论与实践都证明，大颗粒引发的散射光的散射角小，颗粒越小，散射光的散射角越大。这些不同角度的散射光通过富氏透镜后将在焦平面上形成一系列光环，由这些光环组成的明暗交替的光斑称为 Airy 斑。Airy 斑中包

图 6.10 BT-9300 激光粒度分析仪

含着丰富的粒度信息。简单的理解就是半径大的光环对应着较小的粒径的颗粒，半径小的光环对应着较大粒径的颗粒。不同半径上光环的光能大小包含该粒径颗粒的含量信息。这样我们就在焦平面上安装一系列光的电接收器，将这些由不同粒径颗粒散射的光信号转换成电信号，并传输到计算机中，再采用米氏散射理论通过计算机将这些信号进行数学处理，就可以得出粒度分布了。一般激光衍射式粒度仪仅对粒度在 $5\mu m$ 以上的样品分析较准确。

激光粒度分析法的优点是操作简便、测试速度快、测试范围大、重复性和准确性好、可进行在线测量和干法测量。缺点是结果受分布模型影响较大、仪器造价较高。这种分析方法对样品的浓度有较大限制，不能分析高浓度体系的粒度及粒度分布，分析过程中需要稀释，从而带来一定的误差。在利用激光粒度仪对体系进行粒度分析时，必须对被分析体系的粒度范围事先有所了解，否则分析结果将不会准确。

4. 电阻法

小孔电阻法工作原理如图 6.11 所示。电阻法又称库尔特法，是一种典型的采用电子传感器法测试粒子尺寸及粒度分布的测试仪。利用库尔特法的颗料计数器如图 6.12 所示。这种方法是根据颗粒在通过一个小微孔的瞬间，占据了小微孔中的部分空间而排开了小微孔中的导电液体，使小微孔两端的电阻发生变化的原理测试粒度分布的。小孔两端的电阻的大小与颗粒的体积呈正比。当不同粒径大小的颗粒连续通过小微孔时，小微孔的两端将连续产生不同大小的电阻信号，通过计算机对这些电阻信号进行处理就可以得到粒度分布了。

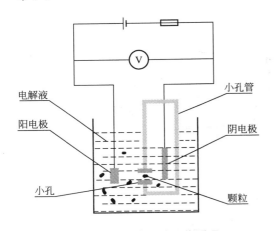

图 6.11　小孔电阻法工作原理

图 6.12　RC－2100 型电阻法(库尔特)颗粒计数器

优点：操作简便，可测颗粒总数，等效概念明确，速度快，准确性好。缺点：测试范围较小，小孔容易被颗粒堵塞，介质应具备严格的导电特性。测试范围为 0.3～200μm。

5. 吸附法

吸附法是在试样颗粒的表面上吸附断面积已知的吸附剂分子，依据单分子层的吸附量计算出试样的比表面积，从而再转换成颗粒的平均直径的一种方法。单分子层吸附量计算公式有 Freundich、Langmiur 和 BET 方程。现在较多采用 BET 方程进行测定，原理如图 6.13 所示。气体被吸附是由于固体表面存在剩余力场，根据这种力的性质和大小不同，分为物理吸附和化学吸附。前者是范德华力的作用，气体以分子状态被吸附；后者是化学键起作用，相当于化学反应，气体以原子状态被吸附。物理吸附常常在低温下发生，而且吸附量受气体压力的影响较显著。建立在多分子层吸附理论上的 BET 法是低温氮气吸附，属于物理吸附。这种方法已广泛用于比表面积测定。

6. X 射线衍射法

通常粉体颗粒所包含的不一定是单个晶粒，而一般的颗粒测试法测定得到的是颗粒的尺寸，并不是晶粒的尺寸，而 X 射线衍射法是测定微细晶粒晶粒度的最好方法。

当晶粒度在 10^{-5} cm 以下时，由于每一个晶粒中某一族晶数目的减少，使得 Debye 环宽化并漫射（同时也使衍射线条宽化），这时晶粒度 D_x 和衍射线的变宽度 β 的关系为

$$D_x = \frac{k\lambda}{\beta \cdot \cos\theta} \qquad (6-1)$$

式中，λ——X 射线的波长（Å）；

θ——为衍射角（度）；

k——常数，通常为 0.8～1.0。

由 X 射线法测定晶粒尺寸时，应该先说明所使用的晶面，因为晶粒长大时，未必是各向同性的，并且在衍射时，应将受光狭缝控制在 0.15mm 以下，慢慢地扫描，最好以 0.002°～0.004°间隙分段扫描。由 X 射线法测得的是颗粒中所包含的晶粒的尺寸，不是颗粒本身的大小，通过比较由 TEM 获得的颗粒图像，可以获得有关颗粒结构的信息。

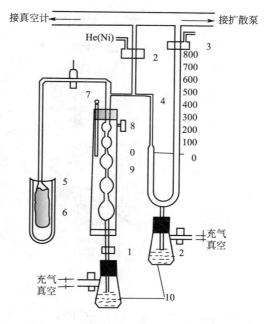

图 6.13 容量法 BET 装置原理示意图
1、2、3—阀门；4—水银压力计；
5—试样管；6—低温瓶；7—温度计；
8—恒温套；9—量气球；10—汞瓶

7. 显微镜法

用于进行粒度分析的显微镜主要包括光学显微镜和电子显微镜。光学显微镜通常适用于测定粒径大于 $1\mu m$ 的颗粒，而电子显微镜测定的粒度可小到 $0.001\mu m$。前者是将粒子放在显微镜下，根据投影像测得粒径的方法，主要测定几何学粒径，光学显微镜可以测定微米级的粒径。后者又分为扫描电子显微镜和透射电子显微镜，电子显微镜可以测定纳米级的粒径。测定时应避免粒子间的重叠，以免产生测定的误差。主要测定以个数、面积为基准的粒度分布。透射电子显微镜是唯一能够将颗粒大小、形状及分布状态，甚至是粉体内部结构进行全面观察和分析的一种方法。图 6.14 为北京市大气中硫酸盐颗粒的 TEM 照片。

8. 粒度测试的真实性

通常的测量仪器都有准确性方面的指标。由于粒度测试的特殊性，通常用真实性来表示准确性方面的含义。由于粒度测试所测得的粒径为等效粒径。对同一个颗粒，不同的等效方法可能会得到不同的等效粒径。可见，由于测量方法不同，同一个颗粒得到了两个不同的结果。也就是说，一个不规则形状的颗粒，如果用一个数值来表示它的大小时，这个数值不是唯一的，而是有一系列的数值。而每一种测试方法都是针

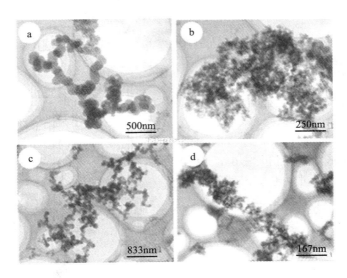

图 6.14　北京市大气中硫酸盐颗粒的 TEM

对颗粒的某一个特定方面进行的，所得到的数值是所有能表示颗粒大小的一系列数值中的一个，所以相同样品用不同的粒度测试方法得到的结果有所不同。颗粒的形状越复杂，不同测试方法的结果相差越大。但这并不意味着粒度测试结果可以漫无边际，而恰恰应具有一定的真实性，就是应比较真实地反映样品的实际粒度分布。真实性目前还没有严格的标准，是一个定性的概念。但有些现象可以作为测试结果真实性好坏的依据。例如，仪器对标准样的测量结果应在标称值允许的误差范围内；经粉碎后的样品应比粉碎前更细；经分级后的样品的大颗粒含量应减少；结果与行业标准或公认的方法一致等。

在粒度分析过程中，样品制备非常重要，直接影响测量结果的准确性。主要影响因素有取样方式、分散介质、分散手段和分散剂等。分散介质是用于分散样品的液体。常见的分散介质有水、乙醇、水＋甘油和乙醇＋甘油等。甘油可用来增加介质的黏度，以保证较粗颗粒在层流区内沉降。为保证试样与分散介质的均匀混合，常添加分散剂，如六偏磷酸钠、焦磷酸钠等，一般浓度在 0.2％ 左右。采用乙醇、苯等有机溶剂时，一般不加分散剂。超声波（20kHz～50MHz）分散是一种强度很高的分散手段，其机理普遍认为与空化作用有关。空化可产生局部的高温高压，介质在交替的正负压强下受到挤压和牵拉，产生的巨大的冲击力和微射流，使粉体颗粒的表面能被削弱，有效防止粉体颗粒的团聚。机械分散是借助外界剪切力或撞击力等机械能使粉体粒子在介质中分散的一种方法。常见的方法是球磨。球磨法的不足是研磨介质之间的撞击、研磨介质与被磨物料之间的摩擦，难免影响浆料的纯度。另外，球磨增加了物料颗粒表面晶格的不完整性。

取样是通过对少量样品测量来代表大量粉体粒度分布状况的，因此要求取样具有充分的代表性。为了克服粉体样品发生离析现象对分析结果的影响，总的原则是：在物料移动时取样；采用多点取样。在不同部位、不同深度取样，每次取样点不少于四个，将各点所取的样混合后作为粗样；取样方法要固定。分析样品一般全部放到烧杯等容器中制成悬浮液，悬浮液的量一般不少于 60mL。经分散、搅拌后要转移出一部分到样品槽中做测量用。缩分悬浮液所用的工具最好是用具有多方向进样功能的取样器，将悬浮液充分搅拌后从其中缓缓抽取适量注入样品槽中。

9. 粉体粒径测试技术的进展

我国粒度测试技术研究工作起步于 20 世纪 70 年代。在 80 年代初成立了中国颗粒学会，由中国科学院院士郭慕孙教授担任理事长，下设颗粒制备、颗粒测试、气溶胶、纳米材料等专业委员会等。颗粒学会的成立不仅对颗粒测试技术的研究起到了促进作用，还推动了产业化的进程，之后陆续有国产的粒度仪投放市场。经过近几十年的发展，目前粒度仪器的生产厂家有十余家。近年来，颗粒测试技术进展很快，表现在以下几个方面。

（1）激光粒度测试技术不断成熟，激光衍射/散射技术，现在已经成为颗粒测试的主流。激光粒度分析技术最近几年的主要进展在于提高分辨率和扩大测量范围。探测器尺寸增加，附加探头的使用扩大了测量范围；多种激光光源的使用、多镜头、汇聚光路、多量程、可移动样品窗的使用提高了分辨率；采样速度的提高则进一步改善了仪器的重复性。英国马尔文公司 Mastersizer2000 等系列激光仪采用高能量蓝光辅助光源和汇聚光学系统，测量范围达到 $0.02\sim2000\mu m$，不需更换透镜。目前国产激光粒度分析仪在技术上，已经达到了相当成熟的阶段，如丹东市百特仪器有限公司 BT-9300 激光粒度仪、济南微纳仪器公司 JL9300 激光粒度仪和四川精新仪器有限公司 JL-1155 激光粒度仪等。激光粒度测试技术的主要特点：测试速度快，重复性好，分辨率高，测试范围广得到了进一步的发挥，国产的激光粒度仪在制作工艺和自动化程度上尚有欠缺。

（2）传统的颗粒测试技术中，图像颗粒分析技术由于样品制备操作较烦琐、代表性差、只作为一种辅助手段。通过使用图像拼接技术或者多幅图像数据累加技术可以有效提高分析粒子数量，采用标准分析处理模式的图像仪减小操作误差，采用颗粒同步频闪捕捉技术拍摄运动颗粒图像，这些改进取得了一定的效果，解决了采样代表性问题。颗粒图像分析技术需要解决的另一个问题是三维测量，动态颗粒图像采集由于颗粒采集的各向同性，因此可以解决在载玻片上颗粒方位的偏析问题，但是仍然无法解决如片状颗粒厚度的问题。厚度测量对于金属颜料、云母、特种石墨都是一个急需解决的实际问题。

（3）颗粒本身是离散的个体，因此对颗粒分级计数是一种最好的测量方法。库尔特电阻法在生物等领域得到广泛应用已经成为磨料和某些行业的测试标准，但是它受到导电介质的限制和小孔的约束，在某些行业推广受到阻力。

最近光学计数器在市场上异军突起，它将在高精度和极低浓度颗粒测量场合发挥不可替代的作用。美国 Haic Royco 公司颗粒计数器/尘埃粒子计数器是才进中国不久的老产品；美国 PSS(Particle Sizing Systems)公司采用单粒子光学传感(SPOS)技术生产的系列仪器可用于湿法、干法、油品等各种场合的颗粒计数。

国内颗粒计数器的研究工作起步并不晚，但是除了欧美克的电阻法计数器外，尚未见光学计数器商业化的产品。

（4）纳米颗粒测试技术有待突破，纳米颗粒测试越来越受到重视。电镜是一种测试纳米颗粒粒度与形态最常用的方法。电镜样品制备对于测试结果有重要影响，北京科技大学在拍摄高质量电镜照片方面做了出色的工作。由于电镜昂贵的价格和严格的使用条件，以及取样代表性问题，电镜不易在企业中推广。

根据动态光散射原理设计的纳米级颗粒测试技术是一种新技术，近年来获得了快速发展。马尔文·布鲁克海文、贝克曼库尔特等公司提供了优秀的产品。马尔文公司已将动态光散射的测量范围扩展到亚纳米范围，HPPS 高性能高浓度纳米粒度和 Zeta 电位分析仪测试范围为 0.6～6000nm，可以测量大分子粒径。

X 射线的波长比纳米还要短，因此 X 射线小角散射是一种测量纳米颗粒的理想方法（类似于激光衍射原理），国外有商品化的仪器。国内，此方法已经列入国家开发计划，国家钢铁研究总院对此方法的研究已经做了大量工作。

（5）光子相关技术。动态光散射原理测试纳米颗粒采用的技术主要是光子相关谱。光子相关技术是一种 20 世纪 70 年代兴起的超灵敏探测技术。它根据光子信号的时间序列的相关性检测被测信号的多普勒频移或时间周期性，比通常的光谱仪分辨率高一个数量级，因此此技术也被用于颗粒运动速度的测定和其他场合。上海理工大学与浙江大学利用此原理已经成功研制出在线用的颗粒粒度与颗粒流速的探针。它可用于物料管道内部检测物料的平均大小和物料的流速，对于在线控制具有指导意义。有报道称使用光子探测技术可以对高压空气喷嘴中的颗粒计数，说明颗粒测试正在向更加精密更加灵敏的方向发展。我国光子相关谱粒度仪的研制成功不仅对仪器行业本身具有重要意义，对我国各行业纳米材料的研究开发与生产进步，都具有重要的战略意义。国产光子相关谱粒度仪虽然已经问世，但是与国外同类仪器相比尚有一定差距，目前正在以下技术上加强改进。

① 进一步提高数字相关器性能，包括通道数、互相关技术、通道分配等。

② 纳米颗粒的充分分散技术要与仪器的研发同步提高。

③ 注意多角度互相关技术的发展，以进一步提高仪器的抗干扰能力。

④ 在光子相关谱仪的基础上发展可测高浓度的动态光散射谱仪。

（6）我国粉体工业正处在蓬勃发展的时期，对粒度测试仪器在线颗粒测试的需求急剧增长，在线监测有 on line、in line 和 at line 几种方式。颗粒制备过程的主要工艺参数是颗粒大小，以粉磨生产线为例，尽管有很多磨机检测方法，如负荷检测、电耳检测等，自都属于间接检测，无法代替颗粒粒度的检测。在线监测系统如图 6.15 所示。根据生产条件不同，可以采取湿法检测，也可以采取干法检测，原则是湿样湿测，干样干测。国内研制的第一台气流磨在线干法监测仪于 1997 年在上海投入使用。美国马尔文公司在线检测仪于 2004 年在东海安装并投入在线检测。相信颗粒在线监测技术一定会在国内逐步推广，并为颗粒行业带来巨大的效益。在线颗粒测试有自动连续取样，报告显示实时，数据有代表性，抗干扰能力强，运行可靠等优点。

图 6.15　在线监测系统

由于各种粒度测定方法的物理基础不同，同一批样品用不同的测定方法或测定仪器所得到的粒度的物理意义及粒度大小和粒度分布也不尽相同。在选择测定方法时，需要综合考虑超细粉体的粒度分布范围、测定的目的、要求的精度、特征粒度分布数据及物料的特点等因素。例如，对于纤维类等形状不规则的粉体，则需要显微镜和粒度分析仪结合使用，才能得到较客观的粒度结果。对于同一样品不同次数的取样，结果也不一样，这就使各种测试方法之间的结果不能彼此很好的一一对应。所以颗粒体系的测量应该基于统计学理论，以样本为依据，对真实情况进行逼近。目前想得到一个粉末体系的真实粒度分布是不可能的。

6.2.2　粉料中铁粉量的测定

硬质原料在粉碎过程中，因粉碎设备的磨损而混入铁粉。因此，对进厂的粉料，或在生产中干法粉碎的粉料(包括粉碎的磁砂)，均要测定铁粉量，以评定是否符合技术要求。粉料中铁粉量的测定，是用永久磁铁吸出粉料中的铁粉，计算铁粉量占样品总量的百分含量。

铁粉含量的测定可通过称取样品 5kg，将其均匀平铺分散。然后用包一层绸布的磁铁吸附铁粉，待吸到一定程度后解开绸布，将铁粉收集起来，不断重复上述步骤，直到最后不能吸附到铁粉为止，最后准确称量铁粉，如式(6-2)所示。

$$铁粉量 = \frac{m_1}{m} \times 100\% \tag{6-2}$$

式中，m——样品的质量(g)；

　　　　m_1——铁粉的质量(g)。

6.2.3　泥浆性能检测

经过称量配比的各种物料加入适量水分进行球磨即得到具有一定细度、混合均匀度和水分要求的泥浆料。得到的泥浆有供注浆成型使用的，有涂在生坯表面覆盖坯面缺陷的，有施釉用的，还有供脱水后干法成型的等。用途不一样，对泥浆性能的要求也不一样。因此在陶瓷的生产过程中了解泥浆的基本特性非常重要。

1. 泥浆流动性检测

泥浆的流动性是指泥浆是否容易流动的性能。泥浆和釉浆在外力作用下产生流动时，因存在着内部摩擦，使两平行的浆层流动速度有差异，称这种特性为黏滞度，即黏度或内摩擦系数。它反映了泥浆不断克服内摩擦力所产生的阻碍继续流动的一种能力。流动度是黏度的倒数，黏度越大，流动度越小，即流动性越差，反之则相反。泥浆的流动性是否适当将影响球磨、输送、贮存、上釉等工艺。通过改变含水量、温度及电解质的种类与含量对提高产品质量具有重要意义。黏度有绝对黏度和相对黏度两种表示方法。测定绝对黏度采用旋转黏度计、扭力式黏度计等；相对黏度的测定有恩格勒黏度计、科尔黏度计等。下面介绍采用旋转黏度计测定泥浆的绝对黏度。

NDJ-1 型旋转黏度计的结构原理示意图如图 6.16 所示。同步电动机以稳定的速度旋转，连接着刻度盘，再通过游丝和转轴带动转子旋转。如果转子未受到液体的阻力，则游丝、指针与刻度盘同速旋转，指针在刻度盘上的读数为零；反之，如果转子受到液体的阻力，则游丝产生扭矩，与黏滞阻力抗衡，最后达到平衡，这时与游丝连接的指针，在刻度

盘上指示一定的读数。指针在刻度盘上的读数必须乘上黏度计系数表上的特定系数才是测得的绝对黏度,即

$$Y = k \times \theta \tag{6-3}$$

式中,Y——绝对黏度($\times 10^{-2} \mathrm{Pa \cdot s}$);

    k——黏度计系数表上的特定系数;

    θ——指针在刻度盘上的读数(偏转角度)。

相对黏度是从恩格勒黏度计(图6.17)中流出一定体积泥料所需的时间与相同条件下流出同体积的蒸馏水所需的时间之比。将恩格勒黏度计内外容器洗净、擦干,置于不受振动的平台上,加上蒸馏水至三个尖形标志处,调整仪器水平,将具有刻度线的100mL容量瓶放在黏度计下面的中央,黏度计的流出孔对准容量瓶口中心,拔起木棒,同时记录时间,测定流出100mL蒸馏水所需时间。同样,测定流出100mL泥浆所需时间,按下式求得泥浆的相对黏度:

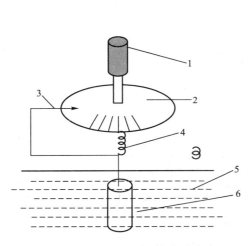

图6.16 NDJ-1型旋转式黏度计
结构原理示意图

1—同步电动机;2—刻度盘;3—指针;
4—游丝;5—被测样品;6—转子

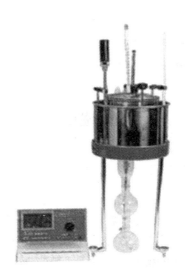

图6.17 恩格勒黏度计

$$\eta = \frac{n}{n_0} \tag{6-4}$$

式中,η——泥浆相对黏度;

    n——100mL泥浆流出所需时间(s);

    n_0——100mL蒸馏水流出所需时间(s)。

2. 泥浆稠化度检测

稠化度也可以直接用恩格勒黏度计,测定静置30min与静置30s流出100mL样品所需的时间。稠化度可通过下式计算:

$$\tau = \frac{t_2}{t_1} \tag{6-5}$$

式中，τ——泥浆稠化度；

    t_1——100mL 泥浆静置 30s 的流出时间（s）；

    t_2——100mL 泥浆静置 30min 的流出时间（s）。

通过式（6-5）可以看出流出的时间短，流动性好；反之则相反。在实际生产中注浆用泥浆要有适当数值，稠化度小，虽然流动性好，但成坯速度减慢，生坯强度不足，影响脱模和修坯的质量。

3. 稳定性的检测

泥浆的稳定性是衡量料浆性能的一个重要指标。泥浆的稳定性用稳定度来衡量。泥浆的稳定性受釉料组成、坯料组成、颗粒度、悬浮液的浓度等影响。在实际生产中，有时发现泥浆刚制备好时流动性好，静置一段时间后，流动性变坏，说明泥浆的稳定性不好。这会导致在贮存、输送和注浆过程中泥浆发生分层、沉淀和变质等现象，影响产品的质量。因此泥浆的稳定性检测十分重要。常用的检测方法是测定泥浆在一定容器中静止一定时间后分层的程度，用各层泥浆密度的一致程度来表征。

生产中常用比重瓶法测定泥浆在一定容器中静止一定时间后各层泥浆的密度来检测泥浆的稳定度。在 1000mL 量筒内进行，静置时间可选取 4h、8h、12h 和 24h，每 250mL 为一层，上下共分 4 层。图 6.18 为泥浆稳定性检测吸液原理示意图，其步骤如下。

将量筒放置在不受振动、温度变化不大的平台上，将待测泥浆倒入 1000mL 量筒内，搅拌均匀，静止所需时间后，用移液管每隔 250mL 取出试样。具体的方法如图 6.18 所示。把移液管 2 插入量筒 1 内每隔 250mL 泥浆的表层，用吸球 5 将泥浆吸入橡皮管 4 最高处稍过一些，拔掉吸球，用容器 6 接上流出的泥浆，并慢慢将吸管下降，直至 250mL 泥浆吸完。按上述比重瓶测定密度的方法，测定取出的每层泥浆的密度，根据泥浆静止一定时间后各层泥浆密度测定值的一致程度说明泥浆的稳定性。

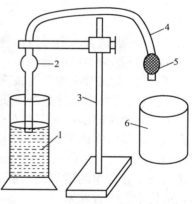

图 6.18　泥浆稳定性检测吸液原理示意图

1—1000mL 量筒；2—吸液管；
3—滴定管架；4—橡皮管；
5—吸球；6—搪瓷杯

4. 过滤性的检测

泥浆的过滤性是指泥浆的去水能力，即泥浆中的水分渗透过滤性介质的能力。泥浆的过滤性可以用渗透性或吸浆性来表示。泥浆的过滤性对浇注性能影响较大，过滤性好，坯体生长速度快，可以缩短注浆成型的时间，提高生产效率；但过滤性太强，易导致成型时措手不及，难以掌握坯体的厚薄。泥浆的过滤性与泥料中矿物的种类组成、颗粒组成、黏度、温度、陈腐时间、电解质的种类和用量等因素有关。

泥浆的渗透性是利用渗透分析装置测定在一定压力差下、一定时间内、一定面积上从一定泥浆试样中渗透出的水量，其表示方法有最初滤液量、过滤时间、泥饼水分，根据这几个数据来分析渗透性。

渗透分析的测定方法为洗净布氏漏斗及滴定管后，校正布氏漏斗水平，并用蜡液把所有接口密封。关上连通滴定管的三通开关，打开系统其他部分开关，启动真空泵，确定整个系统无漏气现象，关闭真空泵。按布氏漏斗直径大小剪好滤纸，贴于漏斗底部。洒水润湿，开启真空泵，打开三通阀开关，吸干滤纸上多余水分，使之紧贴于漏斗底面。关闭三通阀开关及真空泵，静止 5min，读取滴定管内液面高度。用量筒取已充分搅拌的待测泥浆试样 50mL，借助玻璃棒慢慢将试样倒入布氏漏斗，并将泥浆铺平。启动真空泵，使水银负压上升到 700mm 以上，打开三通阀，同时记录时间，使泥浆中水分渗过滤纸自如地落入滴定管中（此时水银柱保持在 700mm 以上），每分钟读取一次滴定管内液面高度，直至连续 5min 内液面高度不变为止，取下布氏漏斗中的滤饼，剥去滤纸，置于已预先称重的器皿中，用失重法测定泥饼的水分。

最初滤液量及泥饼水分按下式计算：

$$q = \frac{V_0}{V} \times 100\% \tag{6-6}$$

式中，q——最初滤液量（%）；

V_0——开始 5min 滤液量（mL）；

V——总滤液量（mL）。

$$p = \frac{G_1 - G_2}{G_1 - G_0} \times 100\% \tag{6-7}$$

式中，p——泥饼含水率（%）；

G_0——称量器皿质量（g）；

G_1——湿泥饼＋称量器皿质量（g）；

G_2——干泥饼＋称量器皿质量（g）。

工艺上吸浆速度的测定有石膏坩埚法和石膏圆柱体法，石膏坩埚法以石膏坩埚内壁单位面积上单位时间内沉积的干坯质量来表示吸浆速度。用炒制过的半水石膏制造石膏坩埚（高 3cm、上面内径 4cm、下面内径 3cm、壁厚 3cm），并在 70℃ 下烘干。将待测泥浆注入已除去灰尘并称重的坩埚内，静置 20～30min 后将多余泥浆倒出，为使多余泥浆完全流尽，可将坩埚倒置在木架上半小时。将坩埚连同附在坩埚内壁的坯体一同置于 105～110℃ 下干燥至恒重，则吸浆速度按下式计算：

$$u = \frac{G_1 - G_0}{A \times t} \tag{6-8}$$

式中，u——吸浆速度 [g/(cm²/s)]；

G_0——测试前石膏坩埚质量（g）；

G_1——测试后石膏坩埚重＋干坯质量（g）；

A——坩埚内表面积（cm²）；

t——泥浆注入坩埚后静置时间（s）。

石膏圆柱体法以石膏圆柱体外表面积上单位时间内聚集干坯泥的质量表示吸浆速度。将固定在架子上的石膏圆柱体浸没在盛有待测泥浆的杯内至标志处。5min 后，将石膏圆柱体连同附在上面的泥层一同取出，令多余的泥浆流下（2min）。将石膏圆柱体连同泥层一同置于玻璃板上，称出质量，则吸浆速度为

$$u_n = \frac{G_1 - G_0}{A \times t} \tag{6-9}$$

式中，u_n——吸浆速度 $[g/(cm^2/s)]$；

$\quad$ G_0——测试前圆柱体质量(g)；

$\quad$ G_1——石膏圆柱与沉积在其上的泥层及被吸收的水的质量(g)；

$\quad$ F——浸入泥浆内的石膏柱的表面积(cm^2)；

$\quad$ t——泥层聚积的时间(s)。

6.3 坯 料 性 能

6.3.1 坯料含水率的测定

电瓷坯料主要由可塑性原料和瘠性原料组成，在加工过程中，还需加入水。从投料到坯件进窑煅烧的整个工艺流程，坯料中含水量的高低与产品的性能密切相关。我们知道泥浆的密度、黏度和可塑性等受到含水量的影响，这也影响着后续工艺，如球磨、脱水、过筛、挤制和造粒等。在坯体干燥的过程中，如果排除水分的速度或含水量分布不均匀，容易导致坯件变形或开裂。因此严格控制生产过程中坯料的含水量，对产品质量的提高有重要意义。测定水分的方法有烘干称量法、容量法、容积法和电阻法等。

坯料干燥失重、收缩、水分含量的测定是将正常可塑状态下的湿坯样品，在恒定的温度$(65\pm2℃)$和湿度(相对湿度$70\pm5\%$)下进行干燥，定时称量和测定收缩量，计算每次称量和测量样品失重百分率和线收缩率。

湿坯样品干燥失重、收缩等与坯料本身的特性有关，可塑性黏土含量高，颗粒细，颗粒吸附水膜后，自由水含量高，干燥失重和收缩就大。

6.3.2 坯料中铁杂质的含量测定

泥浆和釉料直接在泥浆池和釉浆池中取样。检查泥浆和釉浆过筛除铁的效果，可在过筛除铁后的泥浆池和釉浆池中取样。应随意抽取 $10\sim15$ 块泥饼，在每块泥饼的不同部位切取。真空练泥机挤出的泥段在练泥机出口处，每隔几个泥段切取一片，取十几片。湿坯或干坯件的取样，在坯件架、坯件车、堆放场的不同位置抽取坯件，对于大型坯件还应在不同部位取样。各种取样数量，均应不少于相当于 5kg 干料的样品。

测量泥饼、泥段、坯件中铁含量时，用钢丝弓将泥饼、泥段、坯件切成细薄泥片，干坯件用木槌敲碎，放进搅拌桶中，注入过滤的自来水。加水量以形成流动性良好的泥浆为准。

在制备好的浆料样品中用永久磁铁反复吸铁，收集磁铁吸出的铁粉，直至磁铁在样品中吸不到铁粉为止。

6.3.3 坯料线收缩率、体积收缩率和孔隙率的测试

坯料(泥料)制成坯体，在干燥和烧成过程中，由于坯料发生一系列的物理化学变化，使坯体的体积收缩，孔隙率发生变化。

线收缩率：可塑状态的坯料(或黏土)制成的坯体，在干燥过程中，直线方向产生的收缩量与原始湿坯直线长度之比，称为干燥线收缩率；在烧成过程中，直线方向产生的收缩

量与原始湿坯直线长度之比，称为烧成线收缩率；干燥和烧成过程中，直线方向上产生的总收缩量与原始湿坯直线长度之比，称为总线收缩率。

体积收缩率：可塑性的坯料（或黏土）制成的坯体，在干燥过程中产生的体积收缩量与原始湿坯体积之比，称为干燥体积收缩率；烧成产生的体积收缩量与干坯体积之比，称为烧成体积收缩率；干燥和烧成产生的总体积收缩量与原湿坯体积之比，称为总体积收缩率。

孔隙率：可塑性的坯料（或黏土）制成坯体，在干燥过程中形成的孔隙体积与干坯体积之比，称为干燥孔隙率；坯体烧成后还存在的孔隙体积与其本身体积之比，称为烧成孔隙率。

线收缩率的测定，一般是用游标卡尺（或测量显微镜）测量样品直线收缩量和原始直线长度。体积收缩率的测定，是将样品经真空或其他方法处理后，在液体中称量，测定样品收缩前后的体积而得到体积收缩量。孔隙率的测定，一般是在样品真空处理后，使其饱吸液体后，分别在液体中称量和在空气中称量，获得样品的体积和孔隙的体积。然后分别计算求出。

坯料干燥和烧成的线、体收缩率及孔隙率，都与坯料的配方组成和性质、颗粒组成、堆积密度、湿坯成形水分和结构致密程度、烧成温度等有关。

坯料中黏土用量高，可塑性能好，湿坯成形水分高，其干燥线、体收缩率大，孔隙率高。坯料的颗粒组成合理，堆积密度大，湿坯结构致密，则干燥线、体收缩率和孔隙率较小。坯料的烧失量大，干燥孔隙率高，其烧成线、体收缩也就大。烧成温度适当，坯体恰好烧结成瓷，其烧成线、体收缩率为最大值，烧成孔隙率为最小值，开口孔隙率为零。

坯料烧成线、体收缩率大，坯体在干燥和烧成过程中容易产生变形或开裂，特别是大型坯件或长而细的坯件。因此，测定坯料的线、体收缩率和孔隙率，以评定坯料的干燥和烧成性能的好坏。测定正常生产的坯料的线体收缩率及孔隙率来评定坯料比。

由于坯料的性能与黏土原料的性能有直接的关系，因此在测定黏土原料的性能时，同样也测定其烧成线、体收缩率和孔隙率，其测定方法相同。

1. 线收缩率测定

（1）取制的黏土样品，放在铺有湿绸布的玻璃板上，上面再盖上一层湿绸布，用碾棒轻缓地碾滚。每碾滚 2~3 次，更换碾压方向一次，使各方面受力均匀，最后把泥块表面轻轻滚平。然后用专用切样品工具，切成 50mm×50mm×10mm 的试块，然后小心地脱出，置于垫有薄纸的玻璃板上再压平。随即用刻线工具（或游标卡尺）在试块的对角线方向，相互垂直地打上长 50mm 的两根工字形线条（或记号），如图 6.19 所示，共制 5 个试块，并编号。

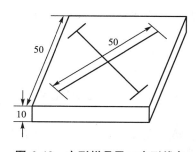

图 6.19　方形样品及工字形线条

或者把制备好的坯料样品，用小型真空练泥机挤制出直径 20mm 的泥条，用钢丝弓切成长 70mm 的试条 5 根，放在铺有薄纸的玻璃板上，用刻线工具（或游标卡尺），在试条的两相对面上，打上长 50mm 的两根工字形线条（或记号），并编号。

（2）制备好的试块或试条在室温下阴干。阴干过程中应注意翻动试块或试条避免因紧贴玻璃面而阻碍收缩及变形。待试块或试条发白后放入烘箱中，在温度105～110℃下烘干4h，冷却后用游标卡尺或工具显微镜测量标记的长度。

（3）将测量过干燥收缩的试块或试条，装入电炉（或窑），装烧时也将无记号的面作为装烧面。在坯料的烧成温度下焙烧，烧成冷却后取出，再用游标卡尺或工具显微镜测量标记的长度。线收缩率：

$$干燥线收缩率（\%）=\frac{L_0-L_1}{L_0}\times100 \qquad (6-10)$$

$$烧成线收缩率（\%）=\frac{L_1-L_2}{L_1}\times100 \qquad (6-11)$$

$$总线收缩率（\%）=\frac{L_0-L_2}{L_0}\times100\% \qquad (6-12)$$

式中，L_0——湿样品标记间的长度（mm）；

　　　L_1——干样品标记间的长度（mm）；

　　　L_2——烧成样品标记间的长度（mm）。

2. **体积收缩率和孔隙率测定**

（1）用测定线收缩率的方法，制成25mm×25mm×10mm或直径20mm、长25mm的样品5个，立即用天平称量。然后放在煤油中浸泡10min，逐个称取在煤油中的质量。再取出，用浸过煤油拧干的纱布抹去试样表面的煤油，称取饱吸煤油后在空气中的质量。

（2）样品放在室温下阴干，待发白后放入烘箱，在105～110℃温度下烘干至恒重（约4h）。冷却后称取在空气中的质量。

（3）把在空气中称量后的样品，放入抽真空装置中，在相对真空度不低于97%的条件下，抽真空30min，然后注入煤油（煤油应浸没样品），再抽真空1h（或在煤油中浸泡24h）。取出后放入煤油中，称取样品在煤油中的质量。再从煤油中取出，用浸过煤油拧干的纱布，抹去样品表面的煤油，称取样品饱吸煤油后在空气中的质量。

（4）将测定过干燥体收缩和孔隙率的样品放入烘箱内，烘箱门不要关严，适当留点缝隙，以便煤油气体跑出。先以低温（40～60℃）基本排完煤油，然后以105～110℃温度彻底排完。再把样品装入电炉（或窑）中，装烧而应垫上石英粉或氧化铝粉，在坯料的烧成温度下焙烧，烧成冷却后取出，刷干净样品上黏有的石英粉或氧化铝粉及灰尘。体收缩率和孔隙率的计算方法分别如下。体积收缩率：

$$干燥体积收缩率=\frac{V_0-V_1}{V_0}\times100\% \qquad (6-13)$$

$$烧成体积收缩率=\frac{V_1-V_2}{V_1}\times100\% \qquad (6-14)$$

$$总体积收缩率=\frac{V_0-V_3}{V_0}\times100\% \qquad (6-15)$$

$$V_0 = \frac{m_2 - m_1}{\rho_1} \quad (\text{cm}^3) \quad\quad\quad (6-16)$$

$$V_1 = \frac{m_5 - m_4}{\rho_2} \quad (\text{cm}^3) \quad\quad\quad (6-17)$$

$$V_2 = \frac{m_8 - m_7}{\rho_2} \quad (\text{cm}^3) \quad\quad\quad (6-18)$$

式中，V_0——湿样品体积(cm^3)；

$\quad\quad V_1$——干样品体积(cm^3)；

$\quad\quad V_2$——烧成样品体积(cm^3)；

$\quad\quad m_1$——湿样品在煤油中的质量(g)；

$\quad\quad m_2$——湿样品饱吸煤油后在空气中的质量(g)；

$\quad\quad m_4$——干样品在煤油中的质量(g)；

$\quad\quad m_5$——干样品饱吸煤油后在空气中的质量(g)；

$\quad\quad m_7$——烧成样品在水中的质量(g)；

$\quad\quad m_8$——烧成样品饱吸水后在空气中的质量(g)；

$\quad\quad \rho_1$——煤油在试验温度下的密度(g/cm^3)；

$\quad\quad \rho_2$——水在试验温度下的密度(g/cm^3)。

3. 孔隙率

$$\text{干燥孔隙率} = \frac{m_6 - m_3}{m_5 - m_4} \times 100\% \quad\quad\quad (6-19)$$

$$\text{烧成孔隙率} = \frac{m_8 - m_0}{m_8 - m_7} \times 100\% \qu\quad\quad\quad (6-20)$$

式中，m_3——烧成品在空气中的质量(g)；

$\quad\quad m_6$——干样样品在空气中的质量(g)。

注意事项：

(1) 在线收缩率测定中，样品的制作、阴干、干燥、烧成应避免变形，测量应准确。

(2) 测定体积收缩率和孔隙率的样品，在整个试验过程中，应避免棱角碰损。

(3) 排除样品中的煤油时，应注意安全，防止着火。

6.3.4　泥团可塑性

泥团可塑性能是可塑法成型的基础，是指具有一定细度和分散度的黏土或陶瓷混合料，加入适量的水调和均匀，加工炼制成一定含水量的塑性泥团，在外力作用下能塑造成任意形状而不发生开裂，接触外力仍能保持该形状而不变形。

可塑泥团要求坯料具有各向同性的均匀性，良好可加工性(打孔、切割等)和成型性(易于加工成各种形状、不开裂)，具有较高的生坯强度。当物料加入一定数量的水调和以后，能捏成所要求的形状，当外力除去后，仍然保持既得的形状而不变，这种性能称为物料的可塑性。黏土和加入了黏土的坯料均具有可塑性，其原因是黏土加入适量的水后，其颗粒之间既有吸引力，又具有能够相对滑动的能力。

黏土使坯料具有可塑性，是电瓷产品采用塑性成形的基础。坯料可塑性能的好坏，直接影响着产品的成型工艺性能及产品品质，而坯料可塑性能决定于使用的黏土的可塑性能及其用量。因此，测定黏土和坯料的可塑性能，在电瓷生产中具有十分重要的意义。可塑性能试验有可塑性指数、可塑性指标、塑性度指数测定等。

1. 可塑性指数法

可塑性指数是表示黏土和坯料呈可塑状态时的含水量上限和下限之间的含水范围，也就是可成型的水分范围，具体用液性限度含水率和塑性限度含水率之差表示。对黏土来说，根据可塑性指数的大小，一般可以把它分为四类；指数大于 15 的为高可塑性黏土，指数是 7～15 的为中等可塑性黏土，指数是 1～7 的为低可塑性黏土；指数小于 1 的为非可塑性黏土。但应当指出，这种分法只能作为参考。

液性限度是黏土或坯料呈可塑状态时的上限含水率。若超过此含水率，黏土即进入半流动状态，承受剪切应力的能力急剧下降。测定液性限度的方法，一般采用华西里耶夫平衡锥法(简称华氏平衡锥法)。它是用质量为 76g，圆锥顶角为 30° 的锥体缓慢沉入样品中 10mm 深时，测定其样品的含水率，即为液性限度。通过计算，可知黏土和坯料在液性限度状态时，其剪切强度约为 $0.78N/cm^2$。

华氏平衡锥，如图 6.20 所示。它由锥体、手柄、弧形钢丝和平衡球、样品杯、底座等构成。锥体是用不锈钢制成的圆锥体，表面精磨，平锥体顶角为 30°，锥体高为 25mm，距锥尖 10mm 处刻有环形刻度。手柄实际为旋入锥体的螺钉，顶部至锥尖总高为 45mm。弧形钢丝直径为 3mm，两端各连一个质量相等的直径为 19～20mm 圆柱体，锥体、手柄、弧形钢丝和平衡球总量为 76±0.2g。样品杯用金属(铜或不锈钢)制成，内径不小于 40mm，高度不小于 20mm。底座用硬质木料或金属制成，使样品杯及平衡锥能放置平稳。放入干燥器冷却至室温称量，测定样品的含水率，每次均应取两个样平行测定，具体步骤如下。

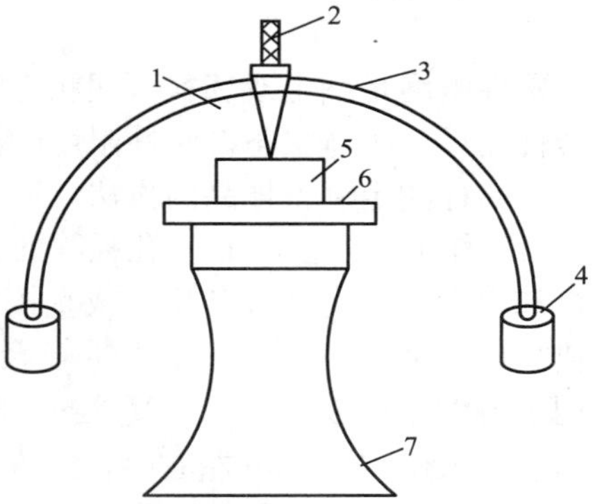

图 6.20 华氏平衡锥(液限仪)
1—圆锥体；2—螺钉；3—半圆形钢丝；
4—金属圆柱；5—试样杯；
6—玻璃板；7—底座

(1) 将 200g 通过孔径为 0.5mm 筛的自然黏土或直接取用的生产坯泥，在调泥皿内逐渐加水调成接近正常工作稠度的均匀泥料。加水量一般在 30%～50%，陈腐 24h 备用，若直接取自真空练泥机的坯泥，可不陈腐。

(2) 试验前，将制备的泥料再仔细拌匀，用刮刀分层将其装入试样杯中，每装一层轻轻敲击一次，以除泥料中的气泡，最后用刮刀刮去多余的泥料，使其与试样杯齐平，置于试样杯底座下。

(3) 取出华氏平衡锥，用布擦净锥尖，并涂以少量凡士林。借电磁铁装置将平衡锥吸住，使锥尖刚与泥料表面接触，切断电磁装置电源，平衡锥垂直下沉，也可用手拿住平衡锥手柄，轻轻地放在泥料面上，让其自由下沉(用手防止歪斜)，待 15s 后读数。每个试样应检验五次(其中一次在中心，其余四次在离试样杯边不小于 5mm 的四周)，每次检验落入的深度应该一致。

（4）若锥体下沉的深度约为 10mm 时，即表示到了液限，则可测定其含水率。若下沉的深度小于 10mm，则表示含水率低于液限，应将试样取出置于调泥皿中，加入少量水重新拌和（或用湿布捏练），重新进行实验。若下沉的深度大于 10mm，则将试样取出置于调泥皿中，用刮刀多加搅拌（或用干布捏练），待水分合适后再进行试验。

（5）取测定水分的试样前，先刮去表面一层（约 2～3mm）试样，然后用刮刀挖取 15g 左右的试样，置预先称量恒重并编好号的称量瓶中，称重后于 105～110℃下烘干至恒重，在干燥器中冷却至室温称量（准确至 0.01g）。每种试样应平行测定五个。

样品液性限度含水率的计算方法见下式：

$$液性限度含水率 = \frac{m_1 - m_2}{m_2 - m_0} \times 100\% \tag{6-21}$$

式中，m_0——瓷皿的质量（g）；

m_1——瓷皿加湿样品的质量（g）；

m_2——瓷皿加干样品的质量（g）。

注意事项如下。

（1）样品加水调和应均匀一致，泥料装入样品杯中应无气孔。

（2）平衡锥应保持干净、润滑。锥体下沉时，应保持垂直、轻缓、不受冲击、自由下落。

塑性限度是黏土或坯料可塑状态时的下限含水率，低于此含水率，黏土和坯料即丧失可塑性而呈半固体状态。塑性限度的测定，有滚搓法和最大分子吸水值法等。滚搓法是按可塑性指标测定制备样品的方法，制备过程如下。

（1）称 100g 过 0.5mm 孔径筛的黏土或生产用的坯泥，加入略低于正常工作稠度的水量拌和均匀，陈腐 24h 备用，或直接取经真空练泥机的坯泥或测定塑性指标剩余软泥。取小块泥料在毛玻璃板上，用手掌轻轻地滚搓成直径 3mm 的泥条。若泥条没有断裂现象，可用手将泥条搓成一团，反复揉捏，以减少含水量，直至泥条搓成直径为 3mm 左右而自然断裂成长度均 10mm 左右时，则表示达到塑限水分。

（2）迅速将 5～10g 搓断泥条装入预先称量恒重的称量瓶中，称重后放在烘箱内于 105～110℃下烘干至恒重，在干燥器中冷却至室温后再称重（准确 0.01g）。

（3）为了检查滚搓至直径 3mm 断裂成 10mm 左右的泥条是否达到塑性限度，可将断裂的泥条进行捏练，此时应不能再捏成泥团，而是呈松散状。

由于此方法全系手工操作，滚搓成的泥条大下和断裂长短状态不好掌握，人为误差大，结果不易准确。同时对可塑性过高或过低的黏土不太适用。因此，滚搓法已基本淘汰，一般采用测定最大分子吸水值代替，只有在无机材料试验的情况下采用。

最大分子吸水值表征黏土中不受重力作用的吸水量。经过试验验证，最大分子吸水值与塑性下限含水率相当。因此，可以用最大分子吸水值代替黏土或坯料的塑性限度含水量。最大分子吸水值测定方法简单，结果误差小，目前一般都采用此方法。最大分子吸水值的计算与液性限度含水率的计算公式（6-15）相同。

可塑性指数的计算：

$$可塑性指数 = 液性限度 - 塑性限度$$

2. 可塑性指标法

根据可塑性的含义，可塑性指数并不是评定黏土的坯料可塑性能好坏的直接方法，它只表示具有可塑性能时，含水率的高低和范围，在评定新的原料和检验原料品质及坯料性能是否发生变化时，具有一定的意义。而可塑性指标一般是用捷米亚禅斯基方法测定，它是表示黏土或坯料，在工作水分下，一定直径的泥球样品，受压力作用后发生变形至起始开裂时，压力与变形量的乘积。因此，可塑性指标较直接地反映了黏土或坯料的可塑性能。

根据可塑性指标值的大小，可以简单地把黏土分为三类：指标大于 3.6 的为高可塑性黏土；指标 2.5～3.6 的为中等可塑性黏土；指标小于 2.4 的为低可塑性黏土。但应指出，由于可塑性指标的测试方法比较简单，误差较大，上述分法也并不是很严密和准确的。

可塑性指标仪的结构如图 6.21 所示，测试步骤如下。

（1）将 400g 通过 0.5mm 孔径筛的黏土（或直接取生产用坯料）加入适量水分，充分调和捏练使其达到具有正常工作稠度的致密泥团（此时，泥团极易塑造成型而又不粘手）。将泥团铺于玻璃板上，制成厚 30mm 的泥饼，用直径 45mm 之铁环割取 5 段，保存在保湿器中，随时取用。

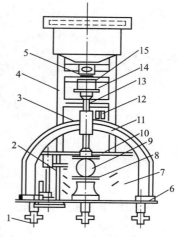

图 6.21 可塑性指标仪结构示意图

1—调节仪；2—游块；3—电磁铁；
4—支架；5—滑板架；6—机座；
7—镜子；8—座板；9—泥团；
10—下压板；11—框架；
12—指紧螺钉；13—中心轴；
14—上压板；15—盛砂杯部分

（2）将泥团用手搓成泥球，球面要求光滑无裂纹，球的直径 45±1mm，为了使手掌不致吸去泥段表面水分和沾污泥球表面，实验前应先用湿毛巾擦手。

（3）按先后顺序把圆球放在可塑性指标仪座板的中心，用左手托住中心轴，右手旋开框架上指紧螺钉，让中心轴慢慢放下，至下压板刚接触到泥球为止，锁紧指紧螺钉，从中心轴标尺上读取泥球的直径。

（4）把砂杯放在中心轴上压板上，用左手握住压杆，右手旋开指紧螺钉 12，让中心轴慢慢落下，直至不再下降为止。

（5）打开盛铅丸漏斗开关（滑板架 5），让铅丸匀速落入铅丸容器中，逐渐加压到泥球上，两眼注意观察泥球变形的情况，可以从正面或镜中细看。随着铅丸重量的增加，泥球逐渐变形至一定程度后将出现裂纹。当发现裂纹时，立即按动按钮开关，利用电磁铁迅速关闭铅丸漏斗开关，锁紧指紧螺钉，读取泥球的高度，称取铅丸质量（再加上下压板、中心轴及盛铅丸容器的质量 800g 即为破坏负荷）。

（6）将泥球取下置于预先称量恒重的编好号的称量瓶中，迅速称重，然后放入烘箱中，在 105～110℃温度下烘干至恒重，在干燥器中冷却后称重。

结果计算如下。

（1）样品可塑性指标计算方法见下式：

$$可塑性指标 = (d-h)F \tag{6-22}$$

式中　d——样品的直径（mm）；

　　　h——样品受压变形后的高度（mm）；

　　　F——样品起始开裂时重力负荷（包括铅丸、盛铅丸容器、金属压杆所受重力之和）（N）。

（2）可塑性指标的相应含水率计算按液限含水率的计算公式（6-15）。

（3）在表示黏土和坯料的可塑性指标时，必须同时注明试样的相应含水率。因为同一黏土或坯料，含水率不同，其指标值也可能会不一样。

图6.22为数显式可塑指标仪。

影响泥团可塑性的因素如下。

（1）矿物种类。

可塑性良好的泥团一般具备以下条件：颗粒较细；矿物解理明显或解理完全（尤其是呈片状结构的矿物）；颗粒表面水膜较厚。蒙脱石是具备上述条件的一类矿物，具有很强的可塑性。叶蜡石和滑石颗粒呈片状，然而水膜较薄，因而可塑性不高。石英颗粒不呈片状，吸附水膜又薄，所以可塑性很低。

（2）颗粒粒度和形状。

对于细颗粒组成而形成的毛细管半径较小，产生毛细管力也大，可塑性也高。由粗颗粒组成的体系，颗粒比表面也小，呈现最大可塑性时所需水分也少，最大可塑性也低。片状和短柱状颗粒与球状和立方体形颗粒相比，比表面要大很多，更容易形成更细的毛细管，颗粒移动时，阻力增大，促使泥团的可塑性增大。

图6.22 数显式可塑指标仪

（3）吸附阳离子的种类。

黏土胶团吸引的阳离子的交换能力和交换阳离子的大小与电荷决定了粒子间的吸引力大小，吸引力的大小明显影响泥团的可塑性。具有较强阳离子交换能力的原料使表面带有水膜，同时由于粒子的表面带电荷，使粒子不致聚集。

一价阳离子对可塑性的影响最小，但H^+的影响除外，因为它只有一个原子核，没有电子层，体积很小，所以电荷密度高，吸引力大，含氢黏土的可塑性很强。二价阳离子的吸附（如Ca^{2+}、Mg^{2+}等）会使可塑性有所增大。三价阳离子价位高，与带负电荷的粒子之间的相互吸引力相当大，而且大部分进入胶团的吸附层中，使整个胶粒净电荷低，因而斥力减小，引力增大，提高黏土的可塑性。表6-4为同价阳离子水化前后离子半径的比较。

表6-4 同价阳离子水化前后离子半径比较（单位：nm）

离子种类	Li^+	Na^+	K^+
水化前离子半径	0.078	0.098	0.133
水化后离子半径	0.37	0.33	0.31

（4）液相的数量和种类。

液体的黏度、表面张力对泥团的可塑性有明显的影响，水分是泥团出现可塑性的必要条件。泥团中水分适当时才能呈现最大的可塑性。从图6.23可知，泥团的屈服值随含水量的增加而减小，而泥团的最大变形量却随水量的增加而加大。若用屈服值与最大变形量二者的乘积表示可塑性，则对应于某一含水量泥团的可塑性可达到最大值，实际上可塑成型时的最佳水分应该是可塑性最大时的含水量（又称可塑水分）。

液体介质的黏度、表面张力对泥团的可塑性有显著的影响。泥团的屈服值受存在于颗粒之间的液相的表面张力所支配。液相的表面张力大必定会增大泥团的可塑性。如果加入表面张力比水低的乙醇，则泥团可塑性比加入水时要低。此外，高黏度的液体介质(如羧甲基纤维素、聚乙烯醇和淀粉的水溶液、桐油等)也会提高泥团的可塑性。这是由于有机物质黏附在泥团颗粒表面，形成黏性薄膜，相互间的作用力增大，再加上高分子化合物为长链状，阻碍颗粒相对移动所致，从而使坯料具有一定的可塑性。

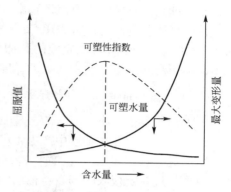

图 6.23 塑性泥团含水量与可塑性的关系

6.4 釉 料 性 能

6.4.1 釉料物理性能

1. 润湿接触角的测定

润湿过程实际上是液相与气相争夺颗粒表面的过程，即可以看做固-气界面的消失和固-液界面的形成过程。瓷坯被釉液润湿的程度，通常用接触角表示。电瓷在烧成过程中，要求釉液对瓷坯充分润湿。为了了解釉浆是否能够均匀地覆盖在瓷坯上，可将釉样置于用做测定的坯泥平板上，装入高温炉中焙烧，在成瓷各温度点下取出试样。冷却后将其投影，测量熔融釉体与瓷坯平面所构成的夹角 θ，作为坯釉的润湿接触角。$\theta<90°$ 时称为润湿；$\theta=90°$ 时称为铺展。总之，θ 越小，润湿性能就越好，反之则疏水性越好。

2. 釉的始熔温度和流淌温度的测定

我们把釉随着温度的升高，从开始出现液相的始熔温度到完全成为液相的流淌温度之间的温度区域范围称为釉的熔融温度范围。釉的熔融性质通常用高温显微镜测定。首先，将待测釉料制作成高度和直径均为 3mm 的圆柱体，并置于高温电炉中加热升温，升温速度为 8~10℃/mm，对釉料受热变化的行为照相记录，如图 6.24 所示。

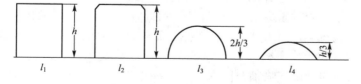

图 6.24 釉料受热变化的行为

3. 釉的高温黏度

釉的高温黏度(viscosity)对釉面质量的影响：如果黏度过小，引起堆釉、流釉或干釉等缺陷并易使装饰纹样模糊或消失；如果黏度过大，会使釉面出现桔釉或光泽度差等缺陷。影响釉高温黏度的主要因素：配方中助熔剂种类及含量，烧成温度。

釉的高温黏度测定：首先用 5g 釉粉加工成圆球或小圆柱体，然后将该釉粉试样置于以 45°角放置的瓷质黏度测定板的圆槽中，试样在高温炉中升温至成熟温度，然后冷却并取出试样测定其在流动槽中的流动长度 L，它即代表着釉的黏度大小。

4. 釉的膨胀系数及坯釉膨胀系数的适应性

坯釉膨胀系数互不适应时的两种表现，当 $\alpha_{釉} > \alpha_{坯}$ 时，冷却时釉层会受到坯体所给予的拉伸应力作用，即在釉层中产生张应力。当此张应力超过釉层的抗张应力极限时，釉层被拉断形成釉裂。当 $\alpha_{釉} < \alpha_{坯}$ 时，冷却时坯层收缩大于釉层，使釉层受到压应力作用，当此压应力超过一定极限时即发生釉层的剥落现象，即剥釉。

如何确定膨胀系数很重要，对于有釉面的陶瓷制品，一般希望釉的膨胀系数比坯体的略小（两者差值为 $1.0 \times 10^{-6}/℃$ 左右较佳）。

5. 釉的力学性能

釉层的强度与釉、坯之间的应力分布有很大关系。釉的弹性对釉面质量有什么影响呢？如果釉的弹性很小，有裂纹产生；釉的弹性大可以缓解机械外应力的破坏作用。

釉的组成对弹性有什么影响呢？配方中引入离子半径较大、电荷较低的金属氧化物（如 Na_2O、K_2O 等）可使弹性模量减少，而弹性值增大；反之，引入离子半径小、极化能力强的金属化合物（BeO、MgO、Li_2O 等）则使釉的弹性模量增加，使釉的弹性减小。

影响釉硬度的因素有哪些呢？在釉层中适当增加 Al_2O_3、B_2O_3、ZrO_2、CaO、ZnO、MgO 的含量有利于增加釉的硬度；K_2O、Na_2O 的增加会降低其硬度；适当提高烧成温度，可使其硬度得到提高。

6. 釉面光泽度

光泽度是表示釉面对入射光作镜面反射的能力。影响釉面光泽度的因素如下。

（1）釉面光泽度与釉面的折射率、烧成制度有关。反射率 R 提高，则光泽度越大。

（2）在釉中增加高折射率的金属氧化物，如 PbO、ZnO 有利于折射率增大，同时可以提高釉面的密度，从另一方面来提高釉面的光泽度。

6.4.2 施釉

（1）当釉和坯之间存在较大的温差时不允许施釉，这是因为坯体的表面比较粗糙，釉浆温度高时空气便被封闭在坯体的表面上，在烧成时发生膨胀，因而导致釉泡的形成。

（2）施釉的操作太慢时未烧的生坯与釉浆接触时间太长，这时会因坯体的吸水而在表面形成肿胀。这一情况对很干的坯体更严重。克服的办法是加快施釉操作，适当控制温度，采用较多的瘠性黏土作原料。

（3）当薄壁坯件的浸釉或喷釉时间太长时，坯件也会吸入过多的水分而达到饱和。喷釉操作太猛时，会破坏釉与坯互相黏结的作用。连续施釉的过程中的时距长等，会产生针孔和釉泡。

（4）适当控制釉层的厚度。若釉层太薄，则易发生干化；若太厚，则容易发生开裂现象。一般用调节釉浆稠度和浸釉时间的方法来控制施釉厚度。可以想到釉浆稠度大且浸釉时间长，形成的釉层较厚；反之，釉浆细度小且浸釉时间短时釉层较薄。通常的釉浆稠度：采用比重计时为 1.36～1.5，采用波美计测定时一般为 40～50Be。在很大程度上，制品的形状和大小决定了釉浆的稠度。制品如有尖锐部分、棱角或大型制品等，为避免出现秃釉，常选择较稠的釉浆；如果制品的形状简单，则采用稠度较低的釉浆。釉层厚度用制品在釉浆池中浸釉的时间来控制。釉池中釉浆的稠度随着施釉的水分和釉料比例的改变而变化。为了保持所确定的釉浆稠度，要经常进行调节，釉层厚度可在 0.6～0.2mm 变动。釉层厚度取决于很多因素：釉浆稠度、在釉池内停留的时间，施釉方法（浸釉或喷釉）及生坯的气孔率。用低稠度的釉浆施于坯体上时釉层薄，这种情况下便使釉层薄而干；反之，当用过稠的釉浆时，因釉层厚而引起流釉和开裂。延长在釉池内的停留时间，可以增大釉层厚度。釉的遮盖能力与生坯的气孔率有关。对于多孔坯体来说，釉易黏附；对于致密坯体来说，釉黏附得不会好，特别是边缘有产生剥离和缺陷的倾向。

6.4.3 烧成工艺的影响

烧成对制品性能优劣的影响很关键，也是陶瓷制造过程中最后的一道工序。釉原料使用不合适时，采用适当的烧成工艺可在一定程度上消除可能出现的缺陷。否则，即使原料配比符合设计要求，但由于烧成工艺不合理，陶瓷也会产生各种各样的缺陷。

烧成工艺应注意如下几点。

（1）低温阶段应缓慢。如果伴随着强烈的还原焰，结果会使蒸发物及高燃点的碳氧化合物沉积在没有熔融的釉面上，此时釉层及坯体气孔通畅，很易将其吸收。当继续升温时，易挥发的碳氢化合物开始挥发，而留在坯体内的焦炭状的残余物使坯体变成灰色或黑色。再继续升温时，碳素开始燃烧。如果此时坯体或者釉层已开始烧结，就可能产生气泡。当釉中含有铜和铅时，选种变色效应特别显著。虽然有时经过早期的氧化可恢复较好的颜色。但碳的痕迹仍然有溶解现象，且呈微弱的象牙色。因此在制品煅烧时，600℃以下时，窑内不允许有还原性介质出现。

（2）要掌握好火焰的性质。含铁多的坯釉用氧化焰烧成时则会呈黄色，适当采用还原焰烧成就会呈徽青色。但是，若还原气氛太强、太早或太久，就会发黑。如果应使用氧化焰烧的色釉和颜料而改用还原焰烧成时，则所得结果将完全不同。在白釉熔化时，若氧化焰太长或太久也会变黄色，至于氧化期烧还原焰，或还原期烧氧化焰，则更容易造成釉面色彩不均。

（3）氧化期要有足够的时间和充分的氧化气氛。如坯体和釉层中的有机物质不在此阶段氧化而变成气体排除出去，则将在高温时氧化。故必然会产生釉泡等缺陷。

（4）还原期在煅烧过程中也是很重要的阶段。在此阶段，希望将坯釉中存在的硫酸盐还原成亚硫酸盐。而亚硫酸盐在较低温度就可进行分解，因而避免了硫酸盐在高温时（当釉玻化后）分解所产生的釉泡。

（5）当釉成熟时流动性较大，则其所含气体可全部逸出。高温釉因有相当大的黏度，气体逸出后便在釉面上留下痕迹，不能像低温釉掩盖得很好。无论是低温釉还是高温釉，欠烧时，则气体脱出所留的痕迹或釉泡均将原样存在：过烧时，则在釉内或釉与坯体之间发生新的化学反应，因此出现气泡。如提高温度，则因釉的黏度降低而膨胀，因此，增加气泡的浮力时便易排除。

（6）玻璃中含有相当量的气体，釉可与玻璃同样看待。溶于玻璃中的气体有水蒸气、氧气、氮等，其气体的种类和量不仅因釉的组成而不同，而且与溶解温度及窑内气氛有关。对于溶解于釉中的气体还几乎没有做过研究，但在釉原料颗粒之间确实存在气体和吸附气体。据研究，在950℃下的硼硅酸盐釉中曾观察到因此而形成的气泡。

（7）釉的黏度对于出现棕眼或釉泡有很大影响。氧化期中的硫酸盐虽有很大影响，但改变组成并用适当的温度烧成以增大其流动性时可以解决上述问题。如将部分钾长石用钠长石置换，并将釉层稍减薄些也可收到一定的效果。提高烧成温度或延长烧成时间也是解决上述问题的一种办法。

将有棕眼的电瓷坯件重新烧成时，其缺陷常可消除。虽然其烧成温度相同，但烧成时间长了。如将厚胎产品与薄胎产品置于同一窑内烧成，则烧成制度应以厚胎产品为设计基础，此时薄胎产品的气体排出更容易。

（8）燃料中含硫，且当含硫的气体又存在于窑中时，也会使产品发生变色，或烧不出好的颜色。因此，烧成时必须有合理的烧成曲线，正确鉴别和控制火焰性质。当釉开始熔化时，应采用弱还原焰或中性焰，对含有机物较多的坯体，应有足够长的氧化期，使其充分氧化后再烧还原焰。氧化期结束后要有适当的保温时间，然后再以还原焰烧成。对烧煤倒焰窑应注意火净添煤，采取勤添薄加的原则。对重油隧道窑则应该注意喷嘴的风、油配比，以保证氧化期有充分的氧化气氛。

（9）冷却时很可能在制品内部引起应力。由塑性状态转变成弹性状态的玻璃相、结晶相的同质异形转变及快速冷却时的热极限应力（热弹性应力）都是使制品内部产生应力的原因。

850℃以前的冷却可以快些（每小时可大于100℃），在530～250℃的温度范围内同样可以快速冷却。石英晶型转变的阶段，应缓慢冷却。当这些晶相在坯体内的量相当多时，缓慢冷却对壁厚的制品来说特别重要。

最终保温后便立即快冷是非常合适的，这样能消除空气中的氧对硅酸亚铁的作用。因为快速冷却时，硅酸亚铁来不及氧化；而缓慢冷却时，会使硅酸亚铁重新转变成氧化性质的铁，会使瓷件变色（使白釉转变为黄色）。

6.4.4　釉的表面张力的测定

电瓷制品的釉面质量主要是由釉的化学组成、烧成速度等决定，表现在釉的高温黏度、表面张力等方面。

如果釉的高温熔体黏度很高，当由重力所引起的流动发生困难时，表面张力就显得特别重要，这时釉表面的平整光滑全靠表面张力的作用。釉的表面张力过大会形成缩釉，釉的表面张力过小会形成流釉。釉的缺陷，如针孔、桔釉等均与釉的表面张力有关。因此，要获得好的釉面质量，就必须严格控制釉的表面张力。由此看来，测定釉的表面张力就显得非常必要。釉的表面张力可采用缩丝法、拉筒法（或吸筒法）和滴重法等，下面介绍缩丝法。

缩丝法测定釉玻璃表面张力的原理如图6.25所示。缩丝法的原理是当釉玻璃丝的中部（釉玻璃丝悬挂着）受热时，先是长度增加，然后收缩球化，直至釉玻璃丝的自重等于釉玻璃的表面张力而达到平衡。此后釉玻璃丝开始伸长，失去平衡。釉玻璃丝自重和表面张力相平衡的截面称为中性面，平衡是指一定温度下的平衡。

图6.26为bml-Ⅱ玻璃表面张力测试仪。仪器的主要部分是立式管状电阻炉1，管的内径为0.5cm，高4～5cm。电炉用金属夹持器2悬置于玻璃筒3的盖上。玻璃筒是用耐热玻璃（派来克斯玻璃）制造的。使用玻璃筒的目的是使炉内空气对流达到最小，并消除待

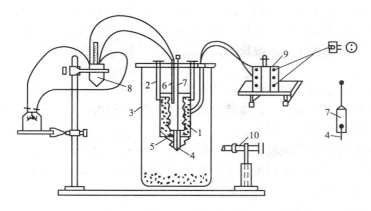

图6.25　缩丝法测定釉玻璃表面张力原理图
1—管状电阻炉；2—金属夹持器；3—玻璃筒；4—待测玻璃丝；
5—耐火材料塞；6—热电偶；7—金属夹持器；
8—杜瓦瓶；9—自耦变压器；10—读数显微镜

测釉玻璃丝4的振动，玻璃筒的底部放置硅胶以供吸附水蒸气之用。为了降低热辐射，电炉的上下均以耐火材料塞5封塞。塞中有槽供热电偶6、带釉玻璃丝的金属夹持器7之用，釉玻璃丝4的自由端应有5～6cm伸到炉外，用金属夹持器固定釉玻璃丝的方法如图6.25右侧。

图6.26　bml-Ⅱ玻璃表面张力测试仪(缩丝法)

　　热电偶插在炉的最高温度带内。热电偶的支冷端装在杜瓦瓶8中，杜瓦瓶的温度用温度计测定。热电偶的自由端接到检流计上，炉内温度用自耦变压器9来保持在给定的范围内。釉玻璃丝长度的变化，用读数显微镜10来记录。

6.5　工　艺　放　尺

1. 工艺放尺

电瓷坯件从湿坯干燥成干坯，以及从干坯烧成瓷件，都有不同程度的体积收缩、为了保证烧成瓷件的尺寸合乎设计要求，成型时必须按照产品的瓷件尺寸，根据所用坯料的收缩率及工艺因素对收缩的影响，计算、确定坯件的尺寸，这个过程称为工艺放尺。经过工艺放尺绘制成的坯件图称为工艺放尺图。一般有毛坯图、生坯图(完成切削加工后的坯件)和干坯图。

进行工艺放尺的思路是由瓷件的尺寸和烧成收缩率推算出干燥生坯的尺寸，再由干燥收缩率推算出成形时湿坯的尺寸，最后考虑修坯切削余量和其成型方法的加工要求，确定真空练泥机挤制泥段的外径(内径)。

因此，工艺放尺图既是成型工艺装备设计的依据，也是成型操作、工模具安装调节及坯件检查的依据。工艺放尺必须考虑坯件各部分的收缩率、修坯的切削量，压缩量等，其中以确定收缩率最复杂。

2. 影响坯件收缩率的因素

工艺放尺与坯体的干燥收缩(从湿坯至干坯的收缩)、烧成收缩(从干坯至瓷件的收缩)等密切相关，影响收缩率的因素也会影响瓷件尺寸的准确程度。

(1) 由于不同成型方法所用的泥料含水率及致密程度不同，故坯件的收缩率也不一样。在可塑法成型的过程中，真空练泥机的挤制对工艺放尺影响最大，会出现产品的纵向和横向收缩不一致。真空练泥机的结构及所用的出口大小不同时，挤制的泥段收缩率也不一样。

(2) 坯件的形状、大小、厚薄、自重等不同，收缩率也不相同。

(3) 同一种坯件采用不同的装烧方法。部位的收缩率也往往不同。坐烧和吊烧烧成的止火温度和保温时间直接影响收缩的大小。

(4) 坯料的性质、新料与旧料(也称回坯泥)的比例不同时，收缩率也不同。

另外，搬运过程中操作不慎、叉车的颤动、湿坯起吊速度和吊运时间等都会影响收缩率。在改变坯料配方时，也可以新老配方泥料用相同的成型方法、装烧方法制成代表产品，测定收缩率，算出新的基本放尺率。这样可以节省时间(减少测试放尺率的时间)。

由于电瓷产品种类繁多，成型方法、形状复杂，装烧方法有所区别，一般先在同类产品中选取1~3个代表产品，测定它们各部位的放尺率，这样确定每类产品的"基本放尺率"，即这些代表产品们各部位的放尺率就可作为同类产品的"基本放尺率"推广到同类其他产品放尺，放尺时稍作调整即可。

必须注意的是，坯件干燥收缩和烧成收缩要受到很多因素的影响，一种产品各个部位的收缩率往往不同，因此必须对产品不同部位采用不同的放尺率，才能适应形状尺寸准确的要求。在工业生产中，某一种产品需要几种放尺率，不同部位适用哪些放尺率，必须通过实践、试验，不断积累经验，总结规律，才能做到放尺准确、迅速。

 习 题

6-1 电瓷制备过程中，如何对黏土原料进行预处理？

6-2 什么是相对黏度？如何测试？

6-3 什么是可塑性指数？如何测试？

6-4 影响泥团可塑性的因素有哪些？

6-5 坯釉膨胀系数互不适应时，有哪些表现？

6-6 烧成工艺对电瓷表面釉的质量有什么影响？

6-7 缩丝法测定电瓷表面釉表面张力的原理是什么？

6-8 影响电瓷坯件收缩率的因素有哪些？

第7章
造粒设备

本章教学要点

知识要点	掌握程度	相关知识
喷雾造粒	掌握喷雾造粒的工艺、基本原理及特点； 熟悉喷雾造粒的工艺流程	利用喷雾造粒制备粉体颗粒的工艺特征； 典型结构部件的性能
混合造粒、盘式造粒、挤压造粒	掌握三种造粒工艺的基本原理及特点； 熟悉三种造粒工艺的应用	三种造粒工艺特征及设备结构； 三种造粒工艺的特点及适用领域
流化床造粒	掌握流化床造粒的基本原理及作应用； 熟悉流化床造粒的影响因素及不足	流化床造粒的过程； 流化床造粒的应用领域

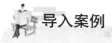导入案例

水射流加工技术

"水滴石穿"体现了在人们眼中秉性柔弱的水本身潜在的威力，然而，作为一项独立而完整的加工技术，高压水射流(wj)、磨料水射流(awj)的产生却是最近三十年的事。利用高压水为人们的生产服务始于19世纪70年代左右，用来开采金矿，剥落树皮，直到二战期间，飞机运行中"雨蚀"使雷达舱破坏这一现象启发了人们思维。直到20世纪50年代，高压水射流切割的可能性才源于前苏联。但第一项切割技术专利却在美国产生，即1968年由美国密苏里大学林学教授诺曼·弗兰兹博士获得。在最近十多年里，水射流(wj、awj)切割技术和设备有了长足进步，其应用遍及工业生产和人们生活的各个方面。许多大学、公司和工厂竞相研究开发，新思维、新理论、新技术不断涌现，形成了一种你追我赶的势头。目前已有3000多套水射流切割设备在数十个国家几十个行业应用，尤其是在航空航天、舰船、军工、核能等高、尖、难技术上更显优势。已可切割500余种材料，其设备年增长率超过20%。而这种射流喷头设备的寿命主要取决于喷嘴寿命，因此研究超高射流喷嘴具有重大的现实意义和深远的历史意义，目前大量使用的是宝石喷嘴。

资料来源：http://zhidao.baidu.com/question/9580463.html，2012

7.0　引　言

在许多工业生产，为获得所需的产品而需应用造粒过程。无论哪种应用，用颗粒物料来代替细粉物料都会得到很大益处。

（1）便于计量、配料。

（2）便于粉料的无偏析均匀掺和。

（3）减少粉料团聚、改善物料的流动性。

（4）提高松装密度以利于贮存和运输等。

选择造粒的基本方法，应考虑以下几点因素：

（1）给料特性：用滚筒造粒时，是否物料太细了？挤压时，物料是否有很好的塑性？物料是否有热敏性？如果有热敏性，就可排除某些热方法。应用中的这些具体问题，在选择时必须加以考虑。

（2）所要求的生产能力：如所要求的生产能力较大，有许多方法便不能应用。

（3）团粒的粒度及粒度分配：有些方法如喷雾干燥，能得到粒径较小的颗粒。而如压制法则得到较大的团块。

（4）团粒的形状：混合机造粒、流化床造粒和烧结，得到的是不规则颗粒，造球工艺仅能生产球性颗粒，而挤压机则能生产圆柱形颗粒，不同形状的颗粒对后序工艺可能产生的影响应当予以估计。

（5）团粒的强度：由粉末团化、喷雾造粒所得的颗粒，其机械强度较弱，仅适于某些应用场合。如果需要高强度的颗粒，就应选用热硬化方法，挤压成型法或应用某种合适的

黏结剂。

（6）湿法与干法：干法易产生粉尘，不适于处理有毒化学药品及其他有危险的物料，而湿法常需要昂贵的溶剂。并需进行后干燥，可能造成溶剂的损失，某些物料（如药物）可能因敏感而不适于湿法，还有些物料可能在干燥时重结晶为不同的形式。

对于陶瓷粉料，一般越细，越有利于高温烧结，可以降低烧结温度。然而成型时，尤其是干压成型，粉料的颗粒粒度越细，流动性反而不好，易产生孔洞，致密度不高。因此在成型之前要进行造粒（granulation），在细粉料中加入一定量的塑化剂（水、聚乙烯醇和酚醛树脂等）造成粒度较大、流动性好的假颗粒，又称团粒（20～80目）。

常用的造粒方法如下。

（1）手工造粒法。

粉料中加入适量的塑化剂，加 4%～6%的浓度为 5%的聚乙烯醇水溶液，混合均匀后进行过筛，依靠塑化剂的黏聚作用，就获得粒度为 20 目左右的比较均匀的粗团粒。这种方法操作简单，但混合搅拌的劳动强度大。若搅拌塑化的不均匀，使坯体分层和密度不致，会影响制品的最终性能。同时，团粒必须陈腐存放 12h 以上，故生产周期长，本法仅适用于小批量生产和实验室试验。

（2）加压造粒法。

将粉料加入塑化剂，预先搅拌混台均匀，过 20 目筛。然后在液压机上用压模以 18～25MPa 的压力保压约 1min，压成圆饼，破碎过筛（20 目）后即成团粒。本法的优点是团粒密度大，制品的机械强度高，能满足各种大型或异形制品的成型要求，它是先进陶瓷生产中常用的。但本法效率低，工艺要求严格。

（3）喷雾干燥造粒法。

将混合有适量塑化剂的材料预先做成浆料，再用喷雾器喷入造粒塔进行雾化和热风干燥，出来的粒子即为流动性较好的球状团粒。本法造粒好坏与料浆黏度、喷雾方法等有关。本法适用于现代化大规模生产，效率高，劳动条件大大改善，但设备投资大，工艺较为复杂。

（4）冻结干燥法。

本法是将金属盐水溶液喷雾到低温有机液体中，液体立即冻结，冻结物在低温减压条件下升华、脱水后进行热分解，即得所需的成型坯料。这种粉料成球状，组成均匀，反应性与烧结性良好，适用于实验室制备。

成型坯体质量与团粒质量关系密切。所谓团粒的质量，是指团粒的体积密度，团粒形状。球状团粒易流动，堆集密度大，成型后坯体质量好。上述几种造粒方法中以喷雾干燥造粒的质量最好。

7.1　喷　雾　造　粒

喷雾造粒是采用雾化器将原料液分散为雾滴，并用热气体（空气、氮气或过热水蒸气）干燥雾滴而获得产品的一种造粒方法。原料液是溶液，也可以是乳浊液、悬浮液、熔融液或膏糊液。产品根据需要可制成粉状、颗粒状、空心球或团粒状。

7.1.1 工艺原理

喷雾干燥的四个基本工艺过程：①液态进料弥散为雾滴；②雾-气混合；③喷出雾滴的干燥；④干燥后的固态颗粒和气体的分离。

溶液的喷雾造粒是瞬间完成的。为此，必须最大限度地增加分散程度，即增加单位体积溶液的表面积，才能加速传热和传质过程。溶液的喷雾造粒是在瞬间完成的。为此，必须最大限度地增加分散度，即增加单位体积溶液中的表面积，才能加速传热好传质过程。例如，体积为 $1cm^3$ 的溶液，若将其分散成直径为 $10\mu m$ 的球形小液滴，分散前后相比，表面积增大 1290 倍，从而大大地增加了蒸发表面，缩短了干燥时间。

液体的雾化机理基本上可分为三种类型，即滴状雾化、丝状雾化和膜状雾化。

(1)滴状雾化。在压力式雾化器中，溶液以不大的速度流出喷嘴时，就形成细流状在离喷嘴出口一定距离处，开始分裂成液滴。这是因为表面张力形成一个不稳定的圆柱状的液滴，由于某处液流的直径小于平均值，并在此形成较薄的液膜，此处由于所受的表面张力作用较液膜厚的部分大得多，因此，薄的部分所含的液体就转移到了厚的部分。然后，这部分延长成线，并分裂为大小不同的液滴。这种雾化机理称为滴状雾化或滴状分裂。

在旋转式雾化器中，当盘的圆周速度和进料速率都很低时，溶液的黏度和表面张力的影响是主要的，雾滴将单独形成并从盘边缘处甩出。对于直接形成液滴的雾化情况(低进料率和底盘转速时)，液滴尺寸大约等于在盘周边表面上液膜的厚度。在气流式雾化器中，气液速度差很小时就出现滴状雾化。

(2) 丝状雾化。在压力式雾化器中，进一步提高溶液的喷出速度(即提高压力)。由于表面张力和外力作用，液柱沿着水平与垂直方向振动，使其变成螺旋状振动的液丝，在其末端或较细处很快就断裂为许多小雾滴。

同样，在气流式喷雾中，当气、液相对速度较大时，气、液间有很大的摩擦力，此时液柱好像一端被固定，另一端被用力拉成一条条细长的线。这些线的抽纽处很快断裂，并分裂成小雾滴。相对速度越大，丝越细，丝存在的时间越短，雾滴越细。在旋转式雾化器中，当盘转速和进料速率较高时，半球状料液被拉成许多液丝。液量增加，液丝数目也增加，但达到一定数值以后，在增加液量时液丝就变粗，液丝数目不再增加，液丝极不稳定，距圆盘不远处就迅速断裂，变成无数小液滴。

(3) 膜状雾化。当溶液以相当高的速度从压力式喷嘴喷出，或者气体以相当高的速度从气流式喷嘴喷出时，都形成一个绕空气心旋转的空心锥薄膜状雾滴群，薄膜分裂为液丝状或液滴。

在旋转式雾化器中，当液量较大时，液丝的数目与厚度均不增加，液丝间相互合并成连续的液膜。这些液膜由原盘周边伸长至一定距离后破裂，分散成雾滴。

7.1.2 结构部件

液态进料的雾化、喷出雾滴与空气的接触是喷雾干燥器的两个关键特性。液态进料雾化为雾滴的工作或者由回转装置完成，或者由喷嘴完成。在回转装置中雾化时，液态进料从中心流入叶轮(带有导叶或导管)或流入回转圆盘(无叶片平盘、杯状盘、倒置的碗状盘)、在圆周处甩出并弥散为雾滴。雾化喷嘴可以是单流体压力式，也可以是双流体气动式。如图7.1所示,液态进料的雾化即可利用离心力,也可以利用流体动力。喷雾干燥器可以根据物料-空气相对流向进行分为三类:①离心式雾化,用料液加到雾化器内高速旋转的甩盘中,将料液快速甩出而雾化,这种方法的效果好,时间短,劳动生产率高,其缺点是设备投资大,能耗较高;②压力式雾化,用高压泵把料液从喷嘴高速压出,形成雾状;③气流式雾化,利用压缩空气或水蒸气使料液雾化。图7.1(a)所示的离心喷雾干燥器系气液两相并流式干燥设备,采用高速离心转盘式雾化器,将料液雾化成微细的雾滴,与分布器分布后的热空气在干燥室内混合,迅速进行热质交换,在极短时间内干燥成为粉状产品,生产控制和产品质量控制方便可靠。产品流动性、速溶性好,颗粒较压力式喷雾干燥的产品细,广泛适用于不同种类液体物料的干燥生产。

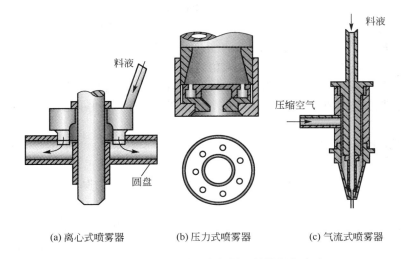

(a) 离心式喷雾器　　　　(b) 压力式喷雾器　　　　(c) 气流式喷雾器

图7.1　喷雾干燥过程中物料进料的雾化方式

离心转盘式雾化器为高速旋转(3000～20000r/min)的圆盘,其周边线速可达75～150m/s,当料液送入高速旋转的圆盘时,由于受离心力的作用,液体被拉成薄膜,并以不断增大的速度从盘的边缘甩出而形成雾滴,如图7.2所示。雾化盘可分为光滑盘和非光滑盘两类,如图7.3所示为盘形光滑雾化盘。盘表面是光滑的平面或锥面,但由于表面光滑,液体的严重滑动而影响雾化效果。为了减少在进料量增加时料液与转盘间的滑动,采用非光滑雾化盘,如图7.4所示。常见的有叶片形、沟槽形和喷嘴形三种。制造厂为改善

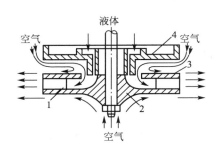

图7.2　旋转雾化器工作原理

1—叶片;2—盘壳体;3—盘顶

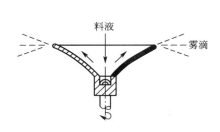

图7.3　盘形光滑雾化器

不锈钢雾化盘出液口的磨损，在转盘出液口增装了 WC 合金或陶瓷材料的内插件，使原不锈钢转盘的使用期可延长 20～30 倍。

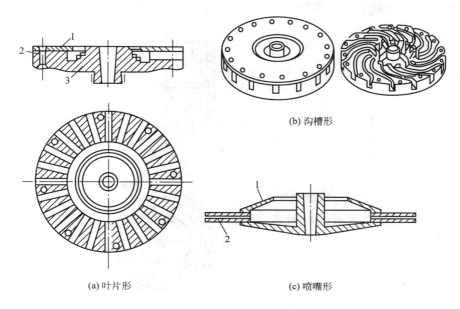

(b) 沟槽形

(a) 叶片形

(c) 喷嘴形

图 7.4　盘形非光滑雾化器

压力式喷雾干燥器。压力式喷雾干燥器系气液两相并流式干燥设备，采用高压喷嘴，借助高压泵的压力将液态物料雾化，与进入器内的热风并流向下，进行快速的热质交换，在极短的时间内干燥，连续得到中空的球状物料。产品粒径大，流动性、溶解性好，适用于化工、医药、食品等行业无黏性和低黏性的液态物料干燥。

压力式雾化器主要由液体切向入口，液体涡旋式、喷嘴孔等构成。料液经高压泵加压后以很高的压强（2～20MPa）从切向入口进入涡旋室，越靠近中心处旋转速度越大，而静压强越小，结果形成一个位于涡旋室中心的轴向压力等于大气压的空气旋流，而液体则形成绕空气心旋转的环形薄膜，从喷嘴口喷出，液膜伸长变薄并拉成细丝，最后形成小雾滴。其工作原理如图 7.5 所示。工业上使用的雾化器孔径为 0.3～2mm，压力在 5～20MPa，但近年来已发展到孔径为 4～6mm，使用压力高达 30MPa 的雾化器。该雾化器的喷出孔称喷嘴，其加工光洁度和圆度均要求较高，否则会出现喷出的雾状不均匀或呈线流现象而影响干燥的质量。

图 7.6 是旋转型压力喷嘴的结构示意图。考虑到喷嘴口受料液的腐蚀而影响使用寿命，国内制造厂家已采用结构陶瓷材料制作的喷孔片以替代硬质合金材料或者采用高价的人造宝石镶嵌的喷嘴，如图 7.7 所示。

压力式喷嘴的操作原理和特征如下。

1）操作原理

压力式喷嘴（也称机械式喷嘴）主要由液体切线入口、液体旋转室、喷嘴孔等组成。利用高压泵使液体获得很高的压力（2～20MPa），从切线入口进入喷嘴的旋转室中，液体在旋转室获得旋转运动。根据旋转动量矩守恒定律，旋转速度与漩涡半径成反比。因此，越靠近轴心，旋转速度越大，其静压力越小，结果在喷嘴中央形成一般压力等于大气压的空气旋流。而液体则形成绕空气心旋转的环形薄膜，液体静压能在喷嘴处转变为向前运动的液膜的动能，从喷嘴喷出。液膜伸长变薄，最后分裂成小雾滴。这样形成的液雾为空心圆的锥形，又称空心锥喷雾。

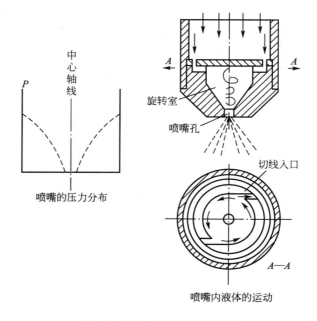

图 7.5　压力式喷嘴的工作原理

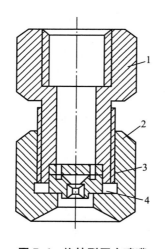

图 7.6　旋转型压力喷嘴

1—接头；2—螺帽；3—旋转器；4—喷嘴

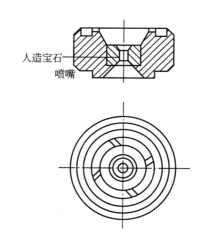

图 7.7　镶嵌人造宝石的喷嘴

压力式喷嘴的液滴形成和分裂机理也是三种(滴状、丝状、膜状)。但是，工业生产所用的压力式喷嘴，通常是在膜状(空心锥形)分裂条件下操作的。压力式喷嘴所形成的液膜厚度范围大致是 $0.5 \sim 4 \mu m$。在工业用的喷雾造粒器中，喷嘴操作时的液膜长度很难直接看到。因为在雾化时，高的喷射速度和由于低黏度液体而引起的湍流，产生的液膜很短。增加黏度时，液膜变长；增加表面张力时，液膜变短。压力喷嘴的内部结构，要能使液体在形成锥形薄膜的过程中，用最小的外界扰动就可以使其分裂。

2）压力式喷嘴的优缺点

压力式喷嘴具有下列优点。

（1）与气流式相比，大大节省雾化用动力。

（2）结构简单，制造成本低。

（3）操作简便，更换和检修方便。

对于低黏度的料液，采用压力式喷嘴较适宜。由于压力式喷嘴所得雾滴较气流式大，所以，喷雾造粒一般都采用压力式喷嘴（有时也用旋转盘雾化器）。如洗衣粉、速溶奶粉、粒状燃料等均用压力式喷嘴。

压力式喷嘴的主要缺点如下。

（1）需要一台高压泵，因此，对广泛采用有一定限制。

（2）由于喷嘴孔很小，最大也不过几毫米，极易堵塞，因此，进入喷嘴的料液必须严格过滤，过滤器质喷嘴的料液管道宜用不锈钢管，以防铁锈堵塞喷嘴。

（3）喷嘴磨损大，对于磨损较大的料液，喷嘴要采用耐磨材料制造。

（4）高黏度物料不易雾化。

气流式喷雾干燥器系气液两相并流式干燥设备。它采用二流体（或三流体）喷嘴式雾化器，利用压缩空气（蒸汽等）料液间亚声速或超声速的速度差（通常喷出气速为 $200\sim300\text{m/s}$，液体速度不超过 2m/s），将常规的和有一定黏性的物料雾化成微细雾滴，与热气体迅速进行热交换，在极短时间内干燥成粉。干燥产品质量高，粒径分布均匀，流动性好，终湿度均匀。气流式雾化器的两种结构如图 7.8 所示。

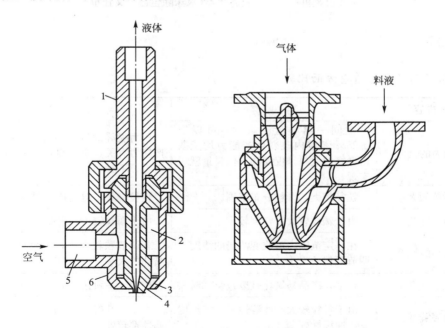

图 7.8　气流式喷雾干燥器

1—接管；2—气室；3—气体通道；5—空气接管；6—螺旋槽

喷雾干燥过程示意图如图 7.9 所示。

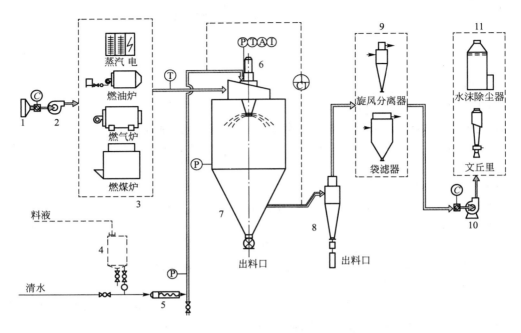

图 7.9　喷雾干燥过程示意图

1—过滤器；2—送风机；3—加热器(电、蒸气、燃油、煤)；4—料槽；5—供料泵；6—雾化器；
7—干燥塔；8——级收尘器(旋风分离器)；9—二级收尘器(旋风分离器、袋滤器)；
10—引风机；11—湿式除尘器(水沫除尘器、文丘里)

7.1.3　应用

1. 从产品产量与质量方面比较

比较内容	离心喷雾	压力喷雾
生产能力的调节	在同一离心盘喷雾时，可以在 ±25% 范围内改变生产能力均能获得良好的效果，仅需调节供料量就可实现	压力喷雾的生产能力是与高压泵的生产能力有关，所以要调整必须更换高压泵等，不易调整
产品颗粒的大小	粒径较大，颗粒分布范围广	颗粒较小，但分布范围小
产品的密度	由于颗粒较大，密度较小	由于颗粒较小，密度较大
颗粒大小的调节	在一定范围内可改变浓奶的浓度来调节颗粒的大小	若调节颗粒大小，一般只能调节喷嘴喷孔的大小
产品中空气含量	较多，产品易氧化且废包装材料	较少，一般达 7%～10%(容积比)
产品的溶解度	由于颗粒较大，速溶性好，溶解度高，冲调性好	由于大孔径喷头的使用，溶解性、冲调性都较好
几种物料的同时喷雾	可采用多层离心盘在同一台喷雾机内进行	如需喷雾，需两套以上设备

2. 从生产管理方面比较

比较内容	离心喷雾	压力喷雾
喷嘴堵塞问题	无喷嘴堵塞问题，干物质含量可更高一些	若干物质含量较高，会发生喷嘴堵塞
泄漏问题	无泄漏问题	高压物料、特别是柱塞部分易泄漏
卫生及清洗问题	生产完只需清洗进料管与离心盘和平衡槽	生产结束后需清洗高压管路、喷头及高压泵和平衡槽
易损件	易损件是皮带与轴承	易损件为喷头的喷嘴等
噪声及振动问题	由于高速旋转，稍有不平衡噪声及振动较大	正常生产时非常平稳
喷嘴堵塞问题	无喷嘴堵塞问题，干物质含量可更高一些	若干物质含量较高，会发生喷嘴堵塞

3. 喷雾干燥对设备的要求

（1）与产品接触的部位，必须便于清洗灭菌。
（2）应有防止焦粉措施，防止热空气产生涡流与逆流。
（3）防止空气携带杂质进入产品。
（4）配置温度、压力指示记录仪装置，便于检查生产运转。
（5）具有高回收率的粉尘回收装置。
（6）应迅速出粉冷却，以提高溶解度、速溶性。
（7）干燥室内温度及排风温度，不允许超过100℃，保证安全与质量。
（8）喷雾时浓奶液滴与热空气均匀接触，提高热效率。
（9）对黏度物质尽量减少粘壁现象。

7.2 混合造粒

高速回转轴式混合器比普通浆式混合器具自更强的混合一造粒效果。这种混台器一般为单轴式，在轴上装有许多销钉或叶片，而不再是桨叶，这种混合器可以是立式的，也可以是卧式的，可以应用于粒度极小的粉末粒化，这种粉术在干燥状态时极易飞扬，而在潮湿状态时为膏状或胶黏物料。由于混合器的搅拌作用强烈，因而使物料在很短的停留时间内连续造出很密实的团粒来。用于陶瓷工业的瓷土器的工作原理如图7.10所示。

高速轴式混合器的工作过程为将需要造粒的主料和辅料按合适的比例和配方加入到搅拌器中，粉体物料和结合剂在高速轴式混合器中经过高速充分混合后，成湿润软材，然后由辊子上的搅拌棒产生高速摩擦并切割成均匀的湿颗粒，从而实现了造粒的目的。

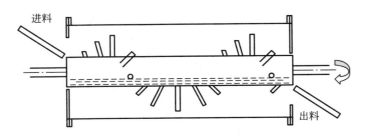

图 7.10 卧式瓷土棒形造粒机

也可以选配真空干燥和辅助系统设备，实现一步到位，直接获得成品。高速轴式混合器的内部构件或搅拌器通过产生强力的摩擦和剪切作用，具有捏合作用，可以造出硬度大、强度高的团粒，能够处理黏性物料，对操作条件具有较强的适应能力。混合造粒法的缺点是维护费用和功耗较高，产品形状不规则，针对这些问题，出现了如图 7.11 所示的新型胶辊。

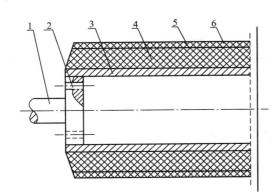

图 7.11 新胶辊结构示意图

1—轴头；2—散热孔；3—辊芯；
4—内层胶体；5—子午线；6—外层胶体

高速轴式混合粒化器的主轴是自由悬挂式的，搅拌叶片角度可以调节，所产生的团粒大部分粒度为 0.5～1.5mm。物料在混合室内停留时间一般为 0.5～1.5s，这种混合器可称为"可控"造粒器，适用于宽粒度范围的微粒化。其侧壁为氯丁橡胶，断面连续变化，适用于黏性物料，可以克服物料的堆积现象。这种混合器可作湿物料球化器的预混合器，可获得较大的团块。用这种方法可增加斜盘球化器的生产能力。

7.3 盘 式 造 粒

含水量液体的粉体，因液体表面张力作用而凝聚。用搅拌、转动、振动或气流使干粉体流动，若再添加适量的液体黏结剂、则可像滚雪球似地使制成的粒子长大、粒子的大小可达数毫米至几十毫米。该方法的优点是处理量大、设备投资少和运转率高，缺点是颗粒密度不高，难以制备粒径较小的颗粒。该方法多被用于冶金团矿、立窑水泥成球、粒状混合化肥及食品的生产，也用做颗粒多层包覆工艺制备功能颗粒。常用盘式造粒机来凝聚造粒。滚制成型机一般由电动机、减速机、联轴结、辊轮组成，并由辊轮、齿轮传递驱动连接，辊轮表面印有球形凹孔。

回转盘内的物料的转动，如图 7.12 所示，由于盘底面的摩擦或离心力而被带向上方，由于重力而反向下降，在这期间由于不断转动，就像雪球那样滚大，成为弹丸状。这时，粉体原料球在盘内划出一个大弧，生成的大球浮在料层表面，以小弧运动达到希望大小的料球从盘边排出。盘的直径若为 $D(\mathrm{m})$，则盘边高 $H(\mathrm{m})$ 为 $H=(0.1\sim0.25)D$，倾斜角 $\theta=40°\sim60°$，回转速度 $N(\mathrm{r/min})$ 以料球的运动为标准，当临界转数 $N_c=42.3$ 时，$\sqrt{\sin\theta/D}$ 时，$N/N_c=0.40\sim0.75$，盘的倾斜角或速度要适应料球的生成条件，一般可调。粉体与水的比例是料球的基准，如果取相当于临界塑性水分的 $70\%\sim80\%$ 含水率，则易得到合适的料球。另外，与盘内的滞留时间也有关系，若盘的斜角大，增加回转速度会使料球粒度小。盘的深度大，料球的粒度也有变大的倾向；料球的机械强度低，当使用成球过程中易被破坏成球性不好的

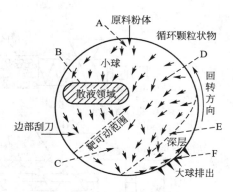

图 7.12　盘式成球机工作原理

粉体时，可把盘的侧面做成阶梯状（2～3级），成为多级盘式成球机，或使用球面形状的盘式成球机。

斜盘式造粒机一个非常重要的特点就是具有粒度分级能力。简单说，就是当使用斜盘式造粒机的时候，可以对产品的大小有一个固定的要求。因为进料粉末和较小的颗粒的摩擦系数大，所以经常处于圆盘中翻滚物料的底层，流动的路线比较短。当进行连续操作时，最大的团块或者是产品要求粒度的团块就会从周围的挡板上溢出盘外。斜盘式造粒机的这一筛分功能是它本身的一个重要特点，这一特点在工业生产当中有很重要的作用。在许多场合当中可以通过这一功能直接得到需要的产品，而无须过多的后序步骤，如过筛等。斜盘式造粒机还有一个最佳喷淋位置，直接把水喷进料粉末和处于运动轨道上的粉末上，对于团粒的相互黏结和新团块核的形成是有利的。湿润的团块有利于粉末进行包层，而对于某些给定的物料和产品要求，它们的最佳喷淋位置应该由实验来确定。

盘式造粒机的特点：坯体致密、均质、规格一致、成品率高；操作简单、方便，可以不需要很高技术的操作工；滚制成型不能制备较大尺寸的坯体（如直径 30mm 以上的氧化铝研磨球很难制备）；盘式造粒机不易自动化生产，生产效率不高。

7.4　挤　压　造　粒

用螺旋、活塞、辊轮、回转叶片对加湿的粉体加压，并从设计的网板孔中挤出，此法可制得 0.2mm 至几十毫米的颗粒。该法要求原料粉体能与黏结剂混合成较好的塑性体，适合于黏性物料的加工，颗粒截面规则均一，但长度和端面形状不能精确控制，致密度比压缩造粒低，黏结剂、润滑剂用量大，水分高，模具磨损严重。不过，因为其生产能力很大，被广泛地用于农药颗粒、催化剂载体、颗粒饲料和食品的造粒过程。这类造粒设备有螺旋挤压式、旋转挤压式、摇摆挤压式等，如图 7.13 所示。

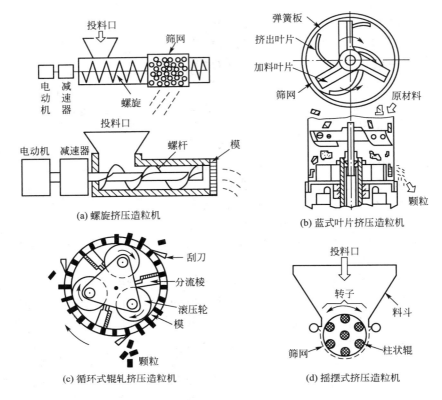

(a) 螺旋挤压造粒机

(b) 蓝式叶片挤压造粒机

(c) 循环式辊轧挤压造粒机

(d) 摇摆式挤压造粒机

图 7.13　挤压式造粒机

7.5　流化床造粒

　　流化床最早是由加拿大的研究工作者 Mathur 和 Gishler 于 1955 年对小麦的流态化干燥研究时开发的一种使粗大颗粒与流体相接触的新型流化技术。工业生产中的造粒过程也称为粒化过程。自从 1965 年流态化干燥造粒法开始工业化以来，到 1970 年就得到了迅速的普及，并广泛应用于化学工业、制药工业、食品工业等领域的造粒操作中。流化床造粒主要可分为流化床喷雾造粒、喷动流化床造粒、振动流化床造粒等几种。传统流化床适用于处理数微米至 2mm 的细小颗粒。当粒径分布较宽时，流化床有分层的趋势，且当操作气速与最小流化气速比值较大时，或是颗粒直径过大，流化床内均会出现节涌现象。近几年，高速超临界流体（RESS）造粒也有所发展。流化床造粒主要有三种方法：第一，以黏结剂溶液为主要媒体，以固体粉末为核心，粉体互相接触附着在一起凝聚形成颗粒；第二，用含有和粉末相同成分的溶液喷淋粉末，液滴沉积在粉体上，包层长大成粒；第三，把熔融的液体在相同粉体流化床中进行喷雾，粉体发生凝固干燥的造粒过程。根据喷嘴位置的不同，流化床喷雾造粒又可分为顶部喷雾法、底部喷雾法和切向喷雾法。

7.5.1 流化床造粒机理

流化床喷雾造粒过程按晶种是否连续移入移出，可分为间歇式和连续式两种类型。国内外对这两种类型的造粒进行了大量的理论和实验研究。原田和夫提出了半经验颗粒团聚生长和分层生长模型；Smith 以质量守恒方法求得了颗粒团聚生长模型；Ennis 基于颗粒碰撞耗能机理，提出了利用无量纲黏性斯托克斯数来方便划分颗粒生长的区域。

尽管研究的角度不一致，但是不同的流化床造粒方法其基本原理是一致的，让粉料在流化床层底部空气的吹动下处于流态化，再把水、黏结剂、溶液或悬浮液等雾化后喷入床层中，粉料经过沸腾翻滚逐渐形成较大的颗粒。在成粒的过程中黏结剂溶液和颗粒间的表面张力，以及负压吸力起到主要作用。在粉末间由桥连液形成凝聚现象。此液体桥连变成固态骨架，经干燥形成多孔的颗粒产品。可以这样理解液体桥在粉末间形成的过程。

（1）部分熔融和固化。将雾化的黏结液喷射在粉体间形成混合界面气—液—固，三者之间由黏结剂相连，部分黏结剂和粉末发生熔融固化，形成液体桥坚固了颗粒。亲水性物料的造粒过程多属此类。

（2）黏结剂的固化。将黏结溶液容易挥发的部分汽化，其余部分则逐渐固化，在粒子间形成液体桥。疏水性的物料造粒过程多属此类。

（3）溶解物质的析晶。黏结液雾化后，在造粒过程中起到液体桥的作用，使粉体凝聚，在随后的干燥过程当中，就会有一些微小的晶粒析出，并且在析出点附近固化。

在流化造粒技术中，黏结剂的选择是十分重要的。要注意黏结剂的温度、浓度和动力黏度等。在一般的流化床中，黏结剂的浓度还受泵性能的限制。

这种方法的优点是混合、造粒、干燥等工序在一个密闭的流化床中一次完成，操作安全、卫生、方便。该法广泛应用于陶瓷、核燃料和工业化学品等。流化床造粒机结构如图 7.14 所示，其主要结构由容器、气体分布装置（如筛板等）、喷嘴、气固分离装置、空气进口和出口、物料排出口等组成。

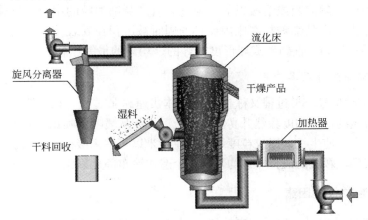

图 7.14　流化床造粒设备

7.5.2 流化床在造粒方面的应用

1. 流化床喷雾造粒

流化床喷雾造粒法一般以热空气为流化气体,通至带有分布板的流化床的底部。液体进料大多数是由双流体喷嘴喷入流化床,雾化液滴落在流化床中热的颗粒种子上,然后被干燥成固体颗粒,有时还伴有化学反应。这种方法要求喷嘴具有操作弹性且不易堵塞,如果是热气体,雾化结晶液时更要注意。为了使得涂在颗粒上的液体尽可能干燥,一般采用气体和固体颗粒逆流,以便使产品粒度分布更均匀。流化气体的速度要大到能使大颗粒强烈运动,以防止结块现象发生。

2. 流化床冷却造粒法

流化床冷却造粒法与喷雾干燥过程相似,液态进料在造粒塔顶部被分散成雾滴,接着在下落过程中固化为粒状产品。与喷雾干燥过程所不同的是造粒的雾滴是熔融物料分散成的。这类雾滴主要是在塔内经空气冷却而固化的,几乎没有什么干燥过程(即使有,也极少)。流化床冷却造粒法大多采用空气作为冷却介质,也可以采用其他气体或液体作为冷却介质。

由于造粒过程的进料呈熔融状态,所以造粒过程一般限用于熔点低而又不易再融的物料。流化床冷却造粒方法主要是在造粒塔中实现,化肥中的尿素和硝酸铵习惯上都是用流化床冷却造粒法制造的。

3. 喷动流化床造粒

喷动床造粒和流化床喷雾造粒类似,也是把可以泵送和雾化的料液喷成雾状,然后落在床层中热的种子颗粒上干燥,一步直接生成固体颗粒。在流化床造粒过程中,温度和气速是影响造粒结果的两个最重要的因素。喷动流化床存在二股气体,气速较大的喷动气和较小的流化气,其中流化气作为一种辅助气体使得床层内颗粒有着更好的流动特性。在床中心的稀相中颗粒被冲到床室的顶部,失掉动能,从床顶部的外围落下,向下滚动至密相物料中,然后又在粒化室底部被气流冲起来。喷动床固体颗粒的生成,不依靠床层的搅拌。在造粒过程中,融溶液或溶液以雾状喷进装有产品细颗粒的由热空气作喷动气和流化气的喷动流化床内,产品细颗粒在床内循环的同时被沉积在其表面的融溶液(或溶液)或其反应产物一层层的覆盖,直到形成球形度很好的、均匀的最终产物。

4. 高速超临界流体及其应用

高速超临界流体(RESS)过程又称超临界流体快速膨胀过程。在膨胀过程中,温度压力的突然变化使溶质的过饱和度骤然升高,当溶液以单相从喷嘴中喷出时,析出大量微核,微核在极短的时间内快速生长,形成粒度均匀的亚微米以至纳米级微细颗粒。从实验所拍摄的照片中可以观察到,颗粒的成长非常均匀,整个造粒涂布都是累积式一层一层长大的。

7.5.3 影响颗粒物性的因素

在复杂的造粒过程中,为了能更好地控制它,通过试验的方法发现以下几条因素对造粒过程具有较大的影响。

1）空气的温度

流化床造粒中，随着流化气体温度的升高，颗粒的密度变小，生成脆性的小颗粒。

2）液体喷雾的速度

通过实验可以发现，液体喷雾速度对成粒过程有一定的影响。

3）喷射孔的内径

喷射装置主要是单一流体喷射和二流体喷射。它们得到的产品差不多，但是单一流体喷射有如下的缺点：喷嘴的前沿容易结块堵塞，依靠改变喷雾液体的压力来改变液滴的大小，不易控制。而二流体喷射则有以下诸多好处：喷雾液滴大小改变喷雾液滴大小可以通过改变喷雾空气压力的办法来实现，而且控制方便；在高动力黏度的黏结剂雾化时，可以利用低压力进行。

4）喷雾空气压力

为了较好地控制造粒，通常采用二流式喷嘴，利用它的喷嘴内空气和液体的混合率，来控制黏结剂液化的雾化程度，控制喷雾液滴大小。

5）喷雾位置

前面提到过，流化造粒中，喷嘴的位置对造粒的平均直径和颗粒脆性的影响都很大，对颗粒的流动性能及假密度的影响则不是很大。

6）喷雾液的性质

在流化造粒时，雾化液滴的分布对颗粒产品的颗粒粒度影响也很大。

7.5.4 流态化造粒技术的不足

传统的流化床不断改进，喷动流化床是在喷动床的基础上改进而成的一种新床型。由于喷动流化床具有良好的传热传质特性，因此其在传统的固定床及流化床等床型的应用领域将大有作为，同时将在所开拓的新的应用领域继续活跃，但还有一些不足。

1）流态化造粒理论有待深入研究

流态化造粒设备具有很强的实用性能，并得到了广泛的应用，但其理论研究却相对薄弱。造粒原理复杂，流态化造粒的影响因素很多，工业设备由多个零件组成，稳定操作的设备设计几乎全部依赖实验，因此，深入研究流化喷雾造粒的理论，对其今后的进一步发展有重要的意义。

2）效率高效化

随着科学技术的进步和技术的发展，对造粒设备的效率提出了更高的要求。要求这类设备不但要满足功能需求，而且还要节能，耐用，使用、保养、维修费用低以降低产品成本。这就使得高效率成为造粒设备设计追求的主要目标之一。

3）控制系统自动化

是否采用流水线作业和自动化控制已成为衡量造粒技术先进与否的重要指标。控制系统采用自动化控制，不但可保证生产工序的流水作业，减轻操作人员的劳动强度，更重要的是可保证生产过程的精确化和实时反馈，提高产品质量，降低设备故障率。若采用计算机控制系统，不但可实现加料、造粒、输送及包装等流程的自动化操作，而且可通过温度、压力、流量、速度等传感器，实时地监控系统状态，当系统状态和工艺参数发生变化时，及时反馈变化情况，发出报警信号，并根据预设状态调整参数，自动调整系统状态，保证设备的正常运行。

习 题

7-1 喷雾干燥的基本工艺过程是什么?

7-2 喷雾干燥器可以根据物料-空气相对流向分为哪几类?

7-3 压力式喷嘴的操作原理和特征是什么?

7-4 盘式成球机工作原理是什么?

7-5 流化床造粒机理是什么?

7-6 流化床造粒过程中,影响颗粒物性的因素是什么?

第**8**章
产品成型设备

 本章教学要点

知识要点	掌握程度	相关知识
离心注浆法成型、热压铸成型	掌握两种成型工艺的基本原理及特点； 熟悉两种成型工艺的应用	利用离心注浆法成型和热压铸成型实施条件及工艺特征； 两种成型工艺的优缺点
模压成型、热压成型、等静压成型	掌握三种成型工艺的基本原理及特点； 熟悉三种成型工艺的应用	三种成型的工艺特征及结构； 三种成型工艺的适用领域
可塑法成型、车削成型	掌握两种成型工艺的基本原理及特点； 熟悉两种成型工艺的应用	利用可塑法成型和车削成型实施条件及工艺特征； 可塑法成型和车削成型应用

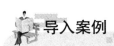

导入案例

激光快速成型

激光快速成型(laser rapid prototyping，LRP)是将 CAD、CAM、CNC、激光、精密伺服驱动和新材料等先进技术集成的一种全新制造技术。与传统制造方法相比具有：原型的复制性、互换性高；制造工艺与制造原型的几何形状无关；加工周期短、成本低，一般制造费用降低 50%，加工周期缩短 70% 以上；高度技术集成，实现设计制造一体化。近期发展的 LPR 主要有立体光造型(SLA)技术、选择性激光烧结(SLS)技术、激光熔覆成型(LCF)技术、激光近形(LENS)技术、激光薄片叠层制造(LOM)技术等。

SLA 技术又称光固化快速成形技术，其原理是计算机控制激光束对光敏树脂为原料的表面进行逐点扫描，被扫描区域的树脂薄层(约十分之几毫米)产生光聚合反应而固化，形成零件的一个薄层。工作台下移一个层厚的距离，以便固化好的树脂表面再敷上一层新的液态树脂，进行下一层的扫描加工，如此反复，直到整个原型制造完毕。由于光聚合反应是基于光的作用而不是基于热的作用，故在工作时只需功率较低的激光源。此外，因为没有热扩散，加上链式反应能够很好地控制，能保证聚合反应不发生在激光点之外，因而加工精度高，表面质量好，原材料的利用率接近 100%，能制造形状复杂、精细的零件，效率高。对于尺寸较大的零件，则可采用先分块成形然后粘接的方法进行制作。

➡ 资料来源：http://baike.baidu.com/view/1281403.htm，2012

8.0 引　言

将制备好的泥料，按电瓷产品性能及工艺要求，通过各种加工方法制成具有一定几何形状的坯件，这一工艺操作称为成型。完成成型操作的机械设备称为成型机械设备。

陶瓷产品种类很多，成型方法也很多，因而所使用的成型机械设备非常繁多。但是，不论采用哪种成型方法，哪种成型设备，都要满足的基本要求如下。

(1)适应各种成型法的工艺特点。能按图纸要求，加工出合格的坯件(坯件有一定的致密度、结构均匀、有一定的机械强度)。凡大型、复杂、壁薄的产品可采用注浆法。形状简单、规则的绝大多数产品可采用可塑法。某些结构复杂，孔洞较多或耐压等级低的产品可采用干压法。

(2)利用率高、经济效果好。产量要求大的，尽量采用可塑法。尺寸精度要求高的，可考虑采用干法。

(3)制造容易、生产过程经济、操作方便、设备简单、寿命长。

(4)尽量做到标准化、通用化、系列化。

按泥料含水量和性能的不同，大致上可以分为以下三类：可塑法成型、干法成型、注浆法成型。

8.1 离心注浆法成型

注浆法成型已有 200 余年的发展历史，注浆法成型又称浆料成型法。石膏模型的采用使得陶瓷生产工艺有了一个大的突破。注浆成型坯体质量首先取决于泥浆性能是否符合注浆的要求。注浆法成型，就是把这种泥浆状坯料注入吸水性较强的模型中，由于模型的吸水作用，泥浆在模腔壁面逐渐干涸、形成糊裱层。随注浆时间的增加，此层的厚度加大，至一定要求厚度时，放出多余泥浆，让糊裱层继续干涸，而成为具有一定强度的雏形。

按模型结构的不同，有空心法注浆（又称单面注浆）、实心法注浆之分。按模型材质的不同，有石膏模、塑料模之分。

传统的注浆法在制造日用陶瓷和卫生陶瓷等生产中发挥着重要作用。然而传统的注浆法有明显的缺点，由于石膏模型的毛细孔吸力较小，一般只有 0.1～0.14MPa，而且随着注浆过程的进行，模型的吸力逐渐变小，再加上已固化的坯层本身的阻力逐渐增加，因此注浆成型时速度降低，坯体密度也偏低。为了提高注浆速度和坯体的质量，近年来又出现了一些强化注浆成型方法，如离心注浆法、真空注浆法、超声注浆法和压力注浆法等。这里主要介绍离心注浆法。

8.1.1 离心注浆机

1. 基本结构

离心注浆机由动力传动装置、主轴、注浆头、注浆阀和滑动皮轮等组成，结构如图 8.1 所示，离心浇注示意图如图 8.2 所示。

2. 工作原理

离心注浆机工作时，靠主轴旋转产生的离心作用，而使泥浆吸附于石膏模子的表面，

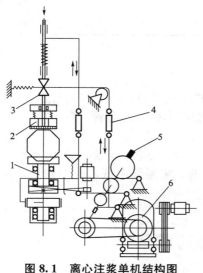

图 8.1　离心注浆单机结构图
1—主轴；2—注浆压盖；3—注浆阀；
4—拉环；5—凸轮轴；6—传动装置

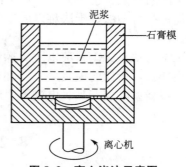

图 8.2　离心浇注示意图

而能在较短的时间内成型。注浆头的升降、注浆阀的启闭等，分别由凸轮机构控制。料浆离心旋转时，料浆中的起泡较轻，在模型旋转时多集中在中部，最后起泡破裂消失，泥浆中空气消除。离心注浆法坯体致密性好，壁厚较均匀，注浆批量可根据产品需要进行调节。离心注浆时，泥浆中固体颗粒的尺寸不能相差太大，否则粗颗粒会集中在坯体内部，细颗粒会集中在模型表面，造成组织不均匀，收缩不均匀。大件制品离心注浆时一般应控制转数在 100r/min 以下，以免造成制品不稳定，若转数过小，则会出现泥纹。

一种离心注浆机的规格及主要技术性能见表 8-1。

表 8-1　TCL30 型离心型注浆机的规格及技术性能

最大产品直径 /mm	生成能力 /(件/min)	主轴转速 /(r/min)	注浆头上升速度 /mm	电动机功率 /kW
Φ300	4～6	250；300；350	40～60	0.6

质量优良的泥浆应具有如下条件：①泥浆应含最少的水分，同时又要保持足够的流动性，通常坯料的水分含量为 30%～35%，一般小件制品可取下限，而大件制品可取上限；②泥浆应具有适当的注成速度，保证注浆时泥浆充满整个模型，可通过加入电解质获得含水率低、流动性好的泥浆，其中最常用的分散剂（表 8-2）有水玻璃、纯碱（Na_2CO_3）、三聚磷酸钠、六偏磷酸钠、腐殖酸钠等；③注件的干燥收缩要小；④具有足够的排湿性能；⑤泥浆中空气含量低；⑥注浆坯体应具有一定的强度；⑦坯体易脱模等。

表 8-2　粉体在水介质中分散时适宜的分散剂

粉体名称	分散剂	粉体名称	分散剂
Al_2O_3	Span 20	$MnCO_3$	六偏磷酸钠、Span 20
磷酸钙	乙醇	$CaCO_3$	六偏磷酸钠
$BaTiO_3$	六偏磷酸钠 0.1%	WC	Teepol
$Cu(OH)_2$	六偏磷酸钠 0.1%	TiO_2	六偏磷酸钠
MgO	六偏磷酸钠 0.1%	石膏	乙二醇、柠檬酸

8.1.2　注浆法的特点

注浆法的优点：①工艺简单，不需要复杂的机械设备；②能制造外形复杂、中孔不规则和其他一些可塑法、干法难以成型的制品，如口小腹大的套管、弯头等；③操作技术要求不高。

注浆法的缺点：①目前以手工操作为主，劳动强度较大，效率低，不易实现自动化；②生产周期长，所用的模具多；③坯件致密度低，机械强度低，收缩率大，尺寸误差大。所以，一般新型陶瓷产品、电瓷等生产中已很少采用。

8.2　热压铸成型

热压铸成型是在较高的温度下（80～100℃），使干粉料与少量黏合剂（如石蜡）搅和在一起、成为易于流动的浆料，使用金属模具在压力下进行成型的，冷凝后坯凝固形成半成品。再经去除黏合剂（排蜡）和焙烧而成制品，常在特种陶瓷成型中普遍采用。

8.2.1 热压铸机结构

常用的热压铸机有手工操作和自动式两种类型。自动热压铸机有回转式和往复式两类。热压铸机通常包括浆筒、注浆管、油浴箱、电加热装置、气动压紧装置、蜡浆自动控温装置、工作台、机架、压缩空气源、管路、气阀及模具等构成，结构如图 8.3 所示。

8.2.2 热压铸机工作机理

将配置好的料浆蜡板放置在热压铸机筒内，加热至一定温度熔化，在压缩空气的驱动下，将筒内的料浆通过吸铸口压入金属模腔，根据产品的形状和尺寸保压一定时间，然后去掉压力，在模腔中冷却成型，脱模，取出坯体，加工处理（车削、打孔等）。在生产中使用的热压铸机有手动式和自动式两类。热压铸件在烧成前，须经排蜡工艺。通常排蜡温度为 900～1100℃，但也要视坯体性质而定。

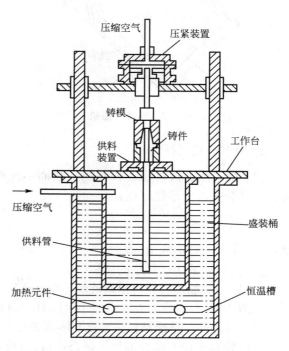

图 8.3　热压铸机的结构示意图

8.2.3 工艺流程

工艺流程如图 8.4 所示。

图 8.4　工艺流程图

1. 蜡料浆制备

将石蜡（12.5%～13.5%）加热成蜡液，为了减小粉料的含水量，粉料在烘干箱中烘干（小于 0.2%）。若粉料内含水量大于 1% 时，水分会阻碍粉料与石蜡完全浸润，使成型难度加大，而且加热时水分的蒸发在料浆内形成封闭性气孔，恶化产品的性能。为了改善成型性能，可以在粉料中加入表面活性剂（蜂蜡，0.4%～0.8%）。

热压铸法的混料方式有两类：一是将石蜡加热使之熔化，然后加入粉料，同时加热和搅拌；二是将粉料加热后倒入石蜡溶液，同时搅拌。制备蜡浆在回转炉中进行，装置如图 8.5 和图 8.6 所示。

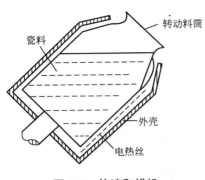

图 8.5　快速和蜡机

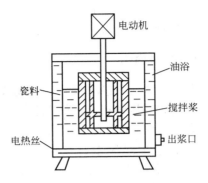

图 8.6　慢速和蜡机

2. 料浆的稳定性指标

(1)稳定性是指料浆在长时间加热而不搅拌的条件下，仍然保持其均匀不分层的性能，下述公式可表示稳定性：

$$u = \frac{V_o}{V_i} \qquad (8-1)$$

式中，　u——稳定性指标；

　　　　V_o——被测试料浆的体积(mL)；

　　　　V_i——加热后分离出蜡液的体积(mL)。

可取 100mL 料浆，在 70℃下保温 24h，分离出蜡液应小于 0.2mL，此时 $u > 500$。

(2)可铸性。是衡量料浆黏度与凝固速度的综合指标。料浆的良好可铸性要求粉料细度合适、粉料干燥、黏合剂加入量合适(石蜡与表面活性剂)。料浆的可铸性可用图 8.7 中的模具测定，模腔为一底边为 5mm×5mm 的四方锥形，锥高为 200mm。可铸性的测定是将一定浆温、一定模温、一定压力下的料浆铸入高度为 H 的模腔(浆温 70℃、模温 25℃、压力为 5 个大气压)，测定料浆在模腔内的高度。料浆高度小于 70mm 时，料浆黏度过大；料浆高度大于 120mm 时，料浆过稀。

(3)收缩率是指蜡浆由熔化的液体状态冷却至凝固状态时，会有体积收缩，收缩的大小与粉料和石蜡的膨胀系数、粉料的颗粒大小、颗粒级配、结合剂的含量、成型温度等有关，一般收缩率在 1% 左右。

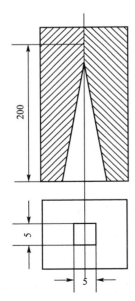

图 8.7　可铸性测定模具
(mm)

3. 排蜡

热压铸得到的坯体在烧成之前，先要经排蜡处理。否则由于石蜡在高温熔化、挥发、燃烧，坯体将失去黏结作用而解体。排蜡是将坯体埋入疏松、惰性的保护粉料之中，这种保护粉料又称吸附剂。它在高温下稳定，且不易与坯体黏结，常用的吸附剂为煅烧过的 Al_2O_3、MgO、滑石粉或石英粉。吸附剂包围和支撑着坯体，一方面使坯体不致变形，同时又可吸附加热熔化的石蜡。在 60～100℃时，石蜡的熔化会造成坯体体积膨胀，这阶段要保持一段时间的恒温，使石蜡缓慢并充分地熔化。在 100～300℃ 范围内，石蜡向吸附剂中渗透扩散并蒸发，这个阶段的升温速率要慢并充分保温，以保证坯体体积变化均匀，避免起泡、分层或脱皮。石蜡在 200～600℃ 范围内烧掉，减缓升温速率可防止坯体开裂。最终排蜡温度一般为 900～1100℃，温度低，粉料间没有一定的烧结，坯料松散，形成不了一定的机械强度，无法进行后续的工艺；温度高，烧结程度高，则难以清理坯体表面的吸附剂。

8.2.4　性能特点及设备型号

热压铸机具有构造简单、操作方便、劳动强度低、生产效率高、模具磨损小、寿命长等优点，适合于制备形状复杂、精度要求较高的中小型新型陶瓷制品的成型；缺点是工序复杂，能耗较大，排蜡时间较长，烧成后制品致密度较低等。

部分国产真空搅拌热压铸机的型号规格列于表 8-3。除手工操作的热压铸机外，对于大批量的产品，如火花塞等，已设计专用的自动化热压铸机，近年来，美国还出现了配置蜡浆真空去泡、压缩空气泵等装置的新型热压铸机，性能良好，颇受用户欢迎。

表 8-3　国内部分真空搅拌热压铸机型号规格

型号	浆桶内尺寸/mm	瓷浆温度/℃	搅拌速度/(r/min)	出浆口直径/mm	浆桶容积/L	加热功率/W 浆口	加热功率/W 桶内	感应用油	空气压力/MPa
C376-4AG 型	φ220×200	50～100	0～700	13	7	150	1000	变压器油	
C376-2 型	φ220×205	65～100		16	6.5	150	1100	2 号定子油	0.4～0.5
C376-3 型	φ250×380	65～100		16	10	150	1000	2 号定子油	0.5
C376-4 型	φ180×210	60～100		13		150	800	变压器油	0.5
C376-4A 型	φ191×225	60～100		13		150	800	2 号定子油	

8.3　模　压　成　型

干法成型又称粉料成型或模压成型。干法成型中有对粉状泥料的压制及干坯车削这两种方法。在干压法中，根据坯料水分不同又有半干压和干压之分。半干压成型的坯料水分为 4%～11%，成型压力为 40～120MPa。

干压法成型是利用压力，将置于模具内的干粉料压紧至结构致密成为具有一定形状和尺寸的坯件。目前除采用普通压力成型法外，还采用在真空环境下压制成型和等静压成型等方法。新型压制成型方法等静压法的出现，使产品质量明显提高，生产周期缩短，且利于实现整个生产过程的机械化、自动化。但是设备投资大，成型速度缓慢。

8.3.1　干压成型工艺原理

干压成型的实质是在外力作用下，颗粒在模具内相互靠近，并借内摩擦力牢固地把各颗粒联系起来，保持一定形状。这种内摩擦力作用在相互靠近的颗粒外围结合剂薄层上。压模示意图如图 8.8 所示。图 8.9 表示加压后结构的变化及颗粒接触的情况。图 8.9(a)为球形接触，图 8.9(b)为尖顶接触。无论何种情况，当颗粒接触时，R_1 将大于 R_2，R_2 相当于微孔半径或微孔隙，这样由于微孔压会把各颗粒拉近紧贴，也即通常所说的"黏着力"（adhesion）。

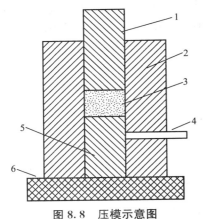

图 8.8　压模示意图

1—上模冲；2—阴模；3—粉末；
4—排气孔(连接真空泵)；
5—下模冲；6—底座

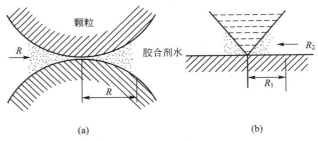

图 8.9　颗粒加压后的接触情况

干压坯体可以看做是由一个液相（黏合剂）层、空气、坯料组成的三项分散体系。如果坯料的颗粒级配和造粒恰当，堆积密度比较高，那么空气的含量可以大大减少。随着压力增大，坯料将改变外形，相互滑动，间隙被填充减少，逐步加大接触，相互黏紧。由于颗粒之间进一步靠近，使胶体分子与颗粒之间的作用力加强，因而坯体具有一定的机械强度。如果坯料颗粒级配合适、结合剂使用正确。加压方式合理，干压法可以得到比较理想的坯体密度。

8.3.2　加压方式与压力分布

1. 单向加压

通常是模具下端之承压板或模塞固定不动，只通过模塞由上方加压。由于粉粒之间以及粉粒与模套壁之间的摩擦力，会出现明显的压力梯度，粉粒的润滑性越差，则坯体内可能出现的压力差也就越大，如图 8.10(a)所示。图中 L 为坯体高度，D 为直径，L/D 值越大，则坯体内压强差也越大。压成坯体的上方及模壁处密度最大，而下方近模壁处及中心部位的密度最小。利用单向加压原理的自动冲压示意图如图 8.11 所示。

2. 双向加压

上下压头（柱塞）同时向模套内加压为双向加压方式，其压力梯度的有效传递距离为单向加压的一半，故坯体的密度相对较均匀，如图 8.10(b)所示。双向加压时，坯体的中心部位密度较低。不论是单向还是双向加压，如果对模具涂以润滑剂（如六方 BN 粉），则压力梯度会有所降低，如图 8.10(c)所示。为了减少压制时的摩擦，改善坯体的密度，减少模具的磨损，便于脱模，粉料中通常加入含极性官能团的有机物作为润滑剂，如石蜡油、油酸和硬脂酸等。用量为粉料量的 1% 以下。干压成型通常质量偏差大约为 1%。

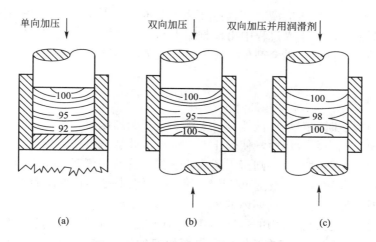

图 8.10 加压方式对坯体密度的影响

3. 双向先后加压

先由上方加压，使模塞伸入模套，再由下方加压，使下模塞压入。这样似乎和上述方法无多大差别，其实不然，由于先后两次分别加压，压力传递比较彻底，有利气体排出，作用时间也比较长，故其所得坯体密度比前两法都要均匀得多。但其设备和操作步骤，也比前两种方法复杂些。

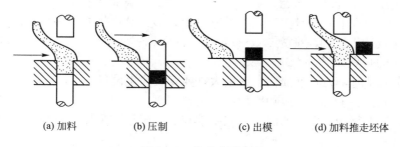

(a) 加料 (b) 压制 (c) 出模 (d) 加料推走坯体

图 8.11 自动冲压步骤

8.3.3 模压成型粉料的性能要求

模压成型时对粉料的性能要求如下。

（1）各组分分布均匀，体积密度高。

（2）流动性要好，以减少压制时颗粒间的内摩擦，使粉料填满模腔的每个角落。

（3）团粒大小适宜。

（4）受压后易于粉碎。

8.3.4 模压成型工艺影响因素

1. 成型压力的大小

模压成型压力的大小，取决于坯体的形状、高度、黏合剂的种类与用量、粉体的流动性、坯体的致密度等。模压成型时坯体中压力的分布并不均匀，导致在坯体的不同部位，密度出现差别，在烧制、干燥过程中出现收缩不同，最终影响产品质量。一般说来，若坯体较高、粉料的流动性差、黏合剂少、坯体形状复杂，则压力应大些，或尽量不采用模压成型方法。

2. 加压速度

加压速度与保压时间对坯体性能有很大影响。开始加压时，压力应小一些，以利于空气排除，然后短时间内释放压力，使受压空气溢出。如加压过快、保压时间过短，坯体中气体便不易排出。保压时间短，则压力还未传递到应有的深度时，压力就已卸掉，也难以得到较为理想的坯体质量。加压速度过慢，保压时间过长，生产效率下降。在实际生产中，加压速度及保压时间要根据坯体的大小、厚薄和形状等具体情况而定。加压初期可以加快，后期应放慢，这利于压力的传递和气体的排出。否则释放压力后，空气膨胀，回弹产生层裂。尺寸小、结构简单的坯件可以采取快速冲压的方式，提高功效。较厚的坯件、长径比较大的坯件宜放慢加压速度，延长保压时间。

8.3.5 模压成型的特点

模压成型的优点如下。

（1）模压成型法工艺简单、操作方便，且周期短、工效高，容易实现机械化自动化生产。

（2）坯件的形状尺寸精确，成品率高，由于坯料中含水（一般为 4%～6%）或其他黏合剂比较少，模压成型的坯体致密度高，尺寸比较精确，烧成受缩小。

（3）模压成型宜于大批量生产，大量地用于圆形、薄片状的各种功能陶瓷和电子元件等的生产，尤其适于压制高度为 0.3～60mm，直径 5～50mm 的简单形状的制品。

模压成型的缺点如下。

（1）干车成型时，刀具磨损快、粉尘大，要安装除尘设备。

（2）模压成型必须具备一定功率的加压设备。

（3）模具加工复杂，模具的制作工艺要求较高，限于成型压力及模具尺寸，通常宜于成型中小型坯件。

（4）在成瓷烧结时，侧向收缩特别大，坯体易产生开裂、分层等现象。

8.4 热压成型

热压工艺是加压成型和加压烧结同时进行的一种烧结工艺。热压工艺最早用于碳化物和钨粉致密件的制备，现在已经广泛应用于陶瓷、粉末和复合材料的生产。

8.4.1 热压成型的结构

热压从工艺特点来说是把成形和烧结工艺结合起来的工艺，一般在 100～300MPa 的气压下，将粉末压坯或装入模具中，使粉料经受几百摄氏度到 2000℃高温的作用，将被处理物体压制成型并烧结致密。热压加热的方法分为电阻间热式、电阻直热式和感应加热式三种，如图 8.12 所示。其工艺原理示意图如图 8.13 所示。

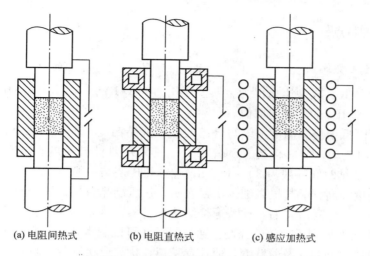

(a) 电阻间热式　　　　(b) 电阻直热式　　　　(c) 感应加热式

图 8.12　三种热压加热方式示意图

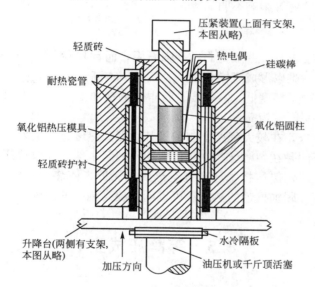

压紧装置(上面有支架,本图从略)

轻质砖

热电偶

硅碳棒

耐热瓷管

氧化铝热压模具

氧化铝圆柱

轻质砖护衬

升降台(两侧有支架,本图从略)

加压方向

水冷隔板

油压机或千斤顶活塞

图 8.13　热压工艺原理示意图

8.4.2　热压工艺

　　热压工艺流程如图 8.14 所示。陶瓷热压用模具采用石墨、氧化锆等。一般石墨可承受 70MPa 压力,1500～2000℃,氧化锆可承受 200MPa 的压力。

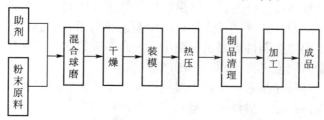

助剂

粉末原料

混合球磨

干燥

装模

热压

制品清理

加工

成品

图 8.14　热压工艺流程示意图

8.4.3　热压法的特点

1. 热压法的主要优点

（1）极大地降低了成型压力仅为金属模压压力的 1/10～1/3，一般热压制品所施加的压力在 200～1000MPa 的范围内取值。

（2）大幅度降低了烧结温度，缩短烧结时间，烧结温度一般在物品基体材料的 0.5～0.8T$_{绝对熔点}$范围内波动，如氧化铝、SiC、Si$_3$N$_4$ 三大系列材料的热压温度一般为 1500～1800℃下进行，烧结时间一般为 30～50min，连续热压烧结一般为 10～15min。

（3）制品密度极高，晶粒极微细。实践表明，热压制品特别是连续热压制品的晶粒尺寸，可以控制在 1～1.5μm 左右，比普通烧结法小得多，这是因为热压过程是在短时间内完成的。晶粒的长大得到了有效的控制。通过热压法可以制得几乎达到理论密度的制品。

（4）可以制造大型制品及薄壁管，薄片及带螺纹状等形状复杂的制品。

（5）粉末粒度、硬度等影响不明显等。

2. 热压法的缺点

（1）对压模材料要求高，一般为高纯高强石墨，而且其寿命短，损耗大。

（2）生产效率低，难以形成规模化生产，制备成本高。

（3）制品表面粗糙，精度低，一般要进行艰难的精加工。

（4）制品的形状一般较为简单。

由于上述这些缺点，在较大程度上制约了其发展。热压方法的发展是围绕克服上述缺点进行的。等静热压法是在 20 世纪 80 年代中期发展起来的。连续热压法在克服上述缺点方面有了突破性的进步。热压技术还有真空热压、保护气体热压、振动热压、均衡热压、热等静压和超高压等。附加振动的热压法可以明显提高制品的密度。

8.5　等静压成型

等静压技术是在静止的液体或气体中施加压力，向样品的各个方向施加相等的压强。等静压技术起始于 20 世纪 50 年代，到 20 世纪 80 年代初，此项技术进入成熟阶段。目前等静压技术已经广泛应用于粉末冶金、陶瓷、塑料和金属陶瓷等工业领域，常见的产品如电子零件、导弹弹头等。近年来，电瓷工业通过等静压成型法已经制备出棒形绝缘子（直径 340mm、长 3200mm）。

根据工作温度等静压技术分为：①常温液体等静压，压制过程在常温下进行，用液体做介质，一般情况下压制件需要进行烧结；②中温液体等静压，压制温度在 80～120℃之间，一般用液体做介质，压制件需要进行烧结；③高温等静压，又称热等静压，一般用惰性气体做介质，通常压制温度在 1100～1650℃。

据使用的模具，等静压技术分为：①湿袋技术，把粉末装满弹性模子中密封，然后放进施压容器中进行压制；②干袋技术，模具安装在施压容器中，施压介质处于容器的内壁和模具的外壁之间。

8.5.1 湿式等静压成型

湿式等静压成型是先将配好的坯料装入塑料或橡胶做成的弹性模具内，置于高压容器内。密封后，注入高压液体介质，压力传递至弹性模具对坯料均匀加压。在均匀力的作用下，发生均匀变形，然后释放压力取出模具，并从模具取出成型好的坯件。湿式等静压成型原理如图 8.15 所示。

选用传递压力的液体介质时，希望它的润滑性好，腐蚀性小，压缩系数小。可用水（加防锈剂）、甘油、无水甘油、刹车油或重油等传压液体等。弹性模具材料应选用弹性好、抗油性好的天然橡胶、氯丁橡胶、聚氨基甲酸酯或类似的塑料。

视粉料特性及产品的需要，容器内压力可予以调整，通常在 35～300MPa。实际生产中常用 100～150MPa。某些要求特别高的工件，对模具内粉料密封时要进行真空处理，以提高压制坯件的密度。

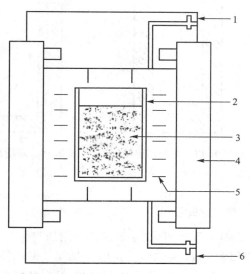

图 8.15　湿式等静压成型原理示意图
1—顶盖；2—橡胶模；3—粉料；
4—高压圆筒；5—压力传递介质；6—底盖

8.5.2 干式等静压成型

干式等静压成型的模具并不都是处于液体之中，而是半固定式的。坯料的添加与坯件的取出都是在干燥状态下操作，因此称为干式等静压成型。

干式等静压成型模具，两头（垂直方向）并不加压，适于压制长型、薄壁、管状产品。为了提高坯体精度和压制坯料的均匀性，宜采用振动法加料。干式等静压机工作原理如图 8.16 所示。

1. 缸体

冷等静压缸体也称高压容器。其形状一般为厚壁圆筒形。按照材料力学关于厚壁圆筒的强度计算可知，如果将单层壁圆筒在壁厚不变的情况下改为双层壁预应力圆筒，则高压容器的耐压强度可以提高很多。若改成多层预应力圆筒，则其耐压强度提高更多。单层壁圆筒如图 8.17 所示，双层壁预应力圆筒如图 8.18 所示，缠绕式高压壁缸由高强度（≥3000MPa）小钢带多层缠绕制成，如图 8.19 所示。

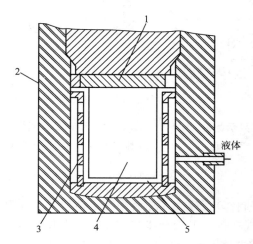

液体

图 8.16　干式等静压机工作原理示意图
1—盖板；2—高压容器；3—穿孔金属套；
4—粉料；5—干模袋

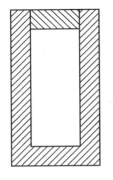
图 8.17　单层厚壁筒

图 8.18　双层高压壁筒

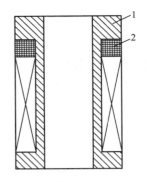
图 8.19　缠绕式高压壁缸
1—框架；2—高强度钢带

2. 高压泵

增压器如图 8.20 所示，是增压气泵和增压油泵的总称。增压泵可将 0～2MPa 的常压气体增压到 5～50MPa；增压油泵可将 32MPa 油液增压到 300MPa。高压柱塞泵（液、气泵）如图 8.21 所示。油泵可供给 300MPa 压力油，气泵可供 100MPa 压缩气。薄膜泵如图 8.22 所示，一般用来供高压气（Ar、N_2），压力小于 100MPa。

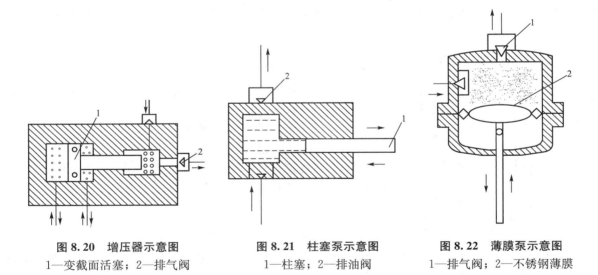

图 8.20　增压器示意图
1—变截面活塞；2—排气阀

图 8.21　柱塞泵示意图
1—柱塞；2—排油阀

图 8.22　薄膜泵示意图
1—排气阀；2—不锈钢薄膜

3. 模具结构

湿袋结构模具使用时，软袋（橡皮、聚乙烯等制作）直接放入油液中与液体接触。压制完成后，压坯脱模时油腻沾污双手，不宜操作。现在较多采用干袋结构模具，干袋结构如图 8.23 所示。采用双层橡皮袋、加压橡皮袋固定并密封在高压缸体口上，高压油只局限在钢模和加压橡皮袋之间很小的空间内。装粉末的橡皮袋放在加压成形橡皮袋内，粉末受加压橡皮袋挤压而成形。这种结构装粉和取压件都很方便。

某些要求特别高的工件，进行胶套密封时，还要作真空处理。工作过程中，整个工件连胶套浸泡于传压液之中，且每次操作放进、取出都是在液体中进行。所以此法又称为真空型式等静压。采用这种方法时，待压粉料的加添和压好工件的取出，都是采用干法操作，如图 8.24 所示。

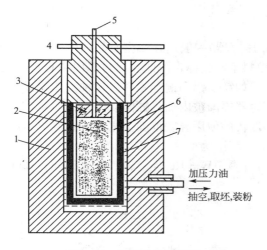

图 8.23　干袋结构示意图

1—高压容器；2—粉末；3—橡皮塞；4—旋塞；

5—排气针管；6—装粉橡皮袋；7—加压橡皮袋

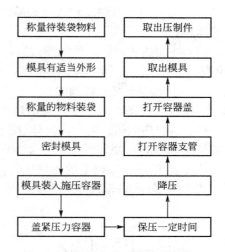

图 8.24　干袋技术制备工艺流程图

等静压成型的优点如下。

（1）适于压制形状复杂，大件且细长的先进陶瓷制品。

（2）湿式等静压容器内可同时放入几个模具，还可压制不同形状的坯体。

（3）成型时容易控制压力。

（4）压制的产品密度均匀，干燥、烧成收缩小，坯件致密，不易变形。

等静压成型的缺点如下。

（1）高压容器及高压泵的质量要求高，需要保护罩，投资费用大。

（2）湿式等静压成型不易连续操作、生产效率不高。

8.5.3　热等静压成型

热等静压（hot isostatic pressing，HIP），从工艺特点来说是把成型和烧结工艺结合起来的工艺，也可以说是高压保护气氛下的热压烧结工艺。热等静压亦称高温等静压法，用金属或其他材料（低碳钢、Ni、Mo、玻璃等）代替橡皮模（加压成型中的橡胶模具），用气体代替液体，使金属箔内的粉料均匀受压，热等静压的压力传递介质为氮气、氩气等惰性气体。一般在 $100\sim300\mathrm{MPa}$ 的气压下，将粉末压坯或装入包套的粉料放入高压容器中，使粉料经受几百度到 $2000\,^{\circ}\!\mathrm{C}$ 高温的作用，将被处理物体压制成型并烧结致密。或者将成型后的铸件（包括铝合金、钛合金、高温合金等缩松缩孔的铸件）进行热致密化处理，通过热等静压处理后，铸件可以达到 100% 致密化，提高铸件的整体力学性能。

1.　热等静压结构

热等静压设备从原理上与液体传力介质的冷等静压设备相同，由高压容器、高压泵、管道阀门、储气罐和一套供电与加热设备组成。

1）高压容器

热等静压缸体的形状和种类与冷等静压设备缸体完全相同，也可以分为三种：单层壁圆筒、双层壁预应力圆筒和缠绕式高压壁缸。从缸体的加热方式上又分为外加热式和内加热式两种。

（1）外加热式缸体。外加热式缸体(或高压容器)一般用在小型制品的生产中，其结构如图 8.25 所示。整个缸体温度很高，密封填料不易选择，因此在密封盖内装有水冷设备。这种缸体一般生产熔点较低的粉末冶金零件，如镁、铝和铜等零件。这种缸体的优点是省掉了高压气泵设备。近年来，外加热式高压容器逐渐被内加热缸体取代。

（2）内加热缸体。内加热缸体(图 8.26)取代的使用温度范围很宽，一般为 0～1600℃。当绝热层加厚时可使用到 1750～2500℃。压力范围为 0～100MPa，炉内一般有 3 个加热带。工作温度 1700℃以上的加热元件，采用石墨、W-Re 合金、钼丝或钨丝；1200℃以下可用 Fe-Cr-Al-Co 电热丝。

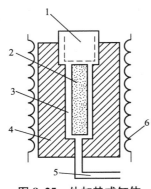

图 8.25　外加热式缸体

1—上密封盖；2—金属粉末；
3—粉末包套；4—缸体；5—进气管道；
6—加热线圈

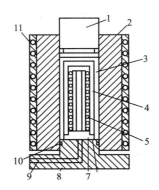

图 8.26　内加热式缸体

1—上密封盖；2—缸体；3，4—绝热罩；
5—加热丝；6—导电引出丝；7—热电偶引出丝；
8—下密封盖；9—高压进气口；
10—密封填料；11—冷却套

2）高压泵

由于热等静压的加压介质一般为氩、氖和氮气等惰性气体。高压泵多采用高压气体泵。高压气体泵也可分为柱塞泵、薄膜泵和增压器三种。

3）其他设备

包括气体回收设备、过滤、除油装置、电器控制和蓄气设备等。

2．热等静压机工作原理

图 8.27 所示是热等静压装置图。热等静压设备由气体压缩系统、带加热炉的高压容器、电气控制系统和粉料容器组成。压力容器是用高强度钢制的空心圆筒。加热炉由加热元件、隔热屏和热电偶组成。热等静压成型机集成型与烧成于一体，通过气体压缩机加压将惰性气体输入高压容器中，使坯体加压成型或采用预成型的坯体，使之在加热高温的状态下受压烧结而成瓷。

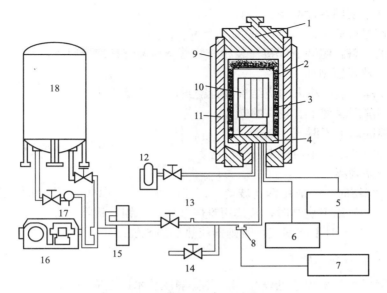

图 8.27　热等静压机工作原理

1—上密封盖；2—加热丝；3—热电偶；4—电极接头；5—内部计算机；
6—功率控制器；7—压力控制器；8—压力传感器；9—冷却套；10—压坯；
11—高压缸；12—真空泵；13—安全阀；14—排气阀；15—电蒸发器；
16—液体泵；17—输送泵；18—液氨罐

　　热等静压强化了压制和烧结过程，可大大降低制品的烧结温度，消除空隙。特别是大尺寸空隙。常规烧结中，在三个颗粒交界处的大孔洞不会收缩。但这些孔洞在包封 HIP 工艺初期阶段就消失了。因而包封 HIP 工艺使陶瓷能够在相对较低的温度致密化。烧结温度降低能够控制甚至避免晶粒长大及不必要的反应，使产品的微观结构晶粒细小化，可获得高的密度和强度，同时能够获得较好的各向同性。同热压法比较，热等静压温度低，制品密度提高甚至难以进行烧结的陶瓷也能进行充分致密化。该机适宜于制造陶瓷发动机零部件、长纤维陶瓷/陶瓷、氮化硼、氮化硅、碳化硅等难烧结的材料。

　　在热等静压中，包套技术是十分关键的，是关系到热等静压工艺成功的关键环节。包套的作用是在高温高压过程中保证压力介质不进入粉体中，确保压制与烧结过程的顺利进行。包套应该具有绝对的气密性，否则会引起热压件性能的显著下降，甚至导致高压炉体的损伤。无包封 HIP 通常使用惰性气体，常为氩气。在某些情况下，则倾向于选择化学性质活泼的加压气体。氮气用于无包封 HIP 氮化物陶瓷，常用纯净氮气，但使用混合有 7％氮气的氩气，可以进一步提高致密度和减小由于无压重组加热至高温引起的膨胀。除了上面提到的两种方法外，埋粉法也是很常用的(采用化学活性的气体，充分加压或部分加压)，这种方法广泛用于 HIP 氧化物功能陶瓷如铁氧体和钛酸铅。与坯体成分类似的粉床紧密填充，但应考虑提供所需气体所占的空间。在实际应用中，宁可使用坚硬一些的粉床，以保证成品不致变形，而当料块切割成所需尺寸时，不发生变形。具有复杂形状的工程陶瓷部件，由于部分浸入粉末床的原因(如透平轮)，可能因粉末床与收缩部件反应使部件变形，在使用气氛为不完全惰性气氛时，必须选择耐久的炉体材料，尽管这样仍会使炉子元件如热电偶的使用寿命减少。

包套的制作过程如下。

包套部件的制备：组装→焊接→装粉→封盖→检漏→抽空→封焊。

包套材料的选择原则如下。

（1）熔点要高于被压粉末的烧结温度且密封性或焊接性好。

（2）在热等静压温度下有较高的塑性。

（3）在高温高压下不漏气。

（4）氧化倾向性小，不与粉末发生反应。

（5）易与制品剥离。

低于 800℃ 烧结时，一般用钢、玻璃、铜和铝等。800～1400℃ 烧结时可选用纯铁、钛和不锈钢等。1400℃ 以上烧结时，常选用难熔金属钽、钼、铌等。在热等静压烧结前，应确保包套在 0.5～2Pa 时不能漏气，否则不能热等静压烧结。

3. 热等静压机性能及特点

一些热等静压机技术规格见表 8-4。热等静压技术广泛应用于陶瓷、粉末冶金和陶瓷与金属的复合材料的制备。热等静压法已用于陶瓷发动机零件的制备，核反应堆放射性废料的处理等。核废料煅烧成氧化物并与性能稳定的金属陶瓷混合，用热等静压法将混合材料制成性能稳定的致密件，深埋在地下，可经受地下水的侵蚀和地球的压力。热等静压还能精确控制产品的尺寸和形状，而不必进行昂贵的切割加工。

表 8-4　国外部分等静压机的技术规格

型　　号	压力/MPa	最大等静压/MPa	产量件/h	生坯直径/mm	电动机功率/kW	最大部件直径/mm	最大部件长度/mm	空气耗量/(L/min)	空压机功率/kW	公　　司
PIT250	250		600	220	23			50		德国 DORST 公司
PIT500	500		500	310	30			50		德国 DORST 公司
MONOSTATIC-50		2400				40	300	11.81	5.5	英国 SIMAC 公司
MONOSTATIC-300		1700				100	425	201	5.5	英国 SIMAC 公司

8.6　可塑法成型

泥料的水分一般为 18%～26%，具有很好的可塑性。不同的成型方法所需的水分有所不同，手工成型的水分为 22%～26%，辊压成型的水分为 20%～23%，挤压成型的水分为 18%～19%。为了改善产品的机电性能，坯体的空气含量一般应控制在 0.5%～1% 以下。可塑法成型是电瓷产品的主要成型方法，通过成型机械进行滚压、挤压、塑压等成型。按照对可塑性泥料施加作用力方式的不同，又可分为挤坯、切坯、拉坯、车坯、旋坯、修坯、压坯等。根据可塑性成型的方法，又发展成挤压成型和压膜成型等。在对坯体的脱膜、修坯和上釉等过程中，为控制半成品损失，一般要求干坯抗折强度大于 1MPa。

8.6.1 塑化

1. 塑化剂

所谓塑化是指利用塑化剂(使坯料具有可塑性能力的物质)使原来无塑性的坯料具有可塑性的过程。传统陶瓷的生产过程中，所用的坯料一般含有可塑性黏土成分，因此不需要加入塑化剂，只要将瓷料经过揉练和陈腐一段时间就具有一定的塑化和成型性能。而特种陶瓷采用的原料一般是瘠性的化工原料，生产过程中一般不含有黏土成分，所以依靠塑化剂成型之。

塑化剂的种类的选择要根据成型方法而定，塑化剂一般是无机塑化剂(如传统陶瓷中的黏土)和有机塑化剂两类。先进陶瓷一般采用有机塑化剂。一般塑化剂由三种物质组成：黏结剂、增塑剂和溶剂。黏结剂主要有聚乙烯醇、聚乙二醇、糊精和羧甲基纤维素等。增塑剂(溶于黏结剂中使其流动)一般常用甘油。溶剂主要有水、丙酮、苯、甲苯和无水乙醇等。

选用有机塑化剂(主要是黏合剂)时应能满足以下要求。

(1) 具有极性，能良好地湿润和吸附在坯料颗粒表面上。

(2) 希望黏合性能和表面张力大些，以便成型和保证坯体强度。

(3) 不和坯料颗粒发生化学反应，如聚乙烯醇能适应多种酸性氧化物瓷料的增塑要求，但对 MgO、CaO、BaO、ZnO 等碱性氧化物，硼酸盐和磷酸盐等瓷料最好不用，因为聚乙烯醇将与它们结合成不溶性的，近乎脆性或弹性的团块，特别不利于轧膜成型。如果在其中添加适量的冰醋酸，则聚乙烯醇也可用于弱碱性粉料之中。

(4) 挥发温度范围宽些，残留物尽量少些。

常用黏合剂的主要性能列于表 8-5。

表 8-5 常用黏结剂的主要性能

名称	缩写	主要性能
聚乙烯醇$[CH_2-CH]$	PVA	白色或浅黄色粉末，由许多链节连成的蜷曲而不规则的线型结构的高分子化合物，聚合度一般选择在 1500~1700，在 60~80℃可溶于水，不溶于乙醇
聚醋酸乙烯酯	PVAC	无色透明状或黏稠体的非晶态高分子化合物。不溶于水和甘油而溶于低分子量的醇、酯、苯、甲苯中，聚合度在 400~600
羧甲基纤维素	CMC	溶于水，但不溶于有机溶剂，烧后残留氧化钠及其他氧化物组成的灰分要小，一般应小于 15%
聚乙烯醇缩丁醛	PVB	白色粉末，可溶于水和乙醇

2. 塑化机理

在电子陶瓷产品的制备工艺中还有一部分产品采用黏土做配料，如碳膜电阻的基体采用以黏土（50%）、钡长石烧块（35%）和石英（15%）的低碱瓷。这种陶瓷的制备采用的塑化剂以黏土为主。

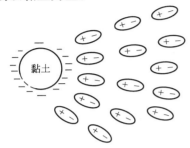

图 8.28 黏土粒子在水中吸附水的情况

无机塑化剂在传统陶瓷制备中主要指黏土。黏土粒子在水中吸附水的情况如图 8.28 所示。黏土粒子表面带电是一个普遍存在的现象，将黏土与水做成泥浆，在电场的作用之下，黏土会向电场的正极移动，这说明黏土粒子表面是带负电荷的。另外黏土类矿物也会发生如图 8.29 所示结构断裂的情况，使所带电荷增加。泥土粒子在水中会吸附带相反电荷的离子（或极性水分子等），这样就会在黏土粒子表面形成一层水化膜。水化膜的存在导致粒子之间产生黏聚力，瓷料受外力后容易滑动。因此，黏土表现出了可塑性和悬浮性。有机塑化剂一般是水溶性的，同时具有极性。能被坯料粒子表面吸附，这种物质在水溶液中能生产水化膜。水化膜能被吸附在粒子表面，因此，瘠性粒子的表面即存在一层水化膜又存在一层有机塑化剂高分子，水化膜的存在使瘠性粒子表现出了一定的流动性。同时卷曲线性塑化剂分子把松散的瘠性粒子黏结起来，又具有流动性，因此瘠性坯料表现出了可塑性，故称塑化剂，有时也称黏合剂，如图 8.30 所示。

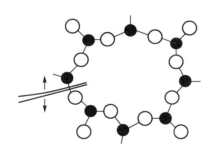

图 8.29 黏土类矿物质结构断裂情况

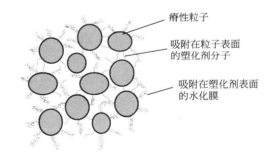

瘠性粒子

吸附在粒子表面的塑化剂分子

吸附在塑化剂表面的水化膜

图 8.30 含塑化剂的可塑性料的结构示意图

3. 塑化剂对坯体性能的影响

1）聚乙烯醇的聚合度对成型性能的影响

用于塑化的聚乙烯醇聚合度一般为 1500～1700，聚合度越大时，弹性越大，不利于成型。聚合度也不能太小，否则由于链节过短，弹性过低，脆性增大，会失去黏结作用，也不利于成型。

2）黏结剂对坯体机械强度的影响

试验证明，在 400℃以下，黏结剂较多的坯体机械强度高；400℃以上，含黏结剂少的坯体中产生的气孔较少，故此时坯体的机械强度高。

3）黏结剂对电性能的影响

黏结剂用量越多，坯体中的气孔就越多，击穿电压也就越低。

4) 黏结剂对烧成气氛的影响

在焙烧时，如果氧化不完全，坯件中的塑化剂将产生 CO 气体，而与坯件中某些成分发生还原反应，导致制品性能变坏。

5) 塑化剂挥发速率的影响

旋转塑化剂时，它的挥发温度范围要大，以利于生产控制。否则因塑化剂集中在一个很窄的温度范围内剧烈挥发，会导致瓷件产生开裂缺陷。

可塑法成型的优点：①充分利用泥料的可塑性，能生产绝大部分形状简单、规则的制品；②成型设备结构简单、品种多样、动力消耗低；③产品质量好，成本低。

此法的缺点：①对泥料的可塑性要求高；②形状复杂或薄壁形的产品难以成型；③设备的工艺性很强，影响了通用性。

8.6.2 挤压成型

1. 真空练泥机

真空练泥机既可以作为泥料的均化设备，也可以作为泥料的成型设备。如图 8.31 所示，一般是将真空练制的泥料放入挤制机内，在挤制机的一端对泥料施加压力，另一端安装机嘴（成型模具），通过安装各种机嘴挤制出不同形状的坯体。真空练泥机同挤制机嘴连在一起时称为真空练泥挤压机。挤压法要求粉料有较细的粒度和圆润的外形（利于粉料的流动性，坯件中出现的鳞片状层裂或断裂可能是由于粉料的粒度或粉料的外形等原因造成），粉料中要加入适量的溶剂、黏结剂及增塑剂等（利于坯件的挤出，保证坯件不变形）。真空室的真空度一般保持在 0.093~0.098MPa，由于黏土是片状颗粒，在练泥机内受力时产生定向排列，易使坯体在干燥和烧成时的不均匀收缩，导致在坯体上产生"S"形开裂。通过练泥机机体、螺旋叶片、机嘴的合理设计、控制泥料的水分含量和均匀性以及瘠性料的用量等，可减少"S"形开裂的现象。

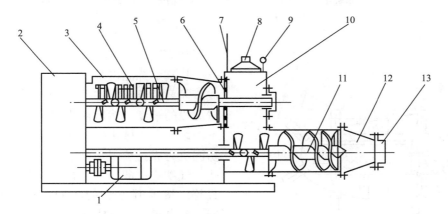

图 8.31 双轴式真空练泥机示意图

1—电动机；2—齿轮箱；3—加料口；4—梳状挡泥板；5—上铰刀轴；6—筛板；7—真空管道；
8—真空室照明灯；9—真空表；10—真空室；11—下铰刀轴；12—机头；13—机嘴

一般产品如电阻基体、管式电容等。通过改变挤制机的机嘴（模具）和型芯结构可改变产品的形状。与高压真空挤压机匹配的练泥机的主要性能见表 8-6。

表 8-6 与高压真空挤压机匹配的练泥机的主要性能

机型	MP-100 型	MP-200 型	MFM-300 型
搅拌一次吐出量/(L/h)	100～150	150～300	2000～4000
功率/kW	3.7	30	22
冷却泵/(L/min)	10	18	无冷却装置
冷却泵功率/W	65	100	

2. 挤坯机

硅酸盐工业生产中，对管件、棒件、板件等坯体的塑性成型常用挤压法成型。挤压法成型的原理是将塑性泥坯置于泥筒内，依靠螺旋轴或活塞给予足够高的压力，使泥料从机嘴中"流出"获得一定形状的坯体。按挤压机工作件的构造，可分为螺旋式挤坯机和活塞式挤坯机，如图 8.32 和 8.33 所示。挤制实心坯体的机嘴较为简单，挤制空心管状制品的机嘴模具带有型芯，挤嘴结构较复杂。

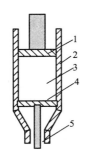

图 8.32 螺旋式(立式)挤坯机原理图
1—螺旋；2—螺旋轴；3—机嘴

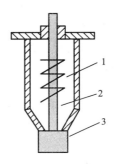

图 8.33 活塞式挤制机结构示意图
1—活塞；2—挤压筒；3—瓷料；
4—型芯架；5—可更换的型芯

3. 切泥机

从真空练泥机挤制出来的泥段，要切割成所需要的长度。在手工操作时，先用尺丈量泥段的长度，然后用带钢丝弦的切泥弓切下泥段。在机械化生产条件下，这个操作用切泥机完成。按照切割动力的不同，分自助式、气动式、液压式、机械(电动)式、电磁式等。按控制方法的不同，有行程开关控制，光电控制等。所使用的切割刀具几乎都是钢丝刀(钢丝弦的切泥弓)。这里介绍自助式切泥机、继电器式磁力切泥机、光控切泥机。

1) 自助式切泥机

本机的结构如图 8.34 所示。其外形像

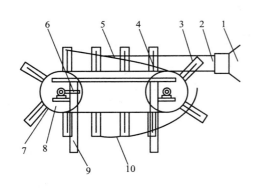

图 8.34 自助式自动切泥机
1—挤泥机出口；2—泥段；3—导架；
4—轴承和滑块；5—上导轨；6—皮带张紧装置；
7—皮带；8—皮带轮；9—机架；10—下导轨

是一台小型皮带运输机,利用真空练泥机挤出泥段的推力、带动皮带运转,在运转中,泥段被定长度地自行切割下来。

在皮带的两个侧边上,按泥段切割的长度、等距离地安装着若干对钢丝刀的导架。在导架上面装有能沿导架孔上下移动的滑块,在滑块的外侧装有滚珠轴承。每对导架的滑块间紧拉着一条切割泥段用的钢丝。在切泥机机架的两侧都装有钢板导轨。滑块上的滚珠轴承外圈紧靠在此导轨上。当导架随皮带的运转而移动时,导架上的滑块在导轨的作用下,要在导架孔里自下至上的移动,连在滑块之间的钢丝,即将泥段自下至上的切断。切下的泥段运行至切泥机的卸泥端,由人工取下。

切割机下面的导轨,可把导架上的滑块逐渐压至最低位置,以便进行第二次切割。皮带两端的转轮,是表面为圆弧形的鼓轮,使皮带不会向两边倾斜。在运输皮带的表面应垫上一层帆布,以增加与泥段的摩擦力,防止打滑,保持切泥机上皮带运转的线速度与泥段挤出线速度相一致,使泥段切割面平整,泥段长度一致。

这种切泥机,结构简单、制作容易、成本低、不需另加动力,使用方便。缺点是只能按导架间距变化,来改变泥段的切割长度,钢丝刀的切割力不大。只适用于切割小型泥段。

2)光控切泥机

光控切泥机是利用光电转换和电子电器控制的原理,实现自动切割泥段的机器。具有节约劳力,减轻体力劳动,效率高,泥段尺寸准确,改变切割长度方便等优点。主要用于直径小于160mm的中小型泥段的切割。

光控切泥机的工作原理如图8.35所示。

从真空练泥机出泥嘴3挤出的泥段1运动到虚线所示位置时,挡住了光源(发光头)9所发出的光线,使光控继电器7的光电头(接收头)8无光照,于是光控继电器由开断状态转为闭合状态,使电磁铁4吸合,带动切泥弓2,使切泥弓由实线位置转到点划线所示的位置,切泥弓上的钢丝弦将泥段切断。电磁铁6控制翻转机构,将切下的泥段翻转到运输带上运走。泥段翻转下去以后,光电头8又接受光照。但此时,在电子线路的设计中,使光控继电器7仍处于闭合状态,并不动作。当挤出的泥段又运动到虚线位置,挡住光线,使光电头无光照时,光控继电器由闭合状态转到断开

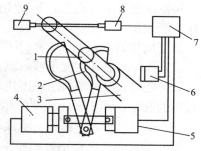

图 8.35 光电控制切泥机

1—泥段;2—切泥弓;
3—练泥机出泥口;4、5、6—电磁铁;
7—光控继电器;8—光电头;9—光源

状态,电磁铁4释放,而电磁铁5吸合,切泥弓又回复到实线所示位置,将泥段切断。接着翻转机构再一次动作,使泥段掉落到运输带上。

4. 工艺控制

陶瓷原料的挤出成型性能取决于很多参数,与原料和设备均有关系。原料特性主要包括:① 挤出筒壁的黏附性,为了减少原料与筒壁的摩擦,这种黏结力应尽量小;② 物料内部的摩擦,高的摩擦不利,可使挤出螺旋直径与模具直径比值减小;③ 原料的内聚黏着力,其值小,则容易产生缺陷,开裂时能承受的塑性应变就小,表8-7列出了电容器陶瓷挤压成型用增塑剂、黏合剂的配比;④颗粒的形状和大小,片状颗粒将在坯体内引入

层状结构，会增加缺陷。细颗粒有助于改善挤出成型，颗粒分布宽也有助于改善挤出成型。

表 8-7　电容器陶瓷挤压成型泥料用增塑剂、黏结剂的配比

瓷种	甲基纤维素	桐油	水	糊精
钛酸钡瓷	7%	5%	22%	
锡酸钙陶瓷		4%	20%	5%～7%

表 8-8 列出了几种真空挤压机的型号和性能。

表 8-8　真空挤压机的型号和性能

机型		MY-FM-A-1 型	MY-FM-200-1 型	MV-310-A-1 型
挤压成型能力		100～150	500～1500	2000～4000
功率/kW	上段	2.2	11	11
	下段	7.5	22	37
真空泵		60L/min. 0.4kW	350L/min. 0.75kW	500L/min. 2.2kW
水泵		10L/min. 65W×2 台	18L/min. 0.1kW×2 台	40L/min. 0.4kW

5. 挤制法成型的特点

挤制法成型的优点是：连续生产，效率高，污染小，易于自动化操作。已为电子瓷工业所广泛采用。

挤压成型的缺点如下。

(1) 练泥时抽真空度不够，或者坯泥料陈腐时间太短等原因在坯体中残留气体。

(2) 坯料太湿，坯料组成不均匀，含有较多的溶剂和胶料，故这种坯体在干燥或烧结过程中的收缩，都比干压成型的坯件要大，其致密度与抗电压强度也略低。

(3) 挤坯时压力不稳定，承接坯体的托板不光滑，坯料中大颗粒过大等原因造成表面不光滑，模具芯头调整不好，坯体两面厚薄不一。

(4) 只能用已挤制横截面形状相同的产品。

8.6.3　轧膜成型

轧膜成型是最初用于橡胶和塑料工业中的一种塑性成型工艺，在特种陶瓷生产中的应用是新近发展起来。近年来，由于粉料质量和泥料塑性的不断提高，轧膜成型用来挤制100～200mm 宽、0.1～3mm 厚或更薄的片状坯膜，半干后用以冲制不同形状的片状产品。或用来挤制径幅 800mm，每平方厘米上有 100～200 孔的蜂窝状或筛格式穿孔瓷筒，用做热交换器、接触燃烧器、正温度系数热敏电阻瓷空气加热器等。

1. 轧膜成型机结构

它主要是由电动机、皮带蜗杆传动、联轴器等组成的驱动部分（图 8.36），由前后压辊、压辊齿轮、可移式轴承组成的轧膜工作部分，以及台式机架、压刀等组成。其中，前后轧辊是关键性的工作，为获得光滑而均匀的膜片，轧辊应当满足以下条件。

（1）工作面的线速度相同。

（2）有足够的强度、刚度、表面粗糙度、硬度和几何精度（材质选用45号钢或合金钢经渗碳、渗硼等处理、达到RC60以上，粗糙度 Ra 为 $1.6\sim0.2\mu m$）。

（3）两辊的间距（又称开度）能精密调节。

2. 工作原理

当轧膜机两个相向滚动的轧辊转动时，由于摩擦力的作用，粉末被带入辊缝中。置于轧辊之间的可塑泥料团（由粉末原料加入适量胶合剂、增塑剂混练

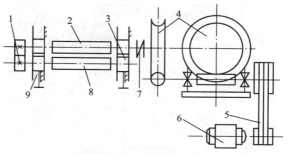

图 8.36　轧膜成型机示意图
1—齿轮传动；2—后轧辊；3—可移式轴承；
4—蜗杆传动；5—三角皮带传动；6—电动机；
7—联轴器；8—前轧辊；9—调节螺旋

而成）不断受到挤压，使泥料中的每个粒子都均匀地覆盖上一薄层有机黏结剂，同时在轧辊连续不停的挤压下，泥料中的气泡不断地被排除，最后轧出所需厚度的薄片或薄膜，再由冲片机冲出一定形状的坯件。

3. 轧膜成型工艺

所谓轧膜成型工艺是将陶瓷粉料和一定量的塑化剂（有机黏合剂、增塑剂和溶剂等）混合，由于很多非金属矿原料没有塑性，所以选用适当塑化剂是首要的工序，一些轧膜瓷料用塑化剂见表8-9。轧膜成型工艺流程如图8.37所示。通过轧膜成片后，进行冲片成型。轧膜又分为粗轧和精轧两类。粗轧是将陶瓷粉料和一定量的有机黏合剂、溶剂等混合后在两辊轴之间混练形成厚膜，这个过程中伴随着溶剂的逐渐挥发。精轧则是为了达到良好的光洁度、均匀度、致密度和厚度等要求。精轧的过程要逐渐调近两辊轴之间的间距，多次折叠、90°转向，反复轧练，最后在模具中冲压成型。轧膜成型法还可分为冷轧和热轧两种技术。冷轧在常温下进行，而热轧是在 $800\sim1200℃$ 的条件下进行。

表 8-9　各种轧膜瓷料用塑化剂的不同配比

坯料	聚乙烯醇水溶液		聚乙烯醇/g	乙醇/g	甘油/g	蒸馏水/mL	塑化剂用量/mL
	浓度/%	用量/mL					
高介电容器	15	35			3～5		
压电喇叭	15	18			2		
滤波器	15	24			2		
压电瓷料			900	480	240	4000	18～20

4. 轧膜成型性能特点

（1）轧膜成型具有工艺简单、生成效率高、膜片厚度均匀等优点。该法适于生产批量较大的厚度在几毫米至 0.05mm 的薄片状产品，在先进陶瓷生产中应用较为普遍，如晶体

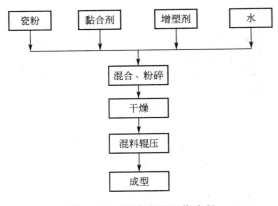

图 8.37 轧膜成型工艺流程

管底座、铁氧体、独石电容器、厚膜电路基板等。

（2）生成设备简单、粉尘污染小，但用该法成型的产品干燥收缩和烧成收缩较干压制品的大。

（3）由于轧辊的工作方式，使坯料只在厚度方向和前进方向受到碾压，在宽度方向缺乏足够的压力，因而对胶体分子和粉粒具有一定的定向作用，使坯体的机械强度和致密度具有各向异性，成型制品的平行方向和垂直方向烧成收缩不一，这时轧膜成型应注意的问题。但对尺寸较小的陶瓷基片并无多大影响。

（4）轧好的坯片，宜在一定温度的环境中保存，防止干燥脆化，以利于进行下一步冲切工艺。

（5）冲片多余的边角料较多，虽能回收，但难免浪费。

5．型号规格

先进陶瓷工业用的轧膜机有多种规格，如 C3385－150 型双辊轧膜机、C3315－250 型三辊轧膜机、C33200－400 型大双辊轧膜机、C33124－365 型三辊浆机和 C3366－150 型四辊精轧机等多种。几种轧膜机的主要技术参数列于表 8－10。

表 8－10　几种轧膜机的技术参数

型号	轧辊（直径×长度）/mm	轧辊速度/(m/s)	轧辊转速/(r/min)	前后轧辊速比	配用电动机/kW	轧辊间隙/mm
C30－1	85.8×150	0.018′	4	1∶1	JO₂－32－6(2.2)	
C3503	148×285	{0.031 / 0.046 / 0.062	4 / 6 / 8	1∶1	JO₂－41－6(3)	
C3385－150	85×150		9	1∶1	(3.0)	0～5
C3366－150	66×150		8			0.03～1(厚度)

8.7　车削成型机械设备

8.7.1　车坯与修坯

无论是用可塑法还是注浆法成型的坯体，都要作进一步的修整加工，这样才能使坯体的形状、尺寸和表面情况符合质量要求,把这种对坯体修整的操作称为修坯。车削成型是将真空练泥机挤出的泥段或泥管,干燥至一定的水分后,置于车削成型机械上,用刀具切削的一种成型方法。套管、大型支柱绝缘子及电流互感器等多种产品,都可用此法成型。它是坯件加工的主要方法。所用的设备是车坯机。

旋坯和塑压法成型的坯件,通常仅在旋坯刀或压模加工的部分,具有完善的外形。而与石膏模或金属模接触的表面,只有近似的雏形。待坯件从底模中脱出以后,还需作进一步加工,使其具有所要求的完整的外形。这一工序称为修坯。修坯所用的修坯机也属于车削成型机械设备。

在有些工厂里,把真空练泥机挤制毛坯(泥段或泥管)的过程看做第一次加工,对泥段或泥管的车削看做是第二次加工,所以常常把车坯机称为修坯机。

根据坯件成型水分不同,车削成型可分为湿车与干车两种。湿车属可塑法成型,是将水分为 $16\%\sim18\%$ 的毛坯进行车削成型。因毛坯强度不高,容易车削加工,无粉尘飞扬情况,所以生产率很高,操作条件较好。干车属干法成型,毛坯水分为 $6\%\sim11\%$。若毛坯水分过高,加工表面容易开裂,坯件的干燥收缩及变形较大。若水分过低,车削阻力太大,生产率降低,刀具磨损加剧,毛坯干燥耗时较多,生产周期延长,粉尘较大需安装必要的通风防尘设备。但干车产品的变形小,故适宜于成型各种薄壁泥管、瓷垫圈、细长的瓷管、瓷棒及某些异形产品。

按毛坯在机械上加工时安放位置的不同,分横车与立车两种。直筒形毛坯,一般采用横车。锥形中孔的管件及细长的实心毛坯,采用立车,可避免坯件的变形。

按车削刀具的结构不同,可分为单刀成型、多刀多刃成型等几种。用一把车刀车削坯件就是单刀成型。用一把以上的车刀车削坯件就称为多刀多刃成型。单刀成型多用于干车,生产率低。多刀多刃成型多用于湿车,生产率高。如果坯件要求的车削深度不大,外形不大又较简单,则可采用刀口较长的样板刀一次成型。

8.7.2 车坯机

1. 卧式车坯机

这种车坯机(图 8.38)广泛池应用于实心或空心的圆柱形产品切削加工方面,是目前电瓷厂一种主要成型机械。

其主要的结构部件是旋转卡盘 1,床头转动变速箱 2,尾架 3,床身导轨 4,轴向自动走刀丝杆 5,刀具 6 和刀架 7。尾架 3 可以沿导轨 4 移动,并依靠夹紧螺钉固定在某一位置上。安装刀具 6 的刀架 7 可以手动或自动地沿着轴向导轨和径向导轨移动。当泥坯安装到车坯机上,在卡盘 1 带动下旋转以后,就可以使用车坯刀对它进行

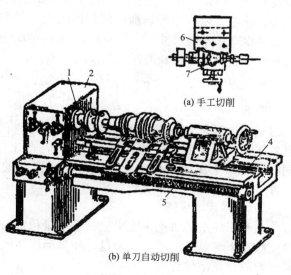

(a) 手工切削

(b) 单刀自动切削

图 8.38 卧式车坯机

车削了。在自动操作情况下，刀架 7 首先在走刀丝杆 5 带动下轴向移动，到达切削位置后刀具自动地作径向移动切入泥坯，至规定尺寸完成坯件成型任务后即自动退刀（图 8.38（a））。

在完全手动操作情况下，刀具可不安装在刀架上，而是由工人手执刀把，把刀具依靠在支刀架上，逐渐切入泥坯。使用一套不同刀口形状的刀具依次车削，即可获得所需形状的坯件（图 8.38（b））。

2. 旋转刀架式车坯机

对上述车坯机稍加改进，就可以得到如图 8.39 所示的旋转刀架式多刀切削车坯机。在车床旋转主轴 1 的旁边安装了一条固装着许多刀具夹 6 的刀架转轴 2。刀具 4 通过接插杆 5 固装在刀具夹 6 上。刀具本身由厚度 1～2mm、宽度为 40～60mm 的钢皮制成，刀具刃口部分的形状与所加工的坯件部分的形状相同。因为一组刀具夹是呈螺旋线排列的，所以各把刀具是依次切入坯件的。在刀架转轴 2 的两端，装有薄片刀 3 和 12，用以切割坯件的端面。

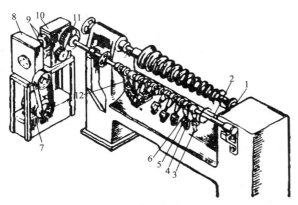

图 8.39　旋转刀架式车坯机

刀架转轴的旋转可以利用车床本身的动力，也可以另设传动系统。如图 8.39 所示是由电动机 7 经过皮带轮、变速箱 8、齿轮副 9、变速箱 10 和齿轮副 11 的传动来实现的。

安装坯件的主轴转速为 300～500r/min，刀架转轴的转速约 1～1.5r/min。

这种车坯机的优点是：①在切削过程中刀口自动磨利，所以在刀具完全磨损以前都保留锐利的刀口；②与手工操作相比，钢皮的消耗减少 8～10 倍；③工人的任务仅仅是安装毛坯、开动车床和抹光车削后坯件的表面；④与手工操作相比，劳动生产率提高 50%～150%（根据坯件的尺寸、形状不同而有差异）。这种卧式的多刀切削车坯机完全可改成立式的，以适应车削细长的棒型产品的需要。

3. 立式半自动车坯机

图 8.40 所示为立式半自动车坯机的一种。主要用于加工跌落式保险丝具绝缘子。经过适当改装后，也可用于加工小型穿墙套管、支柱绝缘子、棒型等其他类型的坯件。设备工作时，装卸坯件依靠手工操作，车削工序自动进行。由于在车坯机工作台面上可同时安装四个泥坯，所以装于中心轴刀架上的多刀多刃刀具旋转一周，可加工出四个坯件。

1）泥坯紧固机构

这种车坯机的机构主要由上、下卡盘和自动压坯机构组成。当圆柱形泥坯由工人垂直地安放在下卡盘 6 上后，上卡盘 3 在自动压坯机构 2 带动下自行下降，压住泥坯上端，把泥坯紧固在车削位置上。

上卡盘的结构如图 8.41 所示。轴 1 以螺纹连接方式固定在自动压坯机构（图 8.42）

活动轴的承窝内。卡盘外壳 2 和卡盘 7 固装在一起，与短轴 1 通过滚珠轴承 3 相连，可以绕轴自由旋转。卡盘内径应较泥坯外径大，适宜间隙约 1mm。卡盘底面应与轴 1 中心线垂直，底面上装有四个刀状卡钉 6。卡盘材料一般选用硅铝合金，可避免铁质的污染。下卡盘结构与上卡盘相似，通过主轴和轴承安装在车床工作台上。

自动压坯机构的结构如图 8.42 所示。整个机构安装在车坯机顶板 4 上。活动轴 9 下端的中心孔用于连接上卡盘，压坯机构的上下动作主要靠上凸轮 10 控制。在装上坯件后，上凸轮的旋转，使凸轮工作表面由低位变为高位，通过滚子 1、螺杆 3 把固装上卡盘的活动轴 9 往下压，于是卡盘卡住泥坯，然后泥坯随下卡盘一起转动，受刀具切削加工。待坯件加工完时，凸轮表面转至低位，依靠被压缩的压力弹簧 6 的弹力，将活动轴向上弹回，上卡盘上升自坯件端面退出。

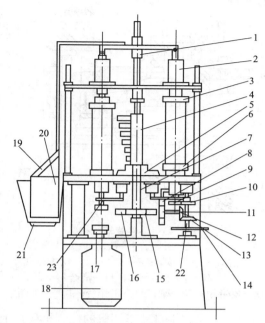

图 8.40 立式半自动车坯机

1—上凸轮；2—自动压坯机构；3—上卡盘；
4—刀具架；5—下凸轮；6—下卡盘；7—中心轴；
8，9，10，11，14，17—皮带轮；12，13—锥齿轮副；
15，16—蜗杆，蜗轮；18—电动机；19—角铁架；
20—刮泥板；21—废泥槽；22—立轴；23—离合器

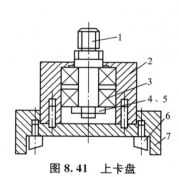

图 8.41 上卡盘

1—轴；2—卡盘外壳；3—滚珠轴承；
4—螺帽；5—平头螺钉；6—刀状卡；
7—卡盘

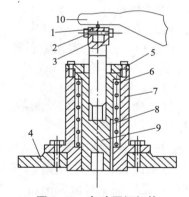

图 8.42 自动压坯机构

1—滚子；2—插销；3—螺杆；4—车机顶板；
5—盖子；6—弹簧；7—外壳；8—滑键；
9—活动轴；10—上凸轮

2）坯件旋转机构

泥坯被紧固机构卡住以后就开始旋转，坯件加工完毕后又自动停止旋转。同时装在车坯机上的四个坯件，在任何时候都是有两个坯件旋转进行切削加工，另外两个坯件停止不动进行装卸。坯件是随下卡盘动作的，下卡盘的旋转与停止是用下凸轮通过离合器进行控

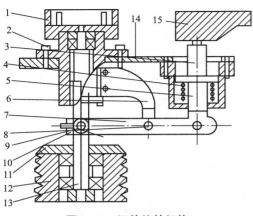

图 8.43　坯件旋转机构
1—下卡盘；2—外壳；3—从动杆；4—弹簧；
5—壳体；6—丁形架；7—杠杆；8—哈夫颈圈；
9—键；10—离合器上部；11—离合器下部；
12—皮带轮；13—轴；14—工作台；15—下凸轮

制的。坯件旋转机构的结构如图 8.43 所示。

固装有爪型离合器下半部 11 的皮带轮 12，通过滚珠轴承安装在轴 13 上。爪型离合器的上半部 10 通过键 9 套装在轴上。当装于车坯机中心轴上的下凸轮 15 转动到高位时，凸轮工作表面压迫从动杆 3，通过杠杆 7 的传动，使哈夫颈圈 8 和安装在颈圈内的离合器上半部 10 沿主轴键槽向上提起，使离合器上、下两半脱开，于是皮带轮 12 在轴 13 上空转。当下凸轮转到低位时，弹簧 4 使从动杆回升，于是离合器上半部下降与下半部 11 啮合、轴 13 和固定在轴上端的下卡盘 1 开始转动。

3）凸轮

装在中心轴上的上、下凸轮均为盘形平面凸轮，是立式半自动车坯机的控制机构。上凸轮控制上卡盘的上下动作；下凸轮控制离合器的离合和坯件的停转。设计凸轮的工作表面曲线主要考虑装、卸坯时间与车削加工时间的比例及上卡盘的压坯行程和爪型离合器离合动作所需行程。上、下凸轮安装位置要求做到装卸坯件时，下凸轮转到高位，将离合器分开。同时，上凸轮转到低位，上卡盘处于非压坯的高位。装上坯件以后，下凸轮转到低位，离合器啮合，坯件得以旋转。与此同时，上凸轮转到高位，把上卡盘下压，卡紧坯件。

4）刀具传动机构

一组刀具按螺旋线分布固装在中心轴 7 的刀架上（图 8.40）。中心轴以一定速度不停地旋转，带动刀具逐把地切削安置在中心轴周围的快速转动的坯件。中心轴和刀具的慢速旋转，是由电动机 18 通过皮带轮 17、14，锥形齿轮 13、12，皮带轮 11、8，蜗杆 15 和蜗轮 16 的传动得以实现的。显然，中心轴上的上、下两个凸轮的转动也是由上述传动系统带动的。

刀具与坯件的转速比为 1：350～500。

5）刮泥机构

由车坯刀切削下来的废泥，由刮泥机构加以清除（图 8.40）。

下端装有刮泥板 20 的角铁架 19 安装在中心轴 7 上。当中心轴转动时，刮泥板在废泥槽 21 内回转，把废泥刮到废泥槽出口"A"排出。

4. 修坯机

修坯是在修坯机上进行的。把经一次成型（挤坯、旋坯或热压）的坯件放在修坯机的修坯承座或坯件固定架上，借机械使其转动，用样板刀或修坯刀进行修削。修坯所用的机械和刀具与车坯的基本相同。

修坯机主轴转速对产品质量有较大影响。一般来说，修削大坯件时，主轴转速以 350～400r/min 为宜；修削小坯件时，主轴转速以 500～600r/min 为宜。

坯件在用刀具车削后，尚需用橡皮等物抹光其加工表面。近几年来，用于加工大棒型、大套管的修坯机发展很快，除靠模作仿形控制外，还采用了光电控制、程序控制及数控等比较先进的控制技术。不仅可作外仿形修坯，还可以作内仿形修坯。上、下坯件普遍使用机械手。设备的机械化、自动化程度有很大提高。

下面介绍直筒形大型瓷套整体修坯机。

1）特点和主要技术参数

直筒形大型瓷套整体修坯机是采用行程程序控制的半自动整体修坯设备。适用于高度2 m以下的多种产品大批量生产。品种改变时，调整方便，只需更换成型刀、修坯芯子、纸带及程序样板即可。当控制系统出故障时，可手动操作，继续生产。工作台能机动升降，适用于大套管整体成型操作。修坯机芯轴的转动部分安装在地平面下，大大地减少了机器所占的空间高度。

此机能加工毛坯的最大高度为1800mm，最大直径为760mm。主轴转速有60r/min和80r/min两种，工作台升降行程1600mm，升降速度1000mm/min。刀具纵横向进给，采用无级变速，最大速度800mm/min。机器的总功率6.6kW，其中主轴电动机2.2kW（交流）。工作台升降电动机4.0kW（交流），刀具纵横向进给电动机各0.23kW（直流）。设备的外形尺寸2000mm×1050mm×5500mm，其中地下部分2700mm。

2）结构及其工作过程

整体修坯机的主要结构部分如图8.44所示。

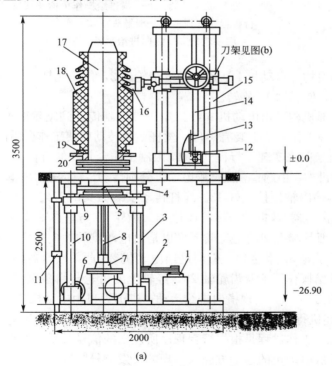

(a)

图8.44　直筒型大型瓷套整体修坯机结构示意图(mm)

1—交流电动机；2—三角皮带轮副；3—光杆；4—滑移齿轮；5—空心主轴齿轮；
6—交流电动机；7—涡轮减速器；8—丝杆；9—升降工作台；10—圆柱导轨；
11—行程开关；12—减速器；13—光杆；14—齿条；15—圆柱导轨；
16—成型刀；17—芯轴；18—毛坯；19—坯垫；20—金属坯板；

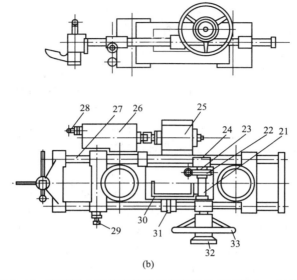

(b)

图 8.44　直筒型大型瓷套整体修坯机结构示意图(mm)(续)

21—齿轮；22—蜗轮；23—摩擦离合器；24—蜗杆；25—直流电动机；26—减速器；
27—齿条圆柱导柱；28—拨叉手柄；29—横进给操作手柄及其齿轮轴；
30—行程程序样板；31—滑触头；32—离合
用手轮；33—纵向进给手轮

工作过程如下。

(1)芯轴传动机构。电动机1通过三角皮带轮副2，传动光杆3，带动装在升降工作台上的齿轮副4和5，使芯轴17旋转。

(2)工作台升降机构。由电动机6经三角皮带轮副传动到蜗轮减速器7、减速器输出轴连接丝杆8。升降工作台9上装有螺母。丝杆8的转动就使工作台沿圆柱导轨10上下移动。升降由电动机换向来实现。行程开关11限制工作台升降的行程。

(3)刀具进给机构。由两台直流伺服电动机分别传动。纵向进给电动机(未画出)直联减速器12。而减速器输出轴连接光杆13。光杆传动安装刀具的刀架中的蜗杆、蜗轮副24和22。蜗轮通过摩擦离合器23把动力传给齿轮21。齿轮21与垂直安装的齿条14相啮合，使刀架做纵向运动。刀具和刀架的上升或下降也是由电动机的换向来实现的。手动或机动的选择，由操作离合手轮32来达到。横向进给电动机25直联减速器26，通过拨叉手柄28把动力传给横向进给操作手柄及齿轮轴29，经轴上的齿轮与齿条圆柱导柱27的啮合、带动固定在导柱上的刀架16，实现横向进给运动。进退刀也由电动机25的换向得以实现。

3)半自动修坯机行程程序控制原理

半自动修坯机的工作过程是根据行程程序所发出的信号、不断改变带动修坯刀刀架的纵向、横向进给伺服电动机的运动方向来实现的。发信号装置主要由滑触头31、行程程序样板30、五单元程序机头、五单元程序控制纸带、直流伺服电动机、继电控制系统等组成。控制原理如下：

根据产品尺寸编制刀架运动方向程序步进表，并用编码形式打孔在五单元标准纸带上作为储存指令。然后，依照步进表和实物修坯尺寸(即所谓行程)制作一块行程程序样板(此板由一块与产品等高的绝缘板和镶在绝缘板上发出变换行程信号用的小铜块所组成)，并把它固定在修坯机的机体上，使它与固定在刀架上的随动滑触头（滑触头与刀架绝缘）相接触，而且保证运行中接触无误。把预先按程序编制好的打孔五单元标准纸带放在程序机头上。当滑触头与固定触头相接触时，通过电子线路，使程控机头得电而动作。相应地推动纸带前进一行而转入下一程序，修坯机刀架上的滑触头不断地随刀架而运动，不断地与行程板上的小钢块（固定触头）相碰而发出相应的信号，使刀架不断地按程序改变运动方向，直至完成整个修坯操作。

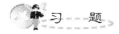 习 题

8-1 离心注浆机工作原理是什么？

8-2 热压铸机结构和工作原理是什么？

8-3 干压成形过程中，加压方式与压力分布是什么？

8-4 热压法制备材料的主要优点有哪些？

8-5 热等静压机工作原理和包套材料的选择原则有哪些？

8-6 选用有机塑化剂时应能满足什么要求？

8-7 卧式车坯机的工作过程是什么？

第 **9** 章
施 釉 设 备

 本章教学要点

知识要点	掌握程度	相关知识
施釉吊车、浸釉机、淋釉机	掌握三种施釉工艺的基本原理及特点； 熟悉三种施釉工艺的应用	利用浸釉和淋釉设备实施上釉及工艺特征； 浸釉和淋釉工艺的应用
喷釉机、半自动喷釉机、新型绝缘子上釉机	掌握三种喷釉工艺的基本原理及特点； 熟悉三种喷釉工艺的应用	三种喷釉的工艺特征及设备结构； 三种喷釉工艺的适用领域
上砂、施釉新工艺	熟悉上砂的基本原理及作用方式； 了解施釉新工艺的特点	六工位模式上釉上砂机结构及基本原理； 干压施釉、釉纸施釉、流化床施釉的工作过程及特点

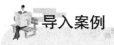 **导入案例**

釉 的 历 史

瓷器是中国在全世界最著名的招牌，CHINA 一词就来源于瓷器。可是在多数人眼中，瓷器的形象差不多被名震海外的五大官窑、畅销世界的景德镇和青花代表了。釉是附着于陶瓷坯体表面的玻璃质薄层，有与玻璃相类似的某些物理与化学性质，一般以长石、石英、黏土等为原料。商代已使用原始瓷器。釉的化学组成为氧代硅、氧化铝、氧化铁、氧化钛、氧化钙、氧化镁、氧化钾、氧化钠等。经温式球磨调成油浆，用浸、喷、浇、荡等方法施于坯体表面焙烧而成。由于所含金属氧化物的不同，以及烧成气氛的各异，釉色有青、黑、绿、黄、红、蓝、紫等（白釉实是无色透明釉）。瓷器上釉不仅可使表面光洁，防止对液体、气体的吸收，提高机械强度和绝缘性能，而且以各种釉色作为烘托，使瓷器皿除实用外，更具观赏性，成为一件件精美的艺术品。

像远古彩陶和唐三彩都是陶胎上彩，而高温瓷器上彩，发源于越窑晋代青瓷，那也是彩瓷的先祖。越窑青瓷有时以褐色彩斑作装饰，西晋为大彩斑，东晋为小彩斑。现在仿作晋青瓷极少有带彩斑的。因为那时含铁分而能烧成氧化铁颜色的彩料，现在并不知其具体配方。晋青瓷的彩料施于釉上，称釉上彩。而晋青瓷中也发现有罕见的釉下彩，即褐色彩料直接绘在胎骨上，为胎体所吸收，再上釉料而烧成。所以说彩瓷的两大品类：釉上彩和釉下彩都源于晋青瓷。彩瓷创作的高峰是在元明清三代。元代产釉下彩青花瓷，是民窑所制高级瓷器，主要供外销。青花瓷用含钴分的颜料画在胎骨上，再罩以半透明的白釉烧成，纹饰显得青蓝悦目。在元、明、清时期，釉装饰得到极大发展，达到历史的顶峰。大名鼎鼎的红釉瓷就创于元代而成熟于明代，继续发展于清代。清代晚期，由于西方列强入侵，中国制瓷业失去了往日辉煌，瓷器在造型、胎质、釉料上都显出代有不如的现象。然而，此时出现的王炳荣、陈国治、李裕成等几位名家却另辟蹊径，将景德镇瓷业中的雕刻技法与中国绘画和明清竹刻艺术结合，同时吸收西方雕塑手法，形成独具特色的雕瓷。

▷ 资料来源：http://www.sssc.cn/s/news/施釉，2012

9.0 引 言

在已干燥的坯件上或经过素烧的制品上，覆盖一层由磨得很细的由长石、石英、黏土及其他矿物组成的物料，这层物料经高温焙烧后能形成玻璃态层物质，这一工艺操作称为"施釉"或"上釉"。釉一般具有光亮、半透明、圆滑和不透水等性质。

施釉的作用和目的如下。

（1）釉能够提高瓷体的表面光洁度，改善抗污秽性，抗吸水性，遮盖坯体的某些瑕疵等。

（2）釉可提高瓷件的力学性能和热学性能。

（3）提高瓷件的电性能，如压电、介电和绝缘性能。

（4）改善瓷体的化学性能。

（5）使瓷件与金属之间形成牢固的结合。

（6）釉可以增加瓷器的美感，艺术釉还能够增加陶瓷制品的艺术附加值，提高其艺术欣赏价值。

釉的分类如下。

（1）按釉中主要助熔物划分：铅釉、石灰釉、长石釉等。

（2）按釉的制备方法划分：生料釉，即指釉料配方组成中未使用熟料-熔块的釉；熔块釉，即指由熔块与一些生料按配比制作而成的釉料。

（3）按照釉的烧成温度划分：易熔釉或低温釉，指熔融温度一般不超过 1150℃ 的釉；中熔釉或中温釉，指熔融温度一般在 1150～1300℃ 的釉；难熔釉或高温釉，指熔融温度一般达 1300℃ 的釉。

（4）按釉烧成后外观特征和具有的特殊功能划分：透明釉、乳浊釉、画釉、结晶釉、纹理釉、无光釉、腊光釉、荧光釉、香味釉、金属光泽釉、彩虹釉、抗菌釉、自洁釉等。

（5）按釉的用途划分：装饰釉、电瓷釉、化学瓷釉、面釉、底釉、钧釉等。

坯件在施釉以前，应清除表面上的灰尘。对于坯件的装烧部位和其他规定不施釉的部位要上蜡。为了提高有些产品的胶装强度，需要在胶装部位上砂。清除坯件表面灰尘，是为了防止施釉过程中可能产生的针孔、缩釉、缺釉等缺陷，提高施釉的质量。可使用压缩空气、回转毛刷、抹水等方法清灰。在先进的施釉设备上，往往具有清灰、上蜡等功能。

施釉的方法主要有：浸釉法、浇釉法、喷釉法、滚釉法、刷釉法及静电施釉法等几种。目前除还使用手工施釉工具进行原始的手工施釉操作，还使用各种类型的施釉机械，进行机械化施釉操作。与此同时还出现了一些半自动、自动的施釉流水作业线。

施釉方法及其工具和设备的选择和设计，是根据产品的形状、尺寸及生产上的工艺要求等因素确定的。大多数产品采用浸釉法。大型产品用淋釉法，圆筒形产品用滚釉法，形状复杂的产品可用静电施釉法。

9.1 浸釉法釉设备

大型绝缘子的施釉，普遍采用浸釉法。其次是喷釉法和淋釉法。

9.1.1 单轨式施釉吊车

图 9.1 所示，为大棒形产品的单轨式施釉吊车。

经坯检、吹灰、抹水、上蜡等施釉前准备操作后的坯件，将其上过蜡的用以胶装的两头套入帆布带 6 内。启动电动葫芦 2，把产品吊起后移至釉槽上方，然后下降放入槽内浸釉。在坯件全部浸入釉中时，又启动电动机 3 带动转轴 4 和皮带轮 5、使帆布带转动 2～3 转，或正反向各转数周。然后启动电动机 2 把坯件吊出釉槽。在施过釉的坯件吊出釉槽时，电动机 3 不应关闭，使坯

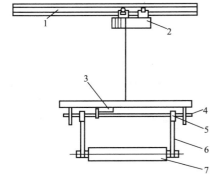

图 9.1 大棒形产品的单轨式施釉吊车
1—工字梁；2—电动葫芦；3—转坯电动机；
4—转轴；5—皮带轮；6—皮带；7—坯件

件继续转动，以去掉产品上多余的釉浆，使釉面均匀。

图 9.2 所示为另一种单轨式施釉吊车，主要用于大套管的施釉。先用哈夫卡具、夹住坯件的下端，把十字形铁架放在坯件的上端。后用铁杆把哈夫卡具和十字形铁架连接固定起来。再用电动葫芦把装有坯件的卡具吊起来，送到釉池内进行浸釉。控制浸釉时间，使坯件表面吸附的釉层厚度达 0.3～0.6mm 时，立即谨慎而快速地把坯件从池中吊出，并将坯件伞部边沿等处的釉珠用毛刷抹除。

为使坯件施釉时，不因表面存在残留气泡而影响施釉质量，浸釉时，坯件应上、下升降 1～2 次。为维持釉池内釉浆的悬浮状态和成分的均匀性，应通入压缩空气进行适当的搅拌。

坯件的固装，除使用哈夫卡具外，还可以使用如图 9.3 所示的坯件气动内胀夹具。由气缸，伸缩杆，固定套筒和铰链杆机构组成。利用伸缩杆在气缸内的上、下移动，通过铰链杆机构的传动，就可实现支撑垫的伸张或收缩。支撑垫伸张时，就从大套管的内部把大套管夹紧了，然后利用吊车把坯件吊起。夹紧的程度，可根据气缸压力表进行控制。这种气动内胀夹具，使用起来十分方便。

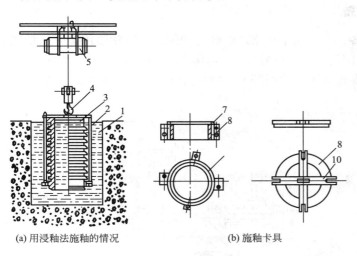

(a) 用浸釉法施釉的情况　　　　(b) 施釉卡具

图 9.2　大套管产品的单轨式施釉吊车
1—釉浆；2—铁杆；3—坯件；4—吊钩；5—电动葫芦；
6、7、8—橡皮垫圈；9—哈夫卡具；10—十字形铁架

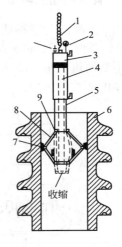

图 9.3　气动内胀夹具示意图
1—吊车挂钩；2—压力表；3—气缸；
4—伸缩杆；5—套筒；6—坯件；
7—硬橡皮或泡沫塑料支撑垫；
8—三爪支撑杆；9—铰链

9.1.2　半机械化浸釉机

浸釉机的结构如图 9.4 所示，主要用于大棒形产品的施釉。

在机架上装有两根水平轴。两轴各有电动机传动。每根轴上套有两个可轴向移动的皮带轮。开始时，开动两台电动机使皮带轮旋转，把连接在两相对皮带轮上的皮带拉紧。皮带拉紧后电动机自动停转。此时，把坯件的两端放在皮带上面，然后开动电动机放松皮带，使坯件边旋转边下落浸入釉池中。浸好釉后，卷回皮带，坯件从釉池中升起，继续旋转，至釉面微干后又把皮带拉紧，取下坯件。整个施釉过程，按程序控制。只要分别调节两台电动机的转向和转速，就可达到上述施釉操作的要求。釉池内装有摆式搅拌机，并用

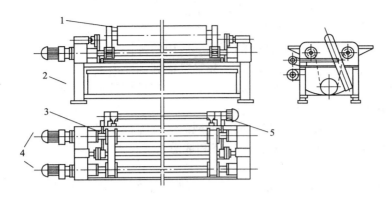

图 9.4　半机械化浸釉机

1—坯件；2—机架；3—皮带；4—电动机；5—搅拌电动机

釉泵定时向釉池加釉。

9.1.3　管状制品的淋釉法施釉设备

图 9.5 所示为淋釉法施釉设备。主要用于直筒形电容套管的施釉。釉浆用泵 1 从釉池 2 泵送到高位槽 5。再从高位槽经阀门、顺着皮管 6、流向淋釉管 3，又从淋釉管的许多小孔中不断地流出来，淋洒在置于淋釉管下方的坯件上，使坯件内外表面都覆盖上一层均匀的、厚度适当的釉层。

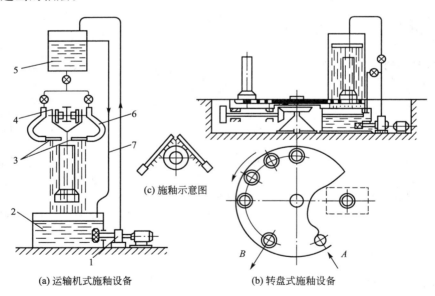

(c) 施釉示意图

(a) 运输机式施釉设备　　　　　(b) 转盘式施釉设备

图 9.5　套管制品淋釉法施釉设备

当高位槽中釉浆过量时，就顺着溢流管 7 流回釉池 2 中。已经使用过的釉浆，也流回到釉池里。套管可以用吊车(或链式运输机)运移到施釉室中施釉(图 9.5(a))，也可以置于转盘式设备上完成施釉操作(图 9.5(b))。在转盘工作台上有许多排浆小孔。A 位是装坯工位。B 位是卸坯工位。

9.1.4 针式绝缘子的施釉设备

图 9.6 所示为一种转盘式施釉设备主要用于针式产品的施釉。

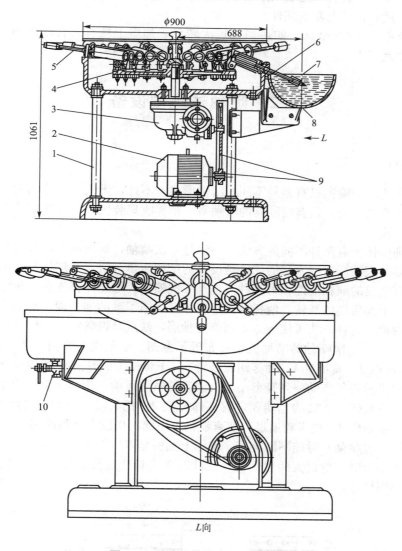

图 9.6 针式绝缘子半自动上釉机
1—支柱；2—电动机；3—减速器；4—转盘；5—上釉杆；
6—环形导向板；7—橡皮垫；8—釉槽；9—皮带轮；10—旋塞

由功率为 1kW 的电动机 2、通过皮带轮 9 和减速器 3、带动转盘 4 以 0.71r/min 的速度旋转。在水平旋转的转盘周边上，装有 24 根上釉杆 5。上釉杆近转盘的一段，安装在轴承套里面。轴承套通过铰链安装在转盘上。上釉杆远转盘悬伸在轴套外的一端头上，固定有橡皮塞 7。要施釉的针式绝缘子，即套在此橡皮塞上。在上釉杆中段上装着滚轮，此滚轮靠在环形导向板 6 表面上。机架上有一个贮釉槽 8。导向板在釉槽 8 的位置上，有一段是向下凹的。当转盘旋转时，上釉杆也随着绕转盘中心轴回转。由于上釉杆上的滚轮与导向板的接触摩擦，使上釉杆及套在上面的绝缘子自身也发生旋转。当上釉杆移动到导向板下凹段时，绝缘子被浸入到釉槽的釉浆中，离开下凹段时，绝缘子从釉浆中升起。施过釉的绝缘子边移动，边旋转，它表面上的釉浆渐渐地自然干燥。到卸坯位置，由工人从上釉杆上取下来，然后再装上新的坯件。

设备生产率为 1020 个/h，如适当地加大转盘、加多上釉杆，合理地提高转盘转速，设备的生产率尚可提高。

9.2 喷釉法施釉设备

9.2.1 喷釉机

用喷釉法施釉的喷釉机有多种不同的结构形式。不过，无论其具体结构如何，基本上都是由坯体的输送装置，装有喷釉器的喷釉室、釉雾收集装置、坯体托架的洗涤装置及干燥器等部分组成。

把釉喷到坯体上有两种不同的方法。一种是一次喷釉，即坯体在喷釉室中一次同时喷上内釉、外釉和底釉。这种方法的优点是设备的结构简单，缺点是坯体与托架接触处不能喷上釉料，有明显的缺釉痕迹。另一种方法是二次喷釉，即坯体首先在一个喷釉室中喷上外釉和底釉，干燥后坯体翻转，使托架支承坯体已经施了釉的那一面，然后再进入另一个喷釉室中喷内釉，这种方法可使坯体全部都有釉层，缺点是设备结构比较复杂。

图 9.7 是采用一次喷釉的喷釉机平面布置示意图。喷釉机主要由一条长圆形（或长方形）的链式输送机 9、喷釉室 4、釉雾回收装置 5、干燥器 6 及坯体托架的洗涤装置 8 等组成。链式输送机的链条带动一列轻型小车沿固定的轨道运动，小车上装有由滚动轴承支承的立轴 3 可自由旋转。立轴的上端固定着坯体托架 2，托架以三个尖端支撑着坯体 1，立轴的下端装有皮带轮 6，皮带轮通过与装有喷釉室下面的橡胶带之间的啮合，使立轴转动。这样，当坯体通过喷釉室时能不断旋转，坯体上釉层厚度比较均匀。为了防止皮带轮与橡胶带突然进入啮合时产生过大的惯性力，设计时要注意让皮带轮与橡胶带逐渐进入啮合，以尽可能减小惯性力。

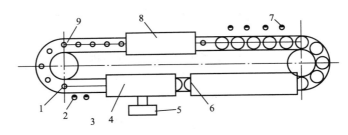

图 9.7 喷釉机平面布置示意图

1—体托架；2—装坯工位；3—坯体；4—喷釉室；

5—釉雾回收装置；6—干燥器；7—产品检验和卸坯工位；

8—坯体托架洗涤装置；9—链式输送机

9.2.2 转盘式半自动喷釉机

图9.8所示为转盘式半自动喷釉机示意图。由一台2.8 kW电动机通过三角皮带轮、蜗轮蜗杆和伞齿轮的传动、使工作转盘旋转。转盘上有16个支撑架用于安放绝缘子。转盘的转速约1r/min。在转盘旁适当位置上设有施釉室。室内有四个喷头。转盘下有一盛釉器、接收回釉。喷头中的釉浆是从高位贮釉缸自行流下的。釉池中的釉浆用蒸气搅拌，并用砂泵输送到高位贮釉缸中。釉浆从喷头喷出时的均匀程度与分散程度，除与喷头结构有关外，还与釉浆的压力有关。此压力大小取决于贮釉缸的安装高度，据试验，以5m为宜。喷釉量可用输釉管上的阀门进行调节。

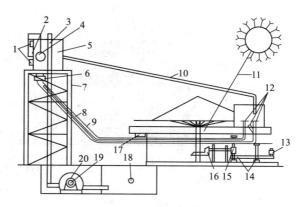

图9.8 转盘式自动喷釉机示意图
1—行程开关；2—碰块；3—供浆管；4—浮标；
5—贮釉缸；6、8—阀门；7—支架；9—输釉管；
10—输釉管；11—转盘；12—喷头；13—电动机；
14—皮带轮；15—蜗轮；蜗杆；16—伞齿轮；
17—釉口；18—蒸汽管口；19—电动机；20—砂泵

贮釉缸的液位，用带有碰块的浮标控制。当釉浆逐渐减少，浮标逐渐下降，碰块逐渐升高，至一定位置时就碰撞上行程开关，使砂泵电动机开动。在半分钟内砂泵把釉缸灌满，浮标升起，碰块下降，碰撞下行程开关，使砂泵电动机停转，停止供给釉浆。

该设备结构简单、操作容易、劳动强度低、产品质量稳定，比手工施釉可提高工效一倍。

9.2.3 新型悬式绝缘子上釉机

该机用于高压悬式绝缘子坯件上釉。稍加改装后，也可用于针式、棒形支柱及其他多种类型电瓷制品的上釉。其特点是克服了一般上釉机的缺点，即在上釉时，可以用支撑杆、对支撑面部位进行自动的补充上釉，保证绝缘子整个表面覆盖上一层均匀的釉浆。

高压悬式绝缘子上釉机和吊挂绝缘子的装置如图9.9所示。

机架1是一个焊接的金属框架。在机架上面安装了许多组件和机构。2是用于运移绝缘子3的链式传动机构，4是牵引传动链。在双列传动链上，每隔一定间距安装着悬臂杆5，悬臂杆的一端安装着绝缘子的吊挂装置(图9.9(a))。此吊挂装置上有一根可以对绝缘子支撑表面施釉的支撑杆7(图9.9(b)中的17)。8是牵引链的传动装置。9为釉槽，内装釉浆及搅拌机。当绝缘子进入釉槽9的施釉区间时，依靠链轮10的作用，改变牵引链和相应位置上绝缘子吊挂装置的运动方向，并使其偏转，然后浸入釉槽中施釉。喷嘴11，是给刚上好釉的绝缘子吹风。齿条板12用于使上釉和吹风区间的绝缘子旋转。绝缘子吊挂装置的充气机构13使用从气缸14来的压缩空气。气缸14有一根空心活塞杆，其末端装有阀门，用气缸15使充气机构回复到原始位置。

绝缘子吊挂装置结构(图9.9(b))。16为摇臂杆，此杆由空心管子制成，并与支撑杆17相连接。在支撑杆17的上端，套有用来支撑绝缘子的橡皮帽18。在支撑杆17的下端，有可以封闭孔20的阀门19。管子21用来引导从绝缘子内腔沿着管子22排出来的空气。每个支撑杆头部都制有圆锥形的凹槽23。管状支撑杆17的头部上有小孔24。橡皮帽18

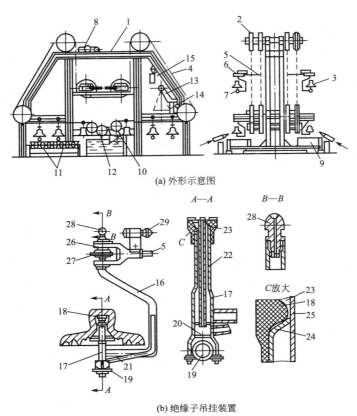

(a) 外形示意图

(b) 绝缘子吊挂装置

图 9.9　高压悬式绝缘子上釉机

与支撑杆内管 22 间形成间隙 25。当绝缘子套在支撑杆的橡皮帽上时，在绝缘子重力作用下，把小孔 24 封闭起来。当取下绝缘子后，小孔 24 打开，间隙 25 也出现了。

在摇臂杆 16 的上部，安装有轴承座 26、链轮 27 和单向阀门 28。单向阀门用于闭锁绝缘子吊挂装置内腔的空气。绝缘子的吊挂装置是用滚轮 29 来偏转的。

本设备的整个施釉操作过程分为五个步骤：绝缘子的安装；使绝缘子倾斜和旋转并浸入釉浆中施釉；喷吹坯件消除釉的积层；上釉后绝缘子的干燥；取下绝缘子。具体的工作过程说明如下。

把干燥后的绝缘子坯件 3、头部朝上地套放在支撑杆 17 的橡皮帽 18 上。该支撑杆是安装在绝缘子的吊挂装置 6 上的，而装置 6 又是用链式传动机 2 的链条带动的。所以坯件就自动地移动到施釉区间，在这里，借助于滚轮 29 而倾斜，接着链轮 27 开始与齿条板 12 啮合，于是吊挂绝缘子的装置旋转起来。在绝缘子逐渐地浸入釉槽 9 的过程中，由于绝缘子的倾斜和旋转，造成了空气从绝缘子伞裙侧面排出的有利条件。当挂有绝缘子的装置浸入釉浆时，支撑杆 17 下部的孔 20，就被浮起的阀门 19 关闭。当绝缘子完全浸入釉中时，不再旋转，装置 6 处于垂直状态。施过釉的坯件从釉槽中出来时，在橡皮帽 18 的圆锥形凹槽 23 中，尚有釉浆残存着。接着，绝缘子随同吊挂装置进入吹风装置作用区。链轮 27 开始与结构类似于齿条 12 的齿条相啮合。于是绝缘子吊挂装置 6 又旋转起来。在绝缘子伞裙边附着的釉滴和釉积，被从喷嘴 11 喷射出来的压缩空气气流吹刷掉。以后，绝缘子在运移过程中，处于自然干燥状态。当然，也可以在适当区域里设置烘干室。

干燥后的绝缘子被传送到卸坯工位前时，借助于充气机构 13 对装置 6 送入压缩空气。具体过程是充气机构被绝缘子吊挂装置 6 的悬臂杆 5 挤压时就动作，向气缸 14 送入压缩空气，于是缸内的空心活塞杆在压缩空气作用下落下来，紧压在安装于装置 6 的单向阀门 28 上。这时，空心活塞杆端部的阀门被顶开，压缩空气就从气缸 14 沿着空心活塞杆，经过单向阀 28 进入装置 6 的内腔。随着吊挂装置的运移，单向阀 28 与空心活塞杆端部相脱离，于是气缸 14 自动封闭不再排气。充气机构因无悬臂杆挤压，故在气缸 15 作用下返回到起始状态。气缸 14 内的活塞杆在弹簧作用下也向上升起回复到原始位置。

当绝缘子刚刚从支撑杆的橡皮帽 18 上取下时，装填在装置内腔的压缩空气经过小孔 24 和间隙 25，以较大速度喷射出来，把积聚在圆锥形凹槽 23 中的釉浆喷成雾状，施在绝缘子上釉时，被支撑杆撑挡、而未着釉的部位上。

支撑杆头部圆锥形凹槽的大小，以便其积存的釉量，在被压缩空气喷射到坯件支撑面上，不会产生釉珠和釉缺为原则。橡皮帽的大小，根据最小型号绝缘子的内孔尺寸来定。支撑杆 17 的高度和摇臂杆 16 的弯曲弧度，根据最大型号绝缘子的外形尺寸来确定。这样，在对不同型号的悬式绝缘子施釉时，不需要过多地调整和更换设备上的部件。

9.3　上砂及施釉新工艺

9.3.1　六工位模式上釉上砂机

20 世纪 70 年代在电瓷绝缘子的胶装还较多采用挖槽、滚花的处理方法，较少采用上砂工艺。滚花处理的电瓷绝缘子胶装后强度不高，这与滚花后造成的应力集中有关，而上砂处理的绝缘子应力较为分散，强度较高。上砂是在上釉之后进行，因此有时将上砂和上釉在同一设备上进行，如六工位模式上釉上砂机。

六工位模式上釉上砂机供棒型和中型套管坯件的上釉上砂。此机的主要部分有大转盘传动机构，坯件旋转机构，坯件倾斜机构，坯件悬挂机构，大转盘支架等。结构如图 9.10 所示。

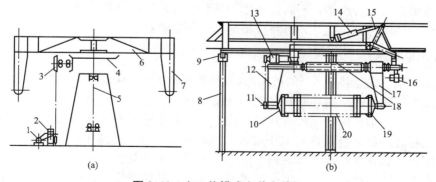

图 9.10　六工位模式上釉上砂机

1—电动机；2—变速箱；3—链轮；4—伞齿轮；5—立轴；6—大转盘；
7—坯件悬挂机构；8—支架；9—滚轮；10—卡盘 A；11—三角皮带轮；
12—固定悬挂臂；13—电动机摆线针轮行星变速箱；14—油缸；15—连杆；
16—调距用电动机；17—活动悬挂臂；18—悬挂臂轴；19—卡盘 B；20—坯件

加工产品的最大尺寸：长 1000~1200mm，直径 500mm，生产能力 8~20 根/h。

此机有上坯、清坯(吹去灰尘、表面喷水)、上釉、上砂(不上砂的坯件在此位空转)、卸坯、清机等六个工位。上、下坯件是工人用专用小车和气动内胀吊具进行的。其他工序则是在机器上自动进行的。

为了解决生料釉施釉时，釉层厚度不易控制，出现堆釉堆砂的现象，可将部分配釉的原料预先制成熔块。含 50% 熔块的电瓷釉性能比较稳定，施釉后釉层厚度非常均匀，厚度也容易控制，利用此种釉料时的上砂质量也得以改善。

9.3.2　施釉新工艺

随着陶瓷制备工艺的不断发展，施釉工艺也在向高质量、低能耗的现代化生产的方向发展。近年来出现了干压施釉、釉纸施釉、流化床施釉等施釉工艺。

1. 干压施釉

坯料和釉料通过喷雾造粒工艺制备，先将坯料装入模具加压，釉料粉通过在坯件表面涂覆的有机黏合剂来黏合，然后加压。釉层的厚度一般控制在 0.3~0.7mm。

干压施釉的优点是制品的硬度和耐磨性都能得到提高，这是因为釉层也被施加了压力。施釉工序被简化，这也节约了人力、物力和生产时间。通过干压施釉制备的产品如陶瓷内外墙砖。

2. 釉纸施釉

将表面含有大量羟基的黏土矿物(如含水镁硅酸盐的海泡石、含水镁铝硅酸盐的坡缕石等)与分散剂(如过氧化氢、多磷酸铵、醇类、酮类、酯类物质)或黏结剂(如氧化铝或二氧化硅溶胶、聚乙烯醇、羟甲纤维素等)混合，制备成浓度 0.1%~10% 的悬浮液，把釉料均匀分散到悬浮液中，制成釉纸。施釉的方法有如下几种。

(1) 成型和上釉同时进行。如在注浆成型时，可先将釉纸附在石膏模中，脱水后，釉纸附在坯体上。

(2) 在成型后的湿坯上黏附釉纸。

(3) 在干燥或烧成后的坯体上黏附釉纸。

这种施釉方法的特点是：不需要特别的施釉装置；制作釉纸及施釉过程中，粉尘或釉不挥发，减少环境污染。此外，可将成型与施釉同时进行。

3. 流化床施釉

流化床施釉首先是将约 5% 的硅树脂(或环氧树脂)与干釉粉混合，当压缩空气以一定流速从底部通过釉料底层时，粉料悬浮形成流化状态。然后将预热到 100~200℃ 的坯体浸入到流化床中，与釉粉保持一段时间的接触，使树脂流速从底部通过釉料底层时，粉料悬浮形成流化状态。然后将预热到 100~200℃ 的坯体浸入到流化床中，与釉粉保持一段时间的接触，使树脂软化从而在坯体表面上黏附上一层均匀的釉料。

这种施釉方法不存在釉浆悬浮体的流变性问题，釉层厚度与坯体的气孔率无关，尤其适用于熔块釉及烧结坯体的施釉。应该注意的是，流化床施釉对釉料的颗粒度要求较高，釉料的颗粒度过小时，容易喷出，还会凝聚成团；颗粒尺寸大则会使流化床不稳定和出现波动，一般粒度控制在 100~200μm，气流速度通常为 0.15~0.3m/s。

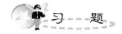 习 题

9-1 半机械化浸釉机的工作原理是什么？

9-2 针式绝缘子的施釉设备的结构和工作原理是什么？

9-3 喷釉机的结构和工作原理是什么？

9-4 高压悬式绝缘子上釉机的结构和工作原理是什么？

9-5 电瓷绝缘子为什么要上砂？

9-6 流化床施釉的工作过程是什么？

第10章
干燥及排塑

 本章教学要点

知识要点	掌握程度	相关知识
干燥的过程、干燥方法、影响干燥的因素	掌握干燥的过程及基本原理； 熟悉影响干燥的因素	通过水与坯料的结合理解干燥及工艺特征； 利用不同干燥方法进行干燥及影响因素
排塑	掌握排塑工艺的基本原理及特点； 熟悉排塑工艺过程中的物理化学变化	排塑的工艺特征； 排塑的目的及作用； 通过温度变化理解排塑过程中的结构演化

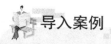

导入案例

超临界干燥

超临界干燥(super critical drying)通过加温、加压，使被干燥物质的温度和压力超过其液相的临界点，在高压下排气除去液相的工艺。

溶胶-凝胶法制备纳米多孔材料干燥过程的一种工艺。由于凝胶骨架内部的溶剂存在表面张力，在普通的干燥条件下会造成骨架的坍缩。超临界干燥(图10.1)旨在通过压力和温度的控制，使溶剂在干燥过程中达到其本身的临界点，完成液相至气相的超临界转变。过程中溶剂无明显表面张力，在维持骨架结构的前提下完成湿凝胶向气凝胶的转变。超临界干燥使用的器具为高压釜。高压釜的密闭性要求高。通常超临界干燥工艺需要的实验周期相对较长、产量较低、成本较高，用来制备要求较严格的产品。

➡ 资料来源：http://baike.baidu.com/view/1909232.htm，2012

图 10.1　RF75/KD50 薄膜蒸发与
短程蒸馏(分子蒸馏)设备

10.1　干　　燥

干燥的目的是排除坯体中的水分，同时赋予坯体一定的干燥强度，满足搬运以及后续工序(修坯、黏结、施釉)的要求。

10.1.1　水与坯料的结合形式

水与坯体的结合形式列于表10-1。

表 10-1　水与坯体的结合形式

结 合 形 式	特　　点	备　　注
化学结合水(结晶水、结构水)	参与物质结构，结合形式最牢固，排出时必须要有较高的能量，化学结合水分解物料的晶体结构必遭破坏	化学结合水的排除不属于干燥过程，排除温度高，烧成时才能排除，如高岭土中的结构水，排除温度为 450～650℃

（续）

结合形式	特　点	备　注
吸附水	物质表面的原子有不饱和键，产生分子场吸引水分子，出现润湿于表面的吸附水层，这种水密度大、冰点下降，存在于物料组织内部，一般在凝胶形成时将水结合在内	排除吸附水没有实际意义，因为坯体很快又从空气中吸收水分达到平衡
机械结合水	又称自由水，它分布在纤维或物质固体颗粒之间，极易通过加热或机械方法除去	从工艺上讲，干燥过程只需排除自由水

10.1.2　干燥过程及干燥的动力学

1. 干燥过程

干燥过程既是传质过程也是传热过程。在陶瓷坯体中，颗粒与颗粒间形成空隙，这些空隙形成了毛细管状的支网，水分子在毛细管内可以移动。在对流干燥中，热气体以对流方式把热量传给物料表面。物料表面得到热量后，以传导方式将热传至物料内部。表面得到热量后，坯体的水分蒸发并被介质带走，坯体与介质之间同时进行着能量交换与水分交换两个作用。同时坯体表面的水分浓度降低，表面水分浓度与内部水分浓度形成了一定的湿度差，内部水分就会通过毛细管作用扩散到表面，再由表面蒸发，直至物料干燥。在干燥过程中，直到坯体中所有机械结合水全部除去为止。

在排除机械结合水的同时，坯体的体积发生收缩，并形成一定的气孔。全部干燥过程可分为三个阶段。

第一阶段，只有收缩水的蒸发，没有气孔形成，脱水时黏土颗粒互相接近，收缩急剧进行，此时制品减小的体积等于除去水分的体积。

第二阶段，不仅有收缩水的排除，还有气孔水的排除，即水分排除时，既产生坯体收缩，又在坯体中产生部分气孔。

第三阶段，收缩停止，除去水分的体积等于形成气孔的体积。

2. 陶瓷坯体干燥的动力过程

陶瓷生坯与干燥介质接触时，生坯的表面的水分首先气化。生坯内部水分借扩散作用向表面移动并在表面汽化，然后由干燥介质将汽化的水分带走，达到干燥的目的。所以陶瓷坯体干燥过程实质是水分内部扩散和表面气化两个控制过程。将黏土坯体制成边长50mm的立方块，将试块置于温度为（50±5）℃，压力和水分都是恒定的恒温干燥器中进行干燥。在试块中心和表面层中，分别安插温度计、应力计和局部水分传感器等器件，借助电位差计和电子仪表自动记录仪，研究其干燥特性。

坯体在干燥过程中内部和表面的水分梯度会使坯体中出现不均匀收缩，从而产生应力。当应力超过了成塑性状态坯体的强度时就会引起开裂。开裂的形式很多，常见的有整体开裂、边缘开裂、中心开裂、表面裂纹、结构裂纹等。整体开裂在厚坯块快速干燥时易在开始阶段出现。干燥开始后坯体表面与中心层水分差逐渐增大，当达到临界值时，坯块内部应力达到峰值。即坯体沿整个体积产生引起不均匀收缩的临界应力时，可能导致坯体的完全破裂。

对于薄壁、扁平的陶瓷坯体干燥时，边缘的干燥速度比中心部位大得多，坯体表面和接近边缘部分处于张应力状态，中心部分处于压应力状态，则易于形成边缘开裂。另外，由于坯体边缘干燥速度比中心部分快，周边的收缩比整个坯体收缩结束早，形成一个硬壳似骨架，随干燥的继续进行，中心部分的收缩受边缘硬壳的限制，形成中心裂纹。

另外，坯体干燥过程中，若内部与外表的温度梯度与水分梯度相差过大，会产生表面龟裂。已干燥的陶坯在移至潮湿空气中时，会从周围介质中吸湿，在坯体表面形成吸附结合水膜导致微细裂隙出现。随吸附水增多，裂纹会扩大。当可塑泥团组成和水分不均匀时，则挤制后坯体中将存在结构条纹，干燥过程将形成结构条纹。压制成型的粉粒之间的空气未排出时，也会使坯体形成不连续结构，干燥时出现层状结构裂纹。

10.1.3　干燥方法

陶瓷坯体及原料的干燥方法及设备类型很多。干燥的方法主要有自然干燥和人工干燥两大类，陶瓷工业一般都采用人工干燥法。按操作方法一般分为间歇式、连续式；按加热方式分传导式、对流式、工频式和辐射式等；按结构特点分坑式、室式、隧道式、喷雾式和转筒式等。

人工干燥法根据传热给物料的方式和获取热能形式的不同，可以分为以下五种。

（1）热空气干燥，是以对流传热为主，载热体——（干燥介质）将热量传给坯体，又将坯体蒸发的水分带离坯体表面；适用于含水量小于 8% 的坯件。

（2）辐射干燥，利用炽热的金属或耐火材料表面对物料进行辐射传热，使水分蒸发干燥。

（3）电热干燥，将工频交变电流直接通过被干燥坯体内部进行内热式的干燥方法称为电热干燥。

（4）高频电干燥，将物料放在高频电场中加热干燥。

（5）微波干燥，将微波导入湿物料中，湿物料吸收微波后转变为热能进行干燥。陶瓷原料的干燥由于不存在变形和开裂问题，可以较快的速度进行。

1. 微波干燥

微波干燥法是由微波辐射激发坯体水分子高频振动，产生摩擦而转化为热能使生坯干燥的方法。我国的微波干燥技术始于 20 世纪 70 年代初期。微波是指频率为 300MHz～300GHz，波长为 1mm～1m 的电磁波。微波的分波段划分见表 10-2。微波加热所用的频率一般被限定在 915～2450MHz，微波装置的输出功率一般在 500～5000W。微波干燥的加热原理和高频介质加热完全一致。微波是一种高频交变电场，若外加电场方向频繁变化，水分子就会强烈吸收微波，随着电场方向的变换而转动，水分子之间产生剧烈碰撞与摩擦，电能转化为热能，故能使湿物料中水分获得能量而发生气化，使物料干燥。微波干燥器的结构如图 10.2 所示。微波干燥器主要由产生微波的振荡装置、干燥室及传送带组成。

表 10-2 微波的分波段划分

波段名称	波长范围	频率范围
分米波	1m～10cm	300～3000MHz
厘米波	10～1cm	3000～30000MHz
毫米波	1cm～1mm	30000～300000MHz
亚毫米波	1～0.01mm	300000～3000000MHz

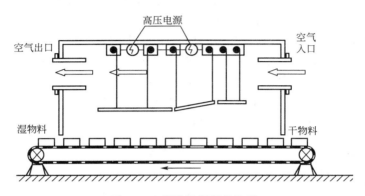

图 10.2　微波干燥器结构图

在微波加热过程中，处于微波电磁场中的陶瓷制品的加热难易与材料对微波吸收能力的大小有关，其吸收功率的计算公式为

$$p = 2\pi f \varepsilon_0 \varepsilon'_a \tan\delta E^2 \tag{10-1}$$

式中，p——单位体积的微波吸收功率；

　　　f——微波频率；

　　　ε_0——真空介电常数；

　　　ε'_a——介质的介电常数；

　　$\tan\delta$——介质的介电常数；

　　　E——材料内部的电场强度。

可见当频率一定，试样对微波的吸收性主要依赖介质自身的 ε'_a、$\tan\delta$ 及场强 E。

湿物料用皮带机送入干燥器内，物料在输送过程中被加热干燥。采用微波热源，几乎能使物料内外同时加热，使热、湿扩散方向一致，内外干燥速度均匀，适用于热敏形物料。微波干燥具有选择性，水分含量高处，干燥速度快，因此微波干燥均匀。此外，微波干燥具有热效率高、便于控制、干燥设备体积小等优点。缺点是微波辐射对人体有害，微波干燥设备费用较高。

2. 红外线干燥器

红外线是一种比可见光波长，比微波短，波长在 $0.72～1000\mu m$ 范围内的电磁波，其中波长 $0.72～1.5\mu m$ 的称为近红外线，$1.5～5.6\mu m$ 的为中红外线，$5.6～1000\mu m$ 的称为远红外线。图 10.3 为红外线干燥示意图。当红外线遇到物体时，一部分反射，一部分透射，一部分被物体吸收而转变为热能，使物体温度升高。水为非对称性极性分子，它的固有频率或转动频率大部分位于红外波段内，对红外线有强烈的吸收作用，因此，只要入射的红外线的频率与湿物料中水的频率一致，就会吸收红外线，产生分子的激烈共振，温度升高，物料在输送过程中被加热干燥。用可控阀可调节空气进出流量。

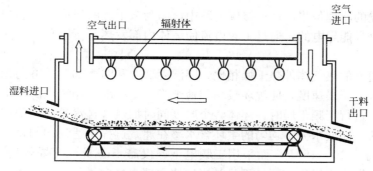

图 10.3　红外线干燥示意图

红外线以电磁波形式传导辐射热能，不需要中间介质，不存在因中间介质引起的能量损耗，因此热效率高。红外线干燥设备适用于薄壁坯体的干燥。

3. 箱式干燥器

图 10.4、图 10.5 为箱式干燥器示意图。空气由风机送入预热带，被加热至一定温度，由右上方进入盘间进行干燥。废气部分循环。进气和排气是为了带走物料中的水汽。

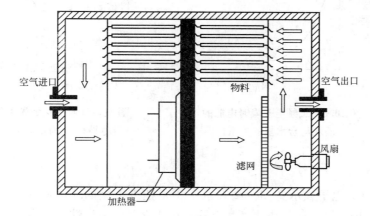

图 10.4　箱式干燥器示意图

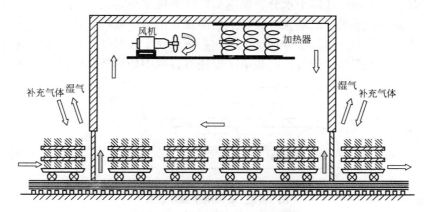

图 10.5　连续工作式箱式干燥器

4. 工频电干燥

工频电干燥的原理是将坯体连接于电路中，因为未干燥的泥段与毛坯中含有不同程度的水分，而水分是能导电的，通过工频电流使坯体内部发热，所以利用发热将水分从坯体中蒸发出去。

电干燥与通常的热气体外热干燥相比，因湿度梯度和温度梯度的方向相同，减小了内扩散阻力，加快了干燥速度，使湿坯较均匀地干燥。工频电干燥法广泛用于泥段或毛坯在修坯前的干燥。进行工频干燥时，坯体整个厚度同时加热，含水量高的部位电阻小、电流大、干燥速度快，能使水分不均匀的生坯含水率在递减过程中达到均匀化。一般大型电瓷生坯自然干燥需要 10～15 天，而采用工频电干燥仅需 4h。此法干燥较均匀，设备简单，单位能耗低，周期短，操作方便。不足是当坯体内部水分含量很低时，蒸发单位重量的水分所消耗的电能急剧增大(图 10.6)，坯件升温速度快易开裂。因此，一般工频电干燥适用于水分含量 17%～19% 大型泥段的干燥。水分含量低于 8% 时，一般该用热空气干燥。导电针用较细的铜丝制作，插入坯体的深度 5～10mm，如图 10.7 所示。

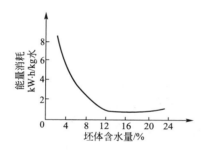

图 10.6　工频电干燥时电能的
消耗与含水量的关系

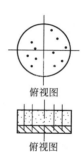

图 10.7　电极在坯体上放置
1—导电针；2—海绵；3—固针板

5. 高频电干燥

图 10.8 为高频电干燥示意图。高频电干燥是把未干燥的坯体放在高频电场($5～6\times10^5$ Hz)中，坯体内的某些物体由于产生振荡，由于振荡的滞后性，产生了分子摩擦，因而使物体发热而进行干燥。坯体中水分含量越高，或电场频率越高，则介电损耗越大，也就是产生的热能越多，干燥速度越快。其特点是随着表面水分的汽化，将使坯体的内外形成温度梯度，其温度降的方向与水分移动的方向一致，使干燥时坯体中的水分梯度很小，干燥速度较快而不产生废品。此外，高频电干燥还可以集中加热坯体中最湿的部分，坯体也

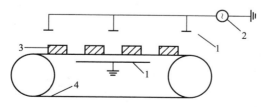

图 10.8　高频电干燥示意图
1—电极；2—高频发生器；3—坯体；4—输送带

不需要与电极直接接触。适用于干燥形状复杂的难于干燥的厚壁坯体的干燥。高频电干燥电能消耗较高频电干燥多 2～3 倍，设备复杂，设备费用高。

6. 圆筒干燥机

圆筒干燥机在硅酸盐工业生产中应用广泛。主要用于连续干燥颗粒状或小块物料。干燥介质通常使用热烟气或热空气，以对流传热为主。

图 10.9 为回转(转筒)式干燥器示意图。筒体为一个可做回转运动的金属圆筒，直径一般为 1～3.3m，长径比为 5～10，斜度为 3‰～6‰。圆筒干燥机物料填充系数一般为 10％～15％，物料填充系数增加会增加电动机负荷。干燥介质在排风机的负压作用下，进入烘干机筒体，湿物料由喂料装置加入烘干机。由于筒体有一定斜度且不断地回转，促使物料不断地由高端移向低端，在运动过程中与干燥介质进行热交换，逐渐被干燥。干燥后，干料卸出，废气经收尘后排入大气。

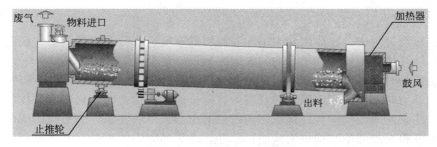

图 10.9 回转(转筒)式干燥器示意图

圆筒干燥机的优点是产量大，流体阻力小，操作稳定可靠，对物料适应性强，成本低，结构简单。不足是设备投资大，能耗较高。

10.1.4 坯体干燥的影响因素

1. 原料种类与矿物组成

坯体干燥特性及干坯强度随泥料种类的不同而差异很大，具体来讲是由原料颗粒的形状、大小、堆积方式及气孔尺寸分布所决定的。从形状上看，片状结构比杆状结构的颗粒堆积致密、塑性大、水分渗透排出慢、干燥气孔率低、干坯强度也较高。例如，苏州土是含有大量杆状结构外形的高岭石，因而可塑性不大，干燥气孔率高，干坯强度也较低。

坯料颗粒细度越细，比表面积越大，接触点越多，干燥速度越慢，但干坯强度也越高。例如，可塑黏土的颗粒细，能较好充填空隙，故干燥强度要比高岭土的大。从堆积方式看，以高岭石为主的黏土，颗粒堆积方式以边一面形式为主，其坯体渗透性好，气孔率高；而伊利石黏土则以面一面形式堆积，则形成较致密、低渗透性的坯体。

坯体干燥强度与原料所含离子的种类和数量及气孔率有关。试验表明，高岭土泥料中含不同的阳离子，其干燥强度不同，其中以含 Na^+ 离子的泥料干燥强度最高，其余则以 K^+、Ca^{2+}、Mg^{2+}、Ba^{2+}、La^{3+} 顺序排列。阳离子的种类对坯体干后气孔率的影响以下列排列顺序变化。

$$Na^+ < Ca^{2+} < Ba^{2+} < H^+ < Al^{3+}$$
气孔率高　　　　气孔率低

从宏观上，黏土本身的组成、结构，如矿物组成、颗粒组成、干燥性等对坯体的干燥收缩及干坯机械强度的影响，可用黏土的干燥敏感性指标来衡量。其表示方法很多，较普遍使用的是契日斯基干燥敏感性系数：

$$k = \frac{w_1 - w_2}{w_2} \qquad (10-2)$$

式中，w_1——试样成型时的绝对水分；

w_2——试样收缩停止时的临界绝对水分。

根据契日斯基干燥敏感性系数的大小，可将黏土划分为三类：低干燥敏感性黏土 $k<1.2$；中干燥敏感性黏土 $1.2<k<1.8$；高干燥敏感性黏土 $k>1.8$。

大量的研究实验证明，以高岭石为主要矿物的高岭土属低敏感性黏土；以水云母矿物为主的黏土属中等敏感性黏土；以蒙脱石和多水高岭石矿物为主的黏土则属于高敏感性黏土。

2. 成型方法

坯体在成型过程中，往往由受力不均或泥料的密度、水分不均以及黏土矿物的定向排列等原因，使坯体在干燥时产生不均匀收缩而变形、甚至开裂。

可塑法成型时，坯料中可塑黏土的含量较高，坯体在干燥时的收缩率和变形率也较高。而施加外力时，可使黏土颗粒顺其施力方向排列，颗粒之间有更多表面接触，使干燥强度提高。注浆法成型同样存在颗粒定向排列的情形。一般注浆坯靠近吸附面的部位较为致密，远离吸附面的部位结构较为疏松；同样，注浆坯体中的水分也并不均匀，距石膏模表面越远的部分水分越高。因而在干燥时，坯体各部位的收缩程度有差别。

压制成型用粉料的含水率不高，而且坯体形状简单，因此坯体的干燥变形率较可塑法和注浆法都要小得多。但若粉料水分不均匀时，模内坯料的堆积，受力也不均匀，会导致坯体密度不均，干燥时发生不均匀收缩而变形。等静压成型时，坯体水分含量很低，密度大且均匀，因此，坯体在干燥过程中几乎无收缩与变形。

3. 环境因素

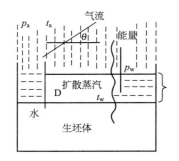

图 10.10 干燥时生坯与外界条件
p_a——介质蒸汽分压；
p_w——坯体表面蒸汽分压；
t_a——气体介质温度；
t_w——生坯表面温度；
D——生坯表面气膜

生坯温度是影响坯体内水分扩散的重要因素。温度升高，水的黏度降低，表面张力减小，可提高坯体内水分扩散速度，也可加快处于降速干燥阶段的生坯内水蒸气的扩散速度。当温度梯度与湿度梯度方向一致时会显著加快内扩散速度，这是电热干燥、微波干燥、远红外干燥等方法的优点。

影响外扩散的主要因素有干燥介质及生坯表面的蒸汽分压、干燥介质及生坯表面的温度、干燥介质的流速方向及生坯表面黏滞气膜的厚度、热量的供给方式等（图10.10）。传统的生坯干燥方法靠热气体循环输入能量并带走水汽。一些新干燥技术，可通过增强能量输入（微波、电流和热辐射等）、降低周围介质蒸汽分压、加大气流速度和控制气流方向等方法来提高外扩散速度。

实验表明薄壁制品线收缩系数与干燥条件无关（内部

水分浓度梯度不大），对于厚壁制品，因内部水分浓度梯度较大，干燥条件对线收缩系数有较明显的影响。制品内部因水分排出滞后于表面，收缩也较表面小，这就阻碍了表面的收缩，使制品内部受到压应力而表面受到张应力。当张应力超过材料的极限抗拉强度时，就造成制品开裂。为防止制品开裂和变形，在确定干燥制度时，需限制制品表面与中心的水分差，并严格控制干燥速度。

10.2 排 塑

10.2.1 排塑的目的和作用

新型陶瓷原料多为瘠性料，成型时多采用有机塑化剂或黏合剂，如热压铸成型的坯体含12%～16%的石蜡，轧膜成型后的坯体中含有聚乙烯醇等。在煅烧时，有机黏合剂在坯体中大量熔化、分解、挥发，会导致坯体变形、开裂，机械强度也会降低。有时由于黏合剂中含碳较多，当氧气不足产生还原气氛时，会影响烧结质量，增加烧银、极化的困难，降低制品的最终性能。排除黏合剂的工艺称为排塑（胶）。其目的如下。

（1）排除坯体中的黏合剂，为下一步烧成创造条件。

（2）使坯体获得一定的机械强度。

（3）避免黏合剂在烧成时的还原作用。

排塑时必须严格控制温度制度。有时还借助吸附剂的作用使坯料中的塑化剂、黏合剂等全部或部分挥发，从而使坯体具有一定强度。

吸附剂的作用是包围坯体，并将熔化的塑化剂（如石蜡）及时吸附并蒸发出来。它应该是多孔性、有一定吸附能力和流动性，能全部包围产品，在一定温度范围内不与产品起化学变化的材料。常用的吸附剂有煅烧氧化铝粉、石英粉、滑石粉、高岭土等，其中以煅烧氧化铝粉的效果为佳。

10.2.2 排塑过程中的物理化学变化

1. 热压铸坯体及石蜡在加热过程中的变化

（1）80～100℃时，坯体被吸附剂包围，自身温度升高，体积膨胀，坯体中的石蜡开始软化，由固态变成液态，并开始由坯体向吸附剂渗透。

（2）100～300℃时，坯体中的石蜡由固态变为液态，由坯体内部向边缘迁移，并渗透到吸附剂中去，而吸附剂中的液态石蜡炭化成为气态，挥发至窑体之间，这是排蜡最剧烈、最关键的阶段。

（3）600～1100℃时，坯体中低熔物出现，已具备一定的强度，并有1%左右的体积收缩。

2. 聚乙烯醇在加热过程中的变化

在排塑过程中，首先是附着在坯体中的水分挥发，然后才是聚乙烯醇的分解，产生大量二氧化碳和水。聚乙烯醇的挥发温度较宽，从200℃开始挥发，直到450℃基本挥发完毕，而且挥发过程几乎是恒速进行的。另外，聚乙烯醇的分解，需在氧气中进行。当氧气

不足时，聚乙烯醇中的碳生产还原性很强的一氧化碳，对电子陶瓷中的一些元素有还原作用。由于坯件发生不同程度的还原反应，在烧结时就不易结晶、成瓷，颜色也不正常，烧银时就出现渗银发黑，在极化时就不易加上极化电压，电性能参数也将随之下降。

水分的挥发随着坯体尺寸的增大，挥发完毕的温度也相应提高。因此，必须严格控制排塑过程的升温速度。在100℃左右，保温一段时间，让水分充分挥发，避免坯件变形和开裂。在500℃以下，若升温速度过快，将会造成坯件出现较多的麻坑和气孔。

习 题

10-1 水与坯体的结合有几种形式？

10-2 陶瓷坯体有几种干燥方法？

10-3 排除黏合剂的目的是什么？

10-4 排除黏合剂时，吸附剂的作用是什么？

10-5 热压铸坯体工艺中，石蜡在加热过程中发生了什么变化？

第11章
烧成设备

 本章教学要点

知识要点	掌握程度	相关知识
隧道窑	掌握隧道窑工艺的基本原理及特点； 熟悉隧道窑的结构	隧道窑工艺实施条件及特征； 典型构件的成形优势
倒焰窑、梭式窑、电阻炉	掌握三种窑的基本原理及特点； 熟悉三种窑炉的结构	利用三种窑炉的工艺实施特征； 三种窑的基本原理及应用

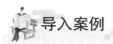

导入案例

国内产能最大的玻璃窑炉

法国弓箭的玻璃、水晶制品在国际上一向被誉为"餐桌上的艺术"。该公司在宁增资 1.75 亿元，打造的"1 号窑炉"竣工投产，一批更为高端、精美的玻璃制品将从南京源源不断售往世界各地。

虽然遭受了金融危机的影响，弓箭南京公司依然保持稳定发展。公司发现，除了国际市场外，中国玻璃餐具市场也在快速成长，公司现有的产品已不能满足市场需求。

为顺应市场需要，公司决定建设"1 号窑炉"。新窑炉投资 1.75 亿元，日熔化能力由原来的 130t 增加到 200t，是国内产能最大的玻璃窑炉。单位能耗也降低了 10% 以上，窑炉从节能方面和增加生产能力方面考虑，采用天然气、电能相结合的复合能源，采用三通道蓄热室进行废气换热。窑炉采用全保温结构，能源消耗处于国内领先水平。公司负责人透露，新窑炉达产后，南京公司的产能将扩大一倍。

资料来源：中国日用玻璃信息网，2009

11.0 引　言

焙烧电瓷制品的窑炉通常可以分为三大类：①倒焰窑（间歇式）；②隧道窑（连续式）（表 11 - 1）；③电炉。近年来，一些现代化窑炉已在部分工厂得到使用。

无机材料合成，特别是无机固体材料的合成，绝大多数是在高温条件下进行的。因此，获得高温的设备及技术是十分重要的。坯件施釉后，装入窑中进行焙烧。装窑的好坏，对整个焙烧过程的质量优劣有着直接关系。烧成是电瓷生产中的关键工序，它是将各种干坯经过烧结后，使之获得具有最终几何形状、尺寸与使用性能的瓷件。制品在焙烧过程中发生一系列的物理化学变化。

表 11 - 1　不同种类隧道窑

分类根据	窑名称	主要特点
按热源分	火焰隧道窑 电热隧道窑	以煤、重油或煤气为燃料（分别称为煤烧隧道窑、油烧隧道窑、煤气烧隧道窑） 将电能转变成热能，加入焙烧制品
按火焰是否进入窑道分	明焰隧道窑 隔焰隧道窑 半隔焰隧道窑	火焰进入窑道，直接和匣钵、制品接触 火焰不进入窑道，仅在隔焰道（马弗道）内流动。火焰加热隔焰板（马弗板），隔焰板再将热辐射给制品 隔焰板上开有孔口，让部分燃烧产物进入窑道；或在烧成带隔焰，预热带明焰
按窑内运载制品的设备分	窑车隧道窑 辊底隧道窑 推板隧道窑 输送带隧道窑 步进梁隧道窑 气垫隧道窑	用窑车运载坯体 用不断在原位转动的辊子运载坯体 用耐火材料推板运载坯体 用耐热合金钢制成的输送带运载坯体 用间歇运动的步进梁运载坯体 用具有一定速度的热气体形成的气垫运载坯体

(续)

分类根据	窑名称	主要特点
按通道多少分	单通道隧道窑 多通道隧道窑	只有一条通道 有多条通道并列排布
按用途分	本烧隧道窑 素烧隧道窑 烤花隧道窑	用于施了釉的坯体的一次烧成 用于未施釉坯体的素烧 用于制品加彩或贴花后的彩烤

11.1 隧 道 窑

隧道窑与铁路山洞的隧道相似而得名。隧道窑产生于19世纪下半叶，欧洲第一个隧道窑设计者大概是汉斯·约特。隧道窑是一条由耐火材料、保温材料和建筑材料砌筑而成的在内装有窑车等运载工具构成的长直线形通道，其长度一般在60～120m，内部横截面积为3.5～5.5m²。隧道内的窑车构成可动窑底，各个窑车前后彼此连接。隧道窑工作时，运载工具(窑车)上装载有待烧的制品及一些必要的待烧的制品坯体，随运载工具从隧道窑的一端(窑头)进入。装在窑车上的制品随窑车由预热带向冷却带前进，完成一系列物理化学变化后，从隧道窑的另一端(窑尾)随运载工具(窑车等)输出。而后卸下烧制好的产品，卸空的运载工具(窑车)返回窑头继续装载新的坯体后再入窑内煅烧。因此，隧道窑是一种连续烧成电瓷制品的窑炉。隧道窑尽管类型不同，其构造也会有一些差别，但是其基本结构和工作原理都是一样，隧道窑属于逆流操作的热工设备，即窑车上的坯体在窑内逆气流方向连续移动，目前用的最多为单通道明火焰隧道窑。这种窑基本上分为三个部分：预热带、焙烧带和冷却带。预热带占窑总长的30%～45%，烧成带占窑总长的10%～33%，冷却带占窑总长的38%～46%。隧道窑最简单的工作系统如图11.1所示，某工厂172m高温隧道窑如图11.2所示。

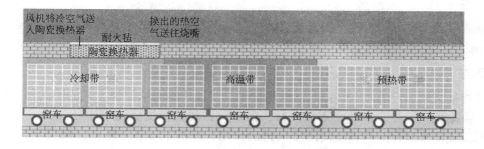

图11.1 隧道窑工作系统示意图

目前先进陶瓷用得最多的是电热隧道窑。电热隧道窑在窑体预热带、烧成带安置电热原件。装好制品的窑具在传动机构的作用下，连续地经过预热带、烧成带和冷却带。现代陶瓷隧道窑预热带下部设置高速烧嘴，冷却带上、下设置高速喷嘴，因此下火道十分重要。它使高速烧嘴或喷嘴喷出焰气或空气得以顺利通畅地流动，形成横向

图 11.2　某工厂 172m 高温隧道窑

循环气流,均匀有效地加热或冷却制品、窑车及窑车台面。干燥至一定水分的坯体入窑,首先经过预热带,受来自烧成带的燃烧产物(烟气)预热,然后进入烧成带,燃料燃烧的火焰及生成的燃烧产物加热坯体,使达到一定的温度而烧成。燃烧产物自预热带的排烟口、支烟道、主烟道经烟囱排出窑外。烧成的产品最后进入冷却带,将热量传给入窑的冷空气,产品本身冷却后出窑。被加热的空气一部分作为助燃空气,送去烧成带;另一部分抽出去作坯体干燥或气幕用。在隧道窑中,窑车前进的方向与窑内气流运动方向相反。对于烧油或烧煤气的隧道窑,窑内预热带处的压力处于负压状态,烧成带及冷却带处于微正压状态。最简单的烧煤的隧道窑,因不设鼓风机及抽风机,只依靠烟囱产生的抽力引导窑内气体流动,故全窑处于负压下操作。这种窑预热带各截面温度分布很不均匀,烧成带不易维持还原性气氛,冷却带不能实现必要的急冷速度,因而很少采用。

11.1.1　隧道窑工作系统

隧道窑的工作系统由以下几部分组成:①产品烧成部分即窑体部分,是隧道窑系统的主要部分,窑体上设有各种气流进出口;②窑内输送设备即窑车与窑具;③排烟系统包括支烟道、主烟道、烟囱等各种排烟通道;④燃料燃烧系统包括燃料输送管道、燃料预热、燃烧器等;⑤气幕搅动系统即输送风管、风机及各种调节阀;⑥冷却系统包括急冷、缓冷、快冷;⑦推车系统为窑车运动提供动力,有液压型推车机和螺旋推车机;⑧窑车回路系统包括窑内轨道和窑外轨道及驱动设备。

1. 工作层

隧道窑工作过程中,工作层直接接触火焰。保温层的作用是窑直墙保温。保护层的作用是保护窑体、并起到密封作用。

2. 窑具

窑具是窑车车台面以上装载制品的辅助用具,现代的明焰裸烧方式的窑具都是棚架结构的,由棚板、支柱、垫砖,不用匣钵。但是,在现代陶瓷隧道窑中还有另一个重要功能,即构成窑车车台面与制品间的下火道的作用。窑具主要有:匣钵、棚板及其他支架。匣钵是用来装烧电瓷制品的,可使制品在烧成时不与火焰直接接触,它是防止完全杜绝瓷件表面沾染烟灰的一种耐火制品和便于码放。制成匣钵的钵料一般由莫来石-堇青石石质匣钵(1350℃)、熟料和耐火黏土加入滑石、氧化铝、碳化硅(1350~1450℃)和电熔莫来石(1450~1750℃)等其他物料而组成。隧道窑窑车上用的棚板主要用碳化硅制成。

传统明焰隧道窑的窑具主要是匣钵,并辅以少量的垫砖。传统窑具常用黏土质耐火材料。现代隧道窑所用的窑具有方柱、横梁、棚板、垫板、高质量和高档次的匣钵等。其窑具常常是合成堇青石-莫来石质耐火材料及重结晶碳化硅质耐火材料等。

为了最大限度降低窑具质量比（降低窑的单位能耗），窑具还需要足够的高温机械强度，窑具要有一定的高温承载力，所以窑具不能轻质化，而只能轻型化。轻型化也是现代陶瓷隧道窑的一大特点。

3. 窑车

窑车分传统型、半承重型和非承重型。图11.3为典型的隧道窑车构造示意图。隧道窑窑车是用来运载制品，窑车在窑内构成密封的活动窑底，是构成隧道窑工作空间的一部分。窑车上金属架用以支托耐火衬，窑车衬料可以最大限度地降低窑车的蓄热能力。但是窑车衬料又不同于窑墙和窑顶，它是在窑内移动的，处于非稳态传热过程。现代陶瓷隧道窑窑车衬料最突出的特点是轻质化，这也达到了最大限度地降低其蓄热能力的目的。窑车的侧面及前后端，做成曲折密封，在侧面的曲折密封下设裙板，工作时裙板插入砂封槽中。窑车轴承在高温下工作，采用的润滑剂是二硫化钼、石墨等材料。

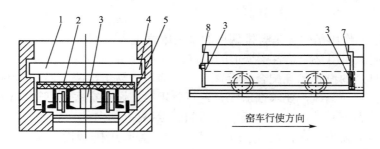

图11.3 隧道窑窑车构造示意图

1—砖衬；2—车架；3—推压面；4—对向窑壁的去曲封凸；5—裙板；
6—砂槽（为窑体的一部分）；7—窑车间的曲封凸；8—密封绳

传统型窑车耐火材料结构基本上由重质耐火材料构成，用重质黏土砖、高铝砖砌筑。内层（不是工作面）用轻质耐火砖，如图11.4所示。半承重型窑车衬料大量采用轻质不能承重的耐火材料，如轻质耐火砖、膨胀蛭石散料等，立柱下设置倒扣盆形重质耐火制品，内填耐火纤维棉或可承重的砖垛。窑车四周用可承重的耐火浇注料浇注成围框或互相咬合的耐火砖砌筑，可承受垂直方向负荷，如图11.5所示。非承重型窑车（图11.6）用长立柱，将制品及窑具负荷通过长立柱传至窑车金属底盘上，立柱周围窑车衬料不承重，可以用耐火纤维平铺或

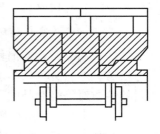

图11.4 传统型窑车耐火材料结构

做成折叠块。这种窑车蓄热最少，耐热震性好，耐机械振动好。但窑车边角强度需要加强。

4. 排烟通风系统

（1）排烟口。主要在预热带，分布长度占预热带的50%~80%，其目的是将隧道窑内的燃烧废气引向支烟道，调节预热带沿长度方向的温度和压力分布，使预热带上下温度分布趋于均匀。排烟口不要靠近烧成带，因为这会过早带走热量，使热效率降低。

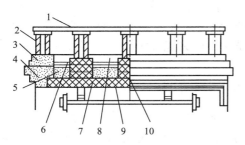
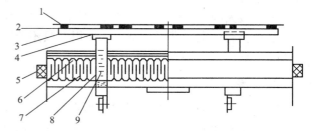

图 11.5　半承重型窑车耐火材料结构

1—堇青石—莫来石质棚板；

2—堇青石—莫来石质空心方立柱；

3,4—轻质浇注料；5—膨胀蛭石散料；

6—堇青石薄盖板；7—轻质黏土砖；

8—耐纤板；9—硅藻土砖；10—轻质砖

图 11.6　非承重型窑车耐火材料结构

1—堇青石—莫来石质多孔棚板；

2—堇青石—莫来石质次横梁；3—重结晶碳化硅质横梁；

4—堇青石—莫来石质支柱帽；5—轻质砖；

6—车面耐火纤维毯；7—耐火纤维折叠块；

8—堇青石—莫来石质空心方立柱；9—耐火纤维散棉

（2）支烟道。作用是引导来自排烟口的排出废气进入主烟道。

（3）主烟道。作用是汇总各支烟道的烟气，并将其引入烟囱，设在窑的前端、窑底或窑顶，且与支烟道的设置相互配合。设置在窑的前端，易于窑两侧温度的调节，但是窑头负压大，使窑头容易漏风，要求烟道深，建筑费用高。设在窑底使烟道结构简单、布置紧凑，但窑两侧抽力不一致，不易于调节窑两侧温度（靠近烟囱的一侧抽力大）。设在窑的顶部，烟道系统阻力损失小，窑两侧抽力基本一致。若采用排烟机，需在窑顶设置风机平台，造价高。

（4）烟囱。将来自主烟道的废气送入高层大气中，减少废气对工作环境的污染。

一般需要注意排烟口、支烟道、主烟道的布置应避免急剧转弯，保证尽量减小废气的流动阻力损失，使废气在烟道内顺利排出。

5. 燃烧系统（分布在烧成带）

焙烧瓷制品时，要消耗大量的热量，这些热量通常由燃料的燃烧供给，少数情况下靠电力供给。燃料分为气体燃料和液体燃料，用烧嘴将燃料喷入燃烧室或直接喷入隧道窑。燃料的性质对焙烧制品的质量也起着重要的影响。电瓷厂所用的燃料一般分为以下三类。

（1）固体燃料。这种燃料通常为块煤（烟煤）。

（2）液体燃料。常用的为重油和渣油。

（3）气体燃料。气体燃料有煤气（发生炉煤气、焦炉煤气、水煤气）、天然气和液化石油气等。

燃烧室分布在两侧窑墙，布置在靠近窑车的台面上，可分为集中和分散布置、相对与相错布置、一排和两排布置。

集中布置为在烧成带集中布置 1～2 对烧嘴（燃烧室）。集中布置的特点是结构简单，易于操作和自动调节，但窑内温度均匀性难以保证。分散布置为在烧成带自低温起，先稀后密地布置多对烧嘴，分散布置的特点是分布足够多燃烧室能保证温度制度和气氛制度。相对布置砌筑简单、调节方便，但温度较高在烧成带在长度方向上宜出现温差，且火焰相互干扰。

相错布置的优势是窑内气体产生循环使窑内温度均匀，这种布置较为常用。两排布置时上、下两层布置烧嘴，避免温度差的出现。烧重油的燃烧室一般将燃烧室建得要大一些，以降低燃烧室的空间热力强度。烧气体燃料时，可以不设立燃烧室，直接在窑墙上布置燃烧通道将全部燃料喷入。

6. 冷却系统

冷却系统即为冷却带的通风装置，如图11.7所示。

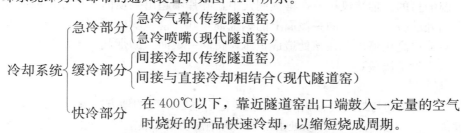

注意：鼓入冷却带的冷空气必须在烧成带之前抽出，使鼓入和抽出的风量达到平衡，不使冷空气流入烧成带，保证烧成带能烧到高温并维持还原气氛，保证烧成带烟气不倒流入冷却带使产品熏烟。

7. 气幕

气幕是指在隧道窑横截面上，自窑顶及两侧窑墙上喷射多股气流进入窑内，形成一片气体帘幕。气幕按照其在窑上作用和要求的不同分为封闭气幕、循环搅动气幕、氧化气氛幕、急冷阻挡气幕。

1) 封闭气幕

将气体以一定的速度自窑顶及两侧墙喷入，成为一道气帘。位于预热带窑头，目的是在窑头形成 $1\sim2Pa$ 的微正压，避免了冷空气漏入窑内。

封闭气幕设为两道，第一道用冷空气，第二道用热空气。热空气一般是抽车下热风或冷却带热。气幕气体送入方式有两种，一种是与窑车运动方向相垂直；另一种与出车方向成 $45°$。

2) 扰动气幕

位于预热带，一般设置 $2\sim3$ 道扰动气幕。工作过程是以一定量的热气体以较大的流速和一定的角度自窑顶一排小孔喷出，迫使窑内热气体向下运动，产生扰动，使窑内温度均匀。气流喷出角度垂直向下，或以一定角度逆烟气流动方向喷出。

扰动气幕作用是为了克服预热带气体分层现象而采取的措施。气体分层原因是隧道窑预热带处于负压，易漏入冷风，冷风密度大，沉在下部，迫使热气体向上，产生气体分层现象。气体分层结果是气体分层导致上下温差最大可达 $300\sim400℃$。这样就必须延长预热时间，等待下部制品预热好，反应完全，因此降低了窑的产量，增加了燃料消耗。

要求如下。

(1) 作为搅动气幕的热气体温度应尽量与该断面处温度相近，否则易使窑内局部温度下降造成制品炸裂。

(2) 作为搅动气幕的热气来源可以是烟道内的烟气，烧成带窑顶二层拱内的热空气或冷却带抽来的热空气。喷出速度应在 10m/s 以上才起作用。国外隧道窑搅动气幕喷出速度大，超过 100m/s，使窑内气流达到激烈的搅动，上下温度均匀，达到快速烧成。

（3）气流喷出角度可以使 90°垂直向下，也可以 120～180°角度喷入。现代隧道窑在热带靠近烧成带的一端附近设置高速调温烧嘴来代替搅动气幕。其喷出速度大，烧嘴喷出的气体温度可以调节到该处所需的温度，达到快速烧成。

循环气幕（与扰动气幕作用相同）是利用轴流风机或喷射泵使窑内烟气循环流动，以达到均匀窑温的目的。轴流风机装在窑顶洞穴中，叶片不超出拱顶面。机轴后面有夹道通向侧墙车台面处的吸气口，将同一截面上的烟气抽吸并自窑顶吹向下部。采用喷射泵时，用压缩空气自喷口高压喷出，在该处造成负压，将同一截面上的烟气抽出后又送入，形成烟气循环，减少上下温差。

3）气氛气幕

气氛气幕的结构与封闭气幕相同，位置在位于气氛改变的地方。隧道窑在 950～1050℃ 处设气氛幕——氧化气幕，即在该处由窑顶及两侧窑墙喷入热空气，使之与烧成带来的含一氧化碳的烟气相遇而燃烧成为氧化气氛。

说明如下。

（1）气幕的气体量要足够，空气过剩系数在 1.5～2.0，空气不能过多，以免该处温度过低，氧化反应不完全，引起坯泡。

（2）作为氧化气氛幕的空气温度也不能过低，一般是从冷却带内，或窑顶二层拱中、间接冷却壁中抽出的热空气，再经烧成带二层拱进一步加热提高温度。

（3）要求整个断面气氛均匀，较好地起分隔气氛的作用。窑顶和两侧窑墙都设有喷气孔，上部密度大一些，下部分布少一些，均以 90°角喷出。

4）急冷阻挡气幕

位置在急冷气幕设于冷却带始端，其作用如下。

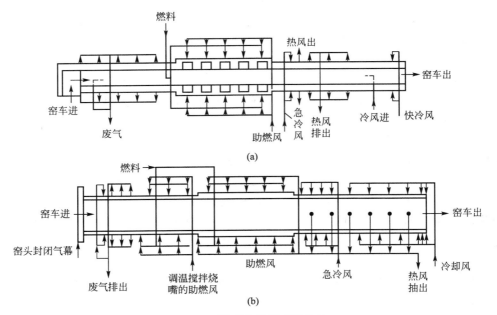

图 11.7 隧道窑供风系统比较

（1）坯体在 700℃ 以前应急冷，缩短烧成时间，提高制品质量。

（2）阻挡气幕，防止烧成带烟气倒流至冷却带，避免产品熏烟。

结构同封闭气幕，我们应该注意：①急冷气幕的喷入应对准料垛间隙，入窑后能迅速循环，起到均匀急冷作用；②喷入的冷空气应在不远的热风抽出口抽出，必须调节好急冷气幕和热空气抽出量，保持平衡，否则会影响窑的正常操作，并降低产品质量。

窑尾鼓入的大量冷空气在冷却带被预热。一部分作为助燃空气，送往烧成带；另一部分抽出供坯体干燥或气幕用。

对于烟气来说，燃料在烧成带燃烧后所产生的高温烟气，沿窑内通道流入预热带，在加热坯体时本身被冷却，最后自预热带排烟口、支烟道、主烟道经排烟机、烟囱被排除。

11.1.2　隧道窑的分带

1. 预热带

预热过程为车上坯体与来自烧成带燃料燃烧产生的烟气接触，逐渐被加热，完成坯体的预热过程。

（1）室温→300℃坯体中残余水分排出，坯体预热升温。

（2）300℃→950℃氧化分解和晶形转变，碳和一些有机物的氧化，结构水的排出和碳酸盐的分解，坯体的继续升温且有晶型转变。

2. 烧成带

烧成过程为坯体借助燃料燃烧所释放出的热量，达到所要求的最高烧成温度，完成坯体的烧成过程。

950~1300℃：烧成和高温保温阶段：有固相反应和液相出现。最终产物为玻璃相、莫来石晶体和未融解的石英颗粒。

3. 冷却带

冷却过程为高温烧成的制品进入冷却带，与从窑尾鼓入大量冷空气进行热交换，完成坯体的冷却过程

（1）急冷阶段（1300~700℃）。可以保持玻璃相，防止低价铁被氧化，从而提高产品的光泽度、半透明度和白度。

（2）慢冷阶段（700~400℃）：进行慢冷以适应晶型转变，从而防止因冷却速度过快而导致陶瓷产品的开裂。

（3）快冷阶段（400℃~室温）：快冷可以提高陶瓷产品的烧制速度，从而缩短其烧制周期。

窑车与窑墙、窑车与窑车之间曲折密封（留有 30mm 的空隙，防止窑车轨道改变时，窑墙与窑车之间的碰撞）。密封系统分为砂封槽密封和曲封两种形式。砂封槽为隔断窑车上下空间，使冷空气不漏。曲封通过阻止窑内外高温废气窜入窑车下部，对窑车对保护作用。窑车与窑壁间的几种曲封形式如图 11.8 所示。

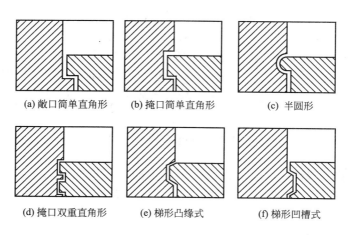

(a) 敞口简单直角形　　　(b) 掩口简单直角形　　　(c) 半圆形

(d) 掩口双重直角形　　　(e) 梯形凸缘式　　　(f) 梯形凹槽式

图 11.8　窑车与窑壁间的几种曲封形式

11.1.3　工作原理

1. 窑内气体运动的规律

长度方向上(即窑内气流的主要流向)是由冷却带到烧成带，再到预热带。它是由于排烟机或烟囱的负压造成的。高度方向上，气体由下向上的流动。它是由热气体的几何压头造成的。

隧道窑是和外界相通的，窑内热气体的密度小于外界冷空气的密度，窑内有一个高度，所以窑内一定有几何压头存在。几何压头使窑内热气体由下向上流动，气体温度越高，几何压头越大，向上流动的趋势也越大。几何压头对气体流动的影响如下式：

$$h_{ge} = H(\rho_a - \rho)g \tag{11-1}$$

式中，h_{ge}——几何压头；

　　　　H——窑内高度；

　　　　ρ_a——冷空气密度；

　　　　ρ——冷空气密度；

　　　　g——重力加速度。

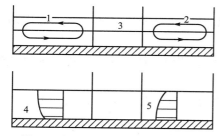

图 11.9　隧道窑内的气体流速分布

1—预热带气体循环；2—冷却带气体循环；
3—气体主流；4—预热带垂直断面的流速分布；
5—冷却带垂直断面的流速分布

烧成带温度高于预热带和冷却带，所以有热气体从烧成带上部流向预热带和冷却带，同时有较低温度的气体自该两带下部回流至烧成带，形成两个循环。

预热带的上部，主流和循环气流方向相同；下部的主流和循环气流方向相反。从预热带垂直断面看，总的流速是上部大而下部小。冷却带的上部，主流和循环气流方向相反；下部的主流和循环气流方向相同。从冷却带垂直断面看，总的流速是上部小，而下部大。图 11.9 为隧道窑内的气体流速分布。

2. 隧道窑内的传热

制品和窑墙（顶）内部传热为传导传热。气体与制品、窑墙（顶）之间的传热，在预热带为对流传热与辐射传热，在烧成带为对流传热与辐射传热，在冷却带为对流传热。制品与窑墙（顶）之间的传热为辐射传热。

3. 隧道窑的热制度及操作

1）压力制度

隧道窑内的压力变化随气体流动而变，情况甚为复杂。首先看一下图 11.10 窑内的气流分布情况。

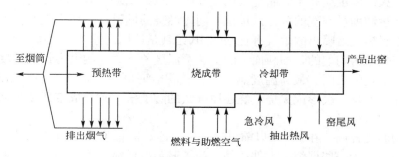

图 11.10　窑内的气流分布情况

压力分布曲线如图 11.11 所示。

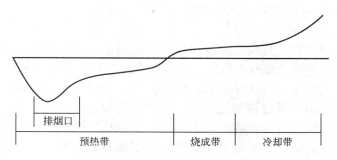

图 11.11　隧道窑压力分布曲线

一般认为压强控制，最重要是控制其烧成带两端的压强稳定，原因是如果窑内的负压过大，则漏入的冷空气必然多，会使窑内的温度降低，且气体分层严重，窑内断面上的上、下温度差加大；同时会使烧还原气氛时，窑内的烧成带难以维持还原气氛。所以负压大的窑就是操作不好的窑。如果窑内的正压过大，则大量热气体会向外界冒出，这样既损失了热量，也恶化操作人员的劳动环境。窑内的热气体冒入车下的坑道还会烧毁窑车的金属构件，造成操作事故。

最理想的压强控制操作是将窑内维持为零压，但是办不到。只能将窑内的关键部位——烧成带与预热带的交界面附近维持在零压左右。

2）各带温度的控制

预热带的温度控制目的是保证所焙烧的制品自入窑起到烧成带的第一对燃烧室止，按照升温曲线的要求均匀地加热升温。进行温度检测时，窑头、预热带中部（约 500℃）、预热带末端(900℃)；靠近窑车台面的温度，使窑通道内上、下的温度差减小。控制手段为调节排烟总闸板、各支排烟道闸板以及各种气幕来实现。

例如，若总闸板开度大，则预热带的负压值大，易漏入冷空气，加剧窑内冷、热气体的分层，增大窑内断面的上、下温度差。若总闸板开度小，则窑内抽力就会不足，从而排烟量减少，不易升温。

减少预热带上下的温差的措施：①采用开启封闭气幕和搅动气幕；②可采用低蓄热窑车以减少上下温差；③在预热带增设辅助的高速烧嘴来增加窑内气流的强烈扰动以减少温差和强化传热；④加强窑的密封；⑤可增设窑底均压系统。烧成带的温度控制，主要控制实际燃烧温度和最高温度点的温度。

一般地，火焰温度应高于制品烧成温度50～100℃。火焰温度的控制是调节单位时间内燃料的消耗量和助燃空气的配比。单位时间内燃烧的燃料量多而空气配比又恰当，则火焰温度高。燃料燃烧后喷出的烟气有扰动作用(尤其是使用高速调温烧嘴时)，所以烧成带内的温度分布是较为均匀的，即断面上的上、下温度差不大。隧道窑最高温度点一般控制在最末一、二对烧嘴之间。最高温度点前移会使保温时间过长，这样易使制品过烧变形，反之过后则保温不足，会形成欠烧。烧还原气氛的隧道窑，其烧成带还要控制气氛的转化温度。

冷却带的温度控制，在700℃以前可以进行急冷，即依靠急冷阻挡气幕喷入的冷空气将产品急冷。而对于一些裸烧的大件产品，为了避免冷风喷入不均匀而会引起产品的炸裂问题，可以考虑抽出200℃以下的热空气作为急冷气幕所用。700～400℃为缓冷阶段，这一冷却段由于有晶型转变，所以操作时一定要小心，要掌握合适的冷却速度。400℃以后可以快速冷却至80℃左右出窑。在窑尾可以直接鼓入冷风。

3）烧成带的气氛控制

烧氧化气氛的隧道窑，其气氛制度比较容易控制，只需要控制空气过剩系数大于1，但不要太大，以节约燃料和提高燃料的燃烧温度。而烧还原气氛的隧道窑在烧成带之前的一小段要控制为氧化气氛，后一段要控制为还原气氛，用氧化气氛幕来分隔这两段。现代烧油或烧燃气的隧道窑是通过控制燃料量与助燃空气量的配比来控制氧化气氛和还原气氛。烧氧化气氛时，助燃空气要略微过量；而还原气氛时助燃空气则要略微不足。

操作人员常观察火焰的状况简单地判断出气氛的性质。烧氧化气氛时，火焰清晰明亮，可以一眼望到底，清楚地看到窑内制品的轮廓；烧还原气氛时，火焰混浊，不容易看清窑内制品的轮廓。

4. 常用的气体燃料燃烧设备

气体燃料的燃烧过程包括三个阶段，第一阶段为燃料与助燃空气的混合；第二阶段为燃料与空气混合物的加热与着火；第三阶段为燃烧化学反应过程的进行与完成。影响气体燃料燃烧速度的主要矛盾不在于化学反应本身，而在于气体燃料与空气的混合速度及混合气体燃烧着火前的加热速度。

5. 气体燃料烧嘴

传统的气体燃料烧嘴有：长焰烧嘴、短焰烧嘴和无焰烧嘴。更先进的烧嘴为高速调温烧嘴。长焰烧嘴是指在烧嘴内燃气完全不与空气混合，燃气喷出后靠燃气和空气的扩散作用来进行混合和燃烧。其燃烧过程是边混合、边燃烧，以致火焰较长。短焰烧嘴是指燃气与部分空气在烧嘴内预先混合后再从烧嘴中喷出，其燃烧的火焰较短。无焰烧嘴是指燃气与助燃空气在烧嘴内完全混合后，再喷出燃烧，这时火焰无明显的轮廓，因此被称为"无焰烧嘴"。

高速调温烧嘴属无焰烧嘴，它是指燃气和空气在烧嘴内"完全"进行燃烧，再与二次空气（调温空气）混合来调节所喷出气体的温度。高速调温烧分为预混式高速调温烧嘴和非预混式高速调温烧嘴。预混式高速调温烧嘴是指燃气与一次空气先在预混室内混合后再进入烧嘴燃烧，预混方式用引射介质利用喷射器的原理来吸入空气。图 11.12 为预混式高速烧嘴，图 11.13 为预混式高速烧嘴装配图。非预混式高速调温烧嘴是将燃气与空气分别送入烧嘴内，而后混合燃烧。高速调温烧嘴主要特点：一是调温方便；二是高温烟气高速喷出。喷出的速度通常在 70m/s 以上，有的高达 200～300m/s（传统的烧嘴为 30～40m/s）。

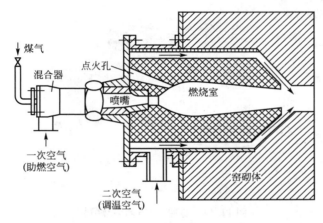

图 11.12　预混式高速烧嘴

预混式与非预混式高速等烧嘴的区别在于前者喷射高速空气以吸入煤气（也可用高速煤气吸入空气），两者在预混室中混合均匀后再以高速进入烧嘴燃烧室中燃烧。二次空气（调温空气）经燃烧室外围环隙与燃烧产物混合，然后以高速喷出。二次空气量可独立控制。非预混式高速等温烧嘴是将煤气与空气分别送入。

图 11.13　预混式高速烧嘴装配图

现代高速调温烧嘴的优点（与传统的气体燃料烧嘴相比）如下。

（1）燃烧室的容积热力强度非常高，最高可以达 $2.1 \times 10^8 W/m^3$，因此高速调温烧嘴的燃烧室体积小，其散热量也较小，因而其燃烧热效率较高（可达90%以上），而且还有利于简化窑体的结构，这对于发展高温窑炉和节约燃料都是十分有利的。

（2）高速烟气能够带动窑内气体在整个窑内作循环流动，从而起到强烈的搅拌作用，沿流动方向温差小。这使得窑内的温度和气氛都非常均匀，这样可以对制品进行均匀、快速的加热来提高产品的质量和产量以及节约燃料。

（3）能够燃烧低热值的燃气。

（4）烟气中生成的 NO_x 含量较低。由于在高速烧嘴内燃料燃烧过程中氧气的浓度可以控制到最小需要量，且在高温区的停留时间较短。高速的高温烟气喷入窑内大量卷吸温度较低的窑气以后其温度又迅速下降，而且由于窑内烟气与制品之间的热交换加强，又使得烟气的温度进一步下降，这些过程对于 NO_x 的生成都有抑制作用。

（5）节省燃料。高速烧嘴的燃烧热效率高，燃烧室的体积小、散热量小，且窑内温度均匀，这样有利于消除窑内的过热部位，减小窑体的蓄热损失和散热损失。同时在窑内，温度均匀气流的强烈循环与搅拌作用又强化了烟气对制品的传热，这样既可以实现安全快速的加热，又可以降低烟气排出的温度，因此使窑炉的燃料消耗量明显下降。

图 11.14 为脉冲（高速调温）烧嘴，其工作原理是燃料与助燃空气的混合气脉冲地喷入燃烧室内，在一个适当的高温气氛中爆炸燃烧，从而形成脉冲的高速高温气流。

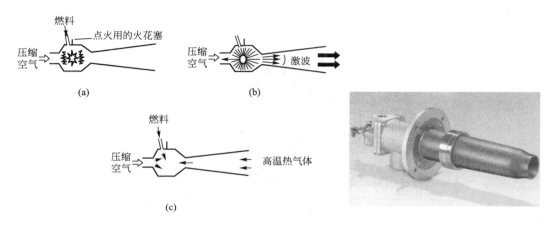

图 11.14　脉冲（高速调温）烧嘴

6. 隧道窑用耐火材料

窑墙所用耐火材料及其结构以传统型、组合型和全陶瓷纤维型。传统型窑墙其耐火砖为重质耐火材料，一般为黏土砖、高铝砖和刚玉砖等耐火砖；保温砖为硅藻土砖、轻质黏土砖等。隧道窑选用的耐火材料为轻质耐火砖、耐火浇注料预制板等耐火材料。保温材料有：硅酸钙保温板、岩棉（矿渣棉），膨胀珍珠岩，膨胀蛭石等隔热保温材料。隧道窑对耐火材料的选用原则如下。

（1）根据耐火材料的抗化学腐蚀性能。

（2）高温荷重软化温度、高温体积稳定性来选用耐火材料。

（3）选用耐火材料要考虑到其隔热保温性能。

（4）选用耐火材料要考虑到成本。

传统型的特点如下。

（1）是依靠加厚窑墙的厚度来达到保温隔热之目的。

（2）适于现场砌筑的筑炉方式。

（3）具有坚固耐用。

组合型特点如下。

（1）适合于装配式砌筑的隧道。

（2）窑墙的厚度薄、自重轻、保温效果较好（即散热量和蓄热量较小），热效率高。

现代陶瓷隧道窑的一个发展方向是全陶瓷纤维型，其特点如下。

（1）窑墙厚度薄、自重轻、隔热保温效果好、蓄热量少、耐火度高。

（2）安装方便，安装时只需要用耐火螺栓将耐火纤维砌块直接连接在钢板。

主要缺点如下。

（1）耐火纤维的粉尘或熔渣掉到陶瓷制品上会污染陶瓷制品，影响到陶瓷产品的外观质量。可在耐火纤维的热表面漆刷一层耐火涂料解决这一问题。

（2）价格高。

隧道窑与间歇式窑炉相比，其优点有热利用率高，生产连续化，周期短，产量大，质量高，窑内温度相对稳定，窑体使用寿命长，还改善了工人的劳动条件，减轻了劳动强度。

11.2　倒　焰　窑

倒焰窑，这类窑是根据火焰流通情况命名的。在火焰流经制品时，其热量以对流和辐射的方式传给制品。因为火焰在窑内是自窑顶导向窑底流动的，所以称为倒焰窑。倒焰窑的窑型分圆形和方形的，有单层的和多层的，也有单室的和多室的。一般用来烧制电瓷的倒焰窑常为单层单室的圆窑和方窑。两者的构造原理和操作方法基本上一致，目前常用的以圆窑居多。

11.2.1　倒焰窑的结构

倒焰窑的结构如图 11.15 所示。同一般的火焰窑炉一样，它包括 3 个主要部分：窑体、燃烧系统和排烟系统。窑体由窑墙和窑顶组成，窑体和窑底构成窑室。同隧道窑一样，倒焰窑既可烧固体燃料，又可烧液体燃料和气体燃料。目前国内各陶瓷厂一般以煤为燃料。倒焰窑的燃烧系统包括燃烧室、挡火墙和喷火口。倒焰窑的排烟系统由吸火孔、支烟道、主烟道、烟囱组成。

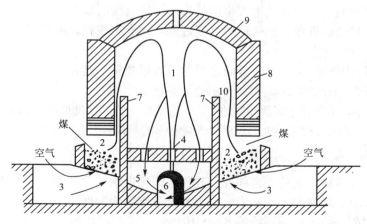

图 11.15　倒焰窑工作流程图
1—窑室；2—燃烧室；3—灰坑；4—窑底吸火孔；5—支烟道；
6—主烟道；7—挡火墙；8—窑墙；9—窑顶；10—喷火门

1. 窑室

窑室是窑的主体。窑室大小的决定因素有制品的工艺要求，工厂的生产规模，燃料的性质及操作工人的技术水平等。原则上应建容积大的窑。这是因为容积大的窑单位面积占有的窑墙表面积较容积小的窑少，相同数量的制品在大窑内烧成时消耗在窑墙积热散热的损失就比较少，因此消耗的燃料也就相对减少。然而也应注意容积大的窑，随着窑内体积的增加，窑内温度的不均匀性就会增加。这就需要延长烧成时间，窑的使用周期也会增加，使单位产品，成本增加，所以，窑体积的大小应该有一定限度。

用来烧制电瓷的单层单室的圆窑一般容积为 $60 \sim 100m^3$，直径一般为 $4 \sim 6m$。方窑的容积一般为 $50 \sim 150m^3$，最大不超过 $150m^3$。方窑的宽度受火焰长短的限制，当燃烧煤气或重油时，容易造成燃烧不完全。如果过宽，则窑的横向温度不均匀。自然通风的方窑，在两侧对称设置燃烧室时，其宽度以 $4 \sim 5m$ 为宜，其长度与宽度之比为 $1 \sim 2.5$。

窑室的高度决定于下层匣钵或制品的高温载荷、高度方向温度分布的均匀性、大型制品的尺寸及装出窑是否方便。电瓷工业倒焰窑的高度一般为 $3.5 \sim 4.3m$，特殊要求时高于此范围。当圆窑的直径大于 3m 时，其高度与直径的比值一般为 $1.0 \sim 0.67$，随着直径的增加，比值逐渐缩小。方窑的高度与宽度的比值一般为 $0.85 \sim 0.67$。

2. 燃烧系统

圆窑的燃烧室一般沿窑墙周长均匀地布置，但也考虑窑门处散热较多，把窑门两侧燃烧室之间的距离缩小或把两侧燃烧室的炉栅面积扩大的。方窑的燃烧室在窑的两侧沿长度方向成对地布置。因为方窑的两端墙不设燃烧室，同时开有窑门，其砌筑厚度又较薄。散热量较多，因此在靠近两端墙的燃烧室应布置得稍密一些，或者把炉栅面积增大一些。两相邻燃烧室中心线之间的距离一般为 $1.7 \sim 2.5m$，圆窑取大值，方窑取小值。

有些高度大的倒焰窑，当使用气体或液体燃烧时，为了使窑内上下温度均匀，可以在窑墙高度方向设置两排甚至多排的燃烧器。

挡火墙和喷火口的作用是使火焰具有一定的流动方向和流动速度，使之合理地进入窑内，挡火墙还具有阻止部分煤灰进入窑内的作用。挡火墙的高度过高，会造成窑的上部温度高而下部温度过低的现象；挡火墙的高度过低，则会出现相反的情况。挡火墙一般比窑床高出 $0.5 \sim 1.0m$。

喷火口是挡火墙与燃烧室上面窑墙之间的长方形通道，其长度与燃烧室相等或略大一些，宽度大约为 200mm，喷火口的截面积约为炉栅面积的 $0.2 \sim 0.25$。喷火口的截面过大，喷出火焰的速度小，不能到达窑顶和窑的中心，造成窑的上部温度低而下部温度高；如果喷火口截面过小，则气流阻力增加，火焰难以从燃烧室喷出，容易把燃烧室的内衬和炉栅烧坏。

3. 通风系统

吸火孔分布在窑底，又称为窑底孔。其作用是排出烟气并使烟气在窑内均匀分布。所以，吸火孔的大小、形状和分布会影响窑内温度分布的均匀性。

吸火孔的面积一般占炉栅面积的 $8\% \sim 10\%$，占窑底面积的 $2.5\% \sim 3.5\%$。吸火孔面积过大，烟气流出速度快，易导致窑内上下温度不均匀；吸火孔面积过小，烟气不易排出，使烧成时间延长，导致制品的烟熏现象。吸火孔的数量多，截面积小，容易分布均匀。但是，吸火孔数量过多，容易给烟道的布置带来困难，增加清灰的困难。吸火孔的形状有圆形、方形和长方形。圆形吸火孔对气流阻力小，但要采用异型砖。方形和长方形吸火孔结构简单、便于调整，但容易产生涡流现象，增加烟气阻力。

主烟道位于窑和烟囱之间，长度一般在 10～18m。主烟道过长，烟气运动的阻力增大；过短，窑内的抽力不易控制，从而使窑内的温度和气氛不易掌握。设计主烟道及支烟道时，希望其阻力不要太大，主烟道以少弯曲为好，支烟道的截面积要略大于所连接的吸火孔的总面积，主烟道的截面积也应略大于吸火孔的总面积。主烟道的设计还应考虑烟道清灰的方便，另外为了控制窑内的抽力，主烟道的闸板不宜设在靠近烟囱处。

11.2.2　倒焰窑的工作过程

燃料燃烧的火焰从燃烧室上升到窑顶，受到窑顶的阻挡及窑底的吸力而下行，经过钵柱间缝隙，至窑底吸火孔、主烟道，最后通过烟囱排出。倒焰窑的生产方式是间歇式的。干坯装窑后，将窑门封紧点火焙烧，待烧成终了、停火冷却后，拉开窑门，卸出瓷件。

倒焰窑主要是以煤和油为燃料，通过这些燃料燃烧而获得能量。它的结构包括 3 个主要部分：窑体（有圆窑和矩形窑）、燃烧设备和通风设备。将煤加进燃烧室的炉栅上，一次空气由灰坑穿过炉栅，经过煤层与煤进行燃烧。燃烧产物自挡火墙和窑墙所围成的喷火口喷至窑顶，再自窑顶经过窑内制品流至窑底。由喷火口、支烟道及主烟道向烟囱排出。

11.2.3　倒焰窑的操作

烧成是制瓷工艺中一道很关键的工序。坯件在烧成前，坯、釉中各种成分的物理化学性质并未发生本质的变化，仅为机械混合体。经过成形、上釉后的陶瓷坯体按一定规律加热至高温，经过一系列物理化学反应，如膨胀、收缩、气体的产生、液相的出现、旧晶相的消失、新晶相的析出等，使原来由矿物原料组成的坯体，形成我们所要求的良好瓷质结构的瓷件。然后再冷却至室温，坯体的矿物组成与显微结构发生显著变化，外形尺寸得以固定，强度得到提高，最终成为人们预期、具有某种特殊使用性能的陶瓷制品，这种工艺过程称为烧成。

各电瓷厂生产的品种，原料、配方，生产工艺都不一样。因此，各种坯体在烧成过程中的烧成阶段，温度范围亦有所差异。况且，坯体在烧成过程中发生的物理化学变化十分复杂，因此，坯体的烧成阶段及温度范围并无严格的界限。为研究方便起见，以长石质瓷坯为例，坯体在烧成时通常可以分为以下几个阶段，见表 11-2。

表 11-2　电瓷坯体烧成阶段

序号	主要烧成阶段	温度范围
1	物理变化：干燥阶段，排除坯体内的机械水和吸附水，质量减小，气孔率增大	常温～300℃
2	物理变化：质量急速减小，气孔率进一步增大，机械强度增加；化学变化：氧化、分解阶段，坯体内结晶水的排除，坯体内的有机物氧化，坯体内碳酸盐分解，晶型转变（石英、氧化铝等）	300～900℃

（续）

序号	主要烧成阶段	温度范围
3	物理变化：机械强度增加，体积收缩，气孔率降低至最小值，色泽变白 化学变化：玻化成瓷阶段，进一步氧化、分解，形成液相、固相熔融，形成新的结晶相与结晶体成长，晶体的转变	900℃左右～止火温度（1250℃左右）
4	物理变化：冷却阶段，液相中的结晶，液相的过冷凝固，晶体的转变	止火温度～常温

良好的烧成工艺对保证产品质量、提高生产效率有着决定性的意义；当烧成不当时，则可能前功尽弃，而且烧成的废品难以回收和利用，这容易造成资源的极大浪费。

1. 温度制度

制定烧成制度的依据：①以坯釉的化学组成及其在烧成过程中的物理化学变化的特点为依据；②以坯件的种类、大小、形状和薄厚为依据；③以窑炉的结构、类型、燃料种类、窑内温度的分布、装窑方式和装窑疏密为依据；④以相似产品的成功烧成经验为依据。

温度制度包括升温速度、烧成温度、保温时间及冷却速度等参数，并最终制定出适宜的烧成曲线。一般通过分析坯料在加热过程中的性状变化，初步得出坯体在各温度或时间阶段可以允许的升、降温速率等。这些是拟定烧成制度的重要依据之一。

具体可利用现有的相图、热分析资料(差热区间、失重区间、热膨胀曲线)、高温相分析、烧结曲线(气孔率、烧成线收缩、吸水率及密度变化曲线)等技术资料。

1) 升温速度

当窑内温度低于100℃时，坯件中含有没有除去的残余水分，坯体中的水分蒸发很慢，不可能发生由于水分强烈蒸发引起的炸裂现象，因此可以采取较快的升温速度。若升温速度太慢，窑内通风不好，饱和了水汽的炉气没有得到及时的排除，水汽还可能易在坯体上冷凝，使制品局部胀大，造成"水迹"或"开裂"等缺陷。

在120～140℃以前，坯体中颗粒之间存在着一定距离，机械结合水存在于半径大于10^{-5}cm的毛细管中，并有部分包围着胶团质点(又称薄膜水)。若迅速升温到120～140℃，则坯体内部的机械结合水开始急剧汽化，在坯体内部产生大量的蒸汽，如果坯体中的水分含量高且升温速度快，就会出现坯体内蒸汽压力过大而炸裂的现象。一般坯体入窑前的水分含量要低于2%，这个阶段的升温应缓慢、均匀，一般大型产品为30～50℃/h，小型产品为50～60℃/h。机械水逸出的温度为常温～140℃。

300～950℃是氧化分解及晶型转化期，随着温度增加到350℃出现了有机物中碳、FeS_2的分解反应：

$$C_{有机物} + O_2 \xrightarrow{350℃以上} CO_2 \uparrow \qquad (11-2)$$

$$FeS_2 + O_2 \xrightarrow{350～450℃} FeS + SO_2 \qquad (11-3)$$

约在400℃后，坯体中所含的结晶水开始排除，黏土的晶体结构也开始破坏，失去了可塑性，例如：

$$\text{Al}_2\text{O}_3 \cdot 2\text{SiO}_2 \cdot 2\text{H}_2\text{O} \xrightarrow{\text{加热}} \text{Al}_2\text{O}_3 \cdot 2\text{SiO}_2 + 2\text{H}_2\text{O} \qquad (11-4)$$
$$\quad\text{（高岭土）} \qquad\qquad\qquad \text{（脱水高岭土）}\ \text{（蒸汽）}$$

继续增加炉内温度到500℃，出现了碳酸盐分解（如石灰石、白云石等）、硫化物被氧化、石英晶型转化等反应，生成 CO_2 及 SO_2 气体：

$$\text{MgCO}_3 \xrightarrow{500\sim750℃} \text{MgO} + \text{CO}_2\uparrow \qquad (11-5)$$

$$\text{CaCO}_3 \xrightarrow{500\sim1000℃} \text{CaO} + \text{CO}_2\uparrow \qquad (11-6)$$

$$4\text{FeS} + 7\text{O}_2 \xrightarrow{500\sim800℃} 2\text{Fe}_2\text{O}_3 + 4\text{SO}_2 \qquad (11-7)$$

$$\beta\text{-石英} \xrightarrow{575℃} \alpha\text{-石英} \qquad (11-8)$$

在573℃时，β-SiO_2 转变为 α-SiO_2，体积膨胀0.82%。

增加温度到600℃以上，碳素的氧化生成 CO_2 从坯体逸出，例如：

$$\text{C}_{\text{碳素}} + \text{O}_2 \xrightarrow{600℃以上} \text{CO}_2\uparrow \qquad (11-9)$$

这一阶段的升温速度主要取决于坯体内部发生的较复杂的物理化学变化，黏土中的结构水的排除，碳酸盐分解，有机物、碳素和硫化物被氧化，石英晶型转化等因素。在这个阶段应该使有机物、碳素等物质完全氧化，升温不能过快，并且要有一定的保温时间。因为碳素等物质的氧化极慢，不像脱水那样一达到黏土的脱水温度就进行脱水。坯料中含有一部分碳酸盐矿物质，在这阶段必须将 CO_2 逸出完毕，否则会引起制品起泡。由于水汽及其他气体产物的急剧排出，在坯体周围包围着一层气膜，它妨碍着氧化继续往坯体内渗透，从而使坯体气孔中的沉碳难以烧尽。如果在进入还原焰操作之前，以及在釉层封闭坯体之前烧不尽碳素，这些碳素将推迟到烧成的末期或冷却的初期进行，就有可能引起起泡现象，在后期也易造成釉色不均的缺陷。所以在950～1020℃采取氧化保温措施进行补救。

因此，在氧化、分解阶段，烧成上升温要均匀，保持良好的通风，并且要有一定的保温时间，尽量减少窑内温差。

进入高温阶段（950℃到止火温度），这个阶段从坯体开始玻化，到烧成终了为止，又称化成瓷阶段。这一阶段的升温速度主要取决于窑炉结构、装窑密度及坯体的收缩变化程度。氧化保温期升温速度一般为10～15℃/h；还原期开始时的升温速度为20～30℃/h，中期为50～60℃/h，弱还原期的升温速度为20～30℃/h，止火前为10℃/h左右。

2）烧成温度

电瓷坯体在烧成过程中的主要物理化学变化与坯料组成、化学成分、原料细度、焙烧的温度和时间、窑内的气氛等有关。这些变化十分复杂，有的交错进行，但大体上可分为以下几个烧成时期。

（1）中火保温期（950～1050℃）。此温度区间应采取低速升温或保湿操作，加强烟气通量，提高空气过剩系数，从而使碳素、有机物、硫化物充分氧化。碳酸盐进一步分解，残余结构水完全排出。同时，使全窑的温差尽可能缩小，为全窑进入玻化成瓷期做好充分准备。中火保温期又称强氧化期，或氧化保温期。也就是前面提及的在氧化、分解阶段的末期要进行适当的保温。所谓保温，就是在一定时间范围内，在窑内保持一个比较平衡稳定的温度状态。开始中火保温的温度一般处在880～980℃之间。

中火保温期的主要作用如下。

① 使有机物、碳酸盐类均匀氧化、分解，并排出气体。

② 缩小窑内温差，使温度均匀。

③ 为还原烧成（上大火）做好窑内温度基础。

在中火保温期其他的主要反应如下。

① 低熔物熔融，液相开始出现

$$Al_2O_3 \cdot 2SiO_2 \xrightarrow{900℃左右} Al_2O_3（无定型）+2SiO_2（无定型） \tag{11-10}$$
$$（长石）\qquad\qquad\qquad（白榴石）\qquad（玻璃）$$

② 易熔物存在时，石英产生晶型转变，引起体积变化。

$$\alpha-石英 \xrightarrow{1000℃左右} \alpha-方石英 \quad（体积增大15\%左右） \tag{11-11}$$

③ 黏土的分解产物开始形成新相——莫来石。

$$Al_2O_3 \cdot 2SiO_2 \xrightarrow{900℃左右} Al_2O_3（无定型）+2SiO_2（无定型） \tag{11-12}$$

$$Al_2O_3 \xrightarrow{950℃} r-Al_2O_3 \tag{11-13}$$

$$3r-Al_2O_3+2SiO_2 \xrightarrow{1050℃开始} 3Al_2O_3 \cdot 2SiO_2（莫来石） \tag{11-14}$$

（2）强还原期（1020～1150℃）。在这一阶段必须采取强还原气氛，自还原开始（上大火）至釉面开始玻化的温度范围称为还原阶段。这个阶段的目的是使坯体内部的氧化铁还原成氧化亚铁。使瓷体具有所要求的白度，并形成易熔的低铁硅酸盐，促进瓷坯中液相增多。另外，使硫酸盐还原为亚硫酸盐，进而亚硫酸盐分解。

① 高价铁及硫酸盐的还原。

$$Fe_2O_3+CO \rightarrow 2FeO+CO_2\uparrow \tag{11-15}$$

$$2Fe_2O_3+C \rightarrow 4FeO+CO_2\uparrow \tag{11-16}$$

$$CaSO_4+CO \rightarrow CaSO_3+CO_2\uparrow \tag{11-17}$$

$$CaSO_3 \rightarrow CaO+SO_2\uparrow \tag{11-18}$$

如果强还原阶段控制不好，未能使氧化铁完全还原，则瓷器的断面呈淡黄色，并且粗糙。若坯体得到充分还原时，断面致密，发淡青色，有明显的贝壳状。因为氧化亚铁易与二氧化硅生成易熔的玻璃状物质，促进了坯体的烧结。

$$FeO+SiO_2 \rightarrow FeSiO_2（青色） \tag{11-19}$$

氧化铁的还原及硫酸盐的分解，必须在釉层封闭坯体之前进行才能取得良好的效果。

② 液相的生成。Fe_2O_3被还原成FeO后，有利于液相的产生，使瓷件较易烧结，能降低烧结温度。此时，有若干低铁硅酸盐的液相生成（如$FeO \cdot SiO_2$，$K_2O \cdot FeO \cdot 3SiO_2$等）。

这个阶段的升温应缓慢，因上述反应需要较长时间。另外，缓慢升温也是为了使液相逐渐形成，气孔不很快封闭，以使坯体中的氧化铁来得及放出气体，并使硫酸盐来得及析出二氧化硫。如果升温过快，或温度过高，烧成的瓷件极易起泡，断面发黄、粗糙。这个时期窑中的还原气氛不应过重，否则坯、釉都会吸附碳粒，使制品出现熏烟或斑点。

（3）弱还原期（1150℃到烧成温度）。自釉面玻化起至成瓷的温度范围称为弱还原阶段。烧成中使用弱还原焰，可将强还原期可能沉积在釉面或坯内的碳素充分燃烧掉。当然，此时最好用中性焰，但实际上很难达到。在这个阶段，液相继续发展，熔解游离的SiO_2等物质，莫来石晶体（$3Al_2O_3 \cdot 2SiO_2$）不断从液相中析出逐渐长大。在这个阶段，窑中还原性气氛不能过重，否则釉层会吸附碳素；也不能形成强氧化气氛，否则低价的铁又氧化成高价铁的氧化物，使瓷坯发黄。

（4）高火保温期。高火保温的作用是使窑内温差尽量减小，以使坯体内部进行的各种反应更趋完善。一般说，这一阶段的温度与弱还原焰末期的温度，基本上是一致的。

电瓷制品性能的好坏，在很大程度上取决于瓷质结构，即莫来石结晶相、玻璃相和气相三部分的组成、含量、大小及其分布状况。这些又与瓷坯在高温中发生的瓷化作用有着密切关系。

在高火保温期，莫来石晶体的成长及玻璃态物质的生成，在开始时进行得较剧烈，以后就逐渐减弱。在保温前期，由于瓷坯中的莫来石晶体与玻璃态物质分布得不均匀，因而被焙烧的制品是不均衡的系统。采用高火保温进行扩散过程后，就可获得组织均一的瓷体。因为在扩散过程中，莫来石结晶体比较均匀地分布在瓷体中，形成了骨架，其中充满了黏稠的玻璃态物质。针状结晶的莫来石与未被长石玻璃熔解的石英颗粒及瓷体内的其他构成部分，借助于玻璃状物质而连接在一起，就可以得到紧密一致的瓷体。

制品在玻化成瓷期的物理变化是硬度增大、强度增大、孔隙率减小、体积减小、颜色转变（一般高压瓷呈现白色，高铝质瓷呈灰白色）。

3）冷却阶段

在这一阶段（止火温度到常温）内，瓷坯由高温略呈可塑状态转变为常温固体，只是发生晶体长大，石英的晶型转变等物理变化，并无新的矿物生成。在冷却初期，坯体内液体黏度还比较小，石英颗粒仍然会继续熔解在液相中。与此同时，莫来石晶体继续析出，随着温度的进一步降低，玻璃体的黏度增大，瓷坯变硬。

冷却过程分为以下两个阶段。一是由止火温度冷却至850℃左右，瓷坯内的液相由塑性状态开始凝固。由于液相的存在，故应力大部分为液相的弹性和流动性所补偿，因而可以用较大的冷却速度冷却，以缩短冷却的时间。冷却速度主要取决于瓷坯内液相的凝固速度。如冷却速度缓慢，由于瓷胎中液相的黏度较小，化学活性较大，使莫来石晶体和石英微粒强烈地熔解在液相中，导致莫来石晶体不断长大，使结晶相与玻璃相接触面积大大减少，结果使包围晶体的玻璃相厚度急剧增厚，釉层也易析晶失透。液相较多的坯体进行快速冷却时可以防止坯釉表面已被还原了的低价氧化铁重新氧化为氧化铁（制品泛黄），故瓷体的白度因之提高，并且莫来石晶体不致长得粗大，从而可提高其机械强度。较厚的坯体冷却太快时会在坯体内外造成不均匀应力，易引起制品开裂。二是850℃以下，瓷坯内液相完全凝固。此外，石英晶型发生转变：

$$\alpha\text{-石英} \xrightarrow[\text{冷却}]{573℃} \beta\text{-方石英（体积收缩）} \tag{11-20}$$

在这个时期，制品内的液相完全凝固，不能快冷，如瓷坯中有大量石英和方英石，晶型转变时产生的应力对制品有显著的影响。制品比较厚大时，冷却速度过快，会导致制品内外温差过大，引起瓷件的冷却炸裂。

2. 气氛制度

气氛制度也称火焰性质。在烧成时的各个阶段需控制一定的气氛，一是坯体进行物化反应所必须，二是气氛也决定了火焰的强弱。陶瓷制品各阶段的烧成气氛必须根据原料性能和制品的不同要求来确定。氧化气氛又称氧化焰，此时燃料完全燃烧，空气过剩系数大于1，氧化焰火焰明亮、甚至无火焰。还原气氛也称还原焰，这种情况下，供给的空气不足，火焰有明显的轮廓，燃烧空间昏暗混浊。强还原气氛时，窑内CO含量在2%～6%，弱还原气氛时，窑内 CO 含量在 0.5％～2％。中性气氛也称中性焰，这种情况下，窑内烟气中无过多的 O_2，也无过多的 CO 等气体，这种状态难以控制。

坯体水分蒸发期（室温到 300℃）对气氛没有特殊要求。在氧化分解与晶型转变期（300～950℃），为使坯体氧化分解充分，要求采用氧化气氛。在玻化成瓷期（950℃到烧成温度），陶器、炻器均采用氧化气氛烧成，而电瓷的烧成可分为两种气氛，烧结前期是氧化气氛，后期是还原气氛。

3. 压力制度

压力制度是指各个烧成阶段窑内的压力分布情况。压力制度起着保证温度和气氛制度的作用。全窑的压力分布根据窑内结构、燃烧种类、制品特性、烧成气氛和装窑密度等因素来确定。窑内压力制度决定了窑内气体的流动情况，从而影响窑内的热交换过程、窑内的温度分布及废气的排除，也影响燃烧室内燃料的燃烧情况。因此，它是实现窑内温度和气氛制度的一个必要条件。

倒焰窑在窑内水平及垂直方向的压力分布与窑的结构尺寸、装窑密度、烟气温度等因素有关。在自然通风的情况下，我们总是希望窑内保持不大的正压或负压，而且要求水平方向的压力分布均衡，垂直方向的压差不大。在氧化期，窑内处于零压为好，但事实上做不到，故为了使窑内通风良好，则要求窑内的气流速度较大。为此，窑内一般处于负压状态，零压面处于某一高度甚至在窑顶。在还原期，为了防止空气过剩系数过大，窑内应处于正压状态，零压面应下降到窑底。

4. 装窑

坯件施釉以后，就装入窑内焙烧。装窑的好坏，直接关系到烧成制品质量的优劣。倒焰窑周转一次，要经过装窑、烧窑、冷窑和出窑四个操作过程，其中以装窑和烧窑最为重要。装窑是烧窑的准备阶段，其质量的好坏会影响到烧成过程中升温的快慢、温度分布的均匀性及产品质量，甚至会造成严重的事故。例如，在大型的圆窑或方窑内，钵柱之间的距离过宽，则焙烧时不易控制升温速度又浪费窑内空间；钵柱之间的距离过小，则影响通风，使窑内各部位温差大，会使制品起泡或生烧，影响制品的质量。装窑方法有直接装窑法、棚板装窑法及匣钵装窑法三种，根据使用的燃料及烧制的产品而定，目前仍以匣钵装窑法较多。

1）装钵

装钵就是将坯件装入耐火匣钵中。装钵的目的如下。一是坯件在装窑时不能直接堆积，因为坯件本身的机械强度不高，如果直接堆积，坯件在高温焙烧时会产生变形或坍塌。另外，在高温时坯件表面的釉呈熔融状态，如果制品直接堆积，坯件之间会相互黏结。二是避免坯件与火焰直接接触，防止燃料中的污物沾染制品表面。

不同类型的坯件，应该采用不同的装钵方法。装钵的原则是在保证制品质量的基础上，按照坯件的大小、几何形状、厚薄、重心位置等来选择简便、合理的装钵方法。如果装钵方法不正确，坯件在烧成过程中容易产生黏釉、掉砂、变形、开裂等缺陷，严重时甚至发生倒窑事故。坯件装钵时，可采用坐装、吊装、卡装、叠装和插装等方法。

（1）坐装。很大或很小的坯件，圆柱形或方形坯件，其基底大，重心低，高度不大，底面不上釉时，均应采取坐装。图 11.16 所示为坐装装窑示意图。坐装时，大部分坯件应垫泥饼或泥脚，其上要撒上石灰粉等隔黏物，防止烧成时的收缩。对于很小很轻的坯件，可以不用泥饼或泥脚，只要在钵底撒上一层石灰粉即可。泥饼或泥脚的大小及厚薄，根据坯件的大小、重量及接触面积的大小来确定。一般情况下，其直径比坯件接触直径大 5～20mm。

（2）吊装。对于细而长、容易弯曲和变形的坯件，或者是设有法兰、底部又要上釉的坯件，一般采用吊装，如图 11.17 所示。吊装的方法有两种；一种是生坐热吊，另一种是直接吊装。当坯件又重又长，而底部又不上釉时，如棒形绝缘子，生坯时属坐装，但其上部留有一节吊头，根据坯件在烧成时的收缩情况，吊头与其下面的支撑之间留有一定的间隙，在烧成过程中由于坯件的收缩自动地脱离垫坐而悬吊起来。对于长而细的坯件，或者是中间有不上釉的法兰部分，可采用直接吊装。

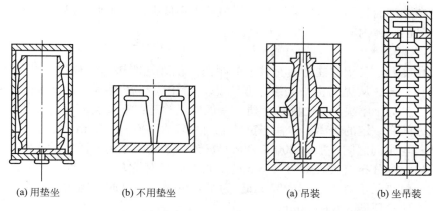

| (a) 用垫坐 | (b) 不用垫坐 | (a) 吊装 | (b) 坐吊装 |

图 11.16　坐装装窑示意图　　　　图 11.17　吊装示意图

（3）卡装。就是用泥卡或匣卡卡住坯件。对于两端小、中间大或两端大、中间小，以及两端上釉，中间法兰部分不上釉的坯件可采用卡装或卡吊装相结合的装钵方法。

（4）叠装。对于形状简单，两端面大小一样并不上釉，压缩影响很小的小型坯件可采用叠装。叠装的坯件接触面之间应撒一层隔黏物，匣钵底面必须平整。

（5）插装。在大坯件中间或大坯件的边缘的底座上装一个或几个小坯件，或大小坯件混合插装，这种装法可节约火位，增加有效容积。

装钵可在窑外或窑内进行，高于 300mm 的坯件一般在窑内装钵。

2）匣钵在窑内的排列方法

方形窑内的匣钵一般是平行排列的；而在圆形窑内有平行排列和沿圆周排列两种。方形窑装载量较大，便于装窑，其排列方法又分为以下几种。

（1）交错法。即前一排的钵柱正对后一排的钵隙。

（2）平行法。就是纵横钵柱间都是钵对钵排列。

（3）平行交错法。第一、二排钵柱钵对钵，第二、三排钵柱钵对隙。

（4）梅花形排列法。钵柱排列成梅花形。

（3）装钵火位

火位是一个针对倒焰窑烧成的特定概念。因为倒焰窑内温度场难以控制均匀，不同部位的温度差总是存在于烧成过程的始终，根据窑内温度分布的情况和温度的高低，划分出不同的温度区。一般大型倒焰窑靠近窑顶的空间为高火位，靠近窑底、窑门及端墙的空间为低火位，靠近喷火口处温度很不稳定，其余部位为中火位。因此，按照产品的性能选择恰当的火位是一个重要的问题。

根据产品性能选择火位时，一般在中火位放置机械性能和电性能要求都很好的产品，如悬式绝缘子。机械性能要求较高，而绝缘性能要求不高的产品，如拉紧绝缘子可选择低火位、中火位。机械性能要求不高而绝缘性能要求较高的产品，如高压针式绝缘子可装在高火位。这是因为高火位稳定较高，坯件烧成时会生成较多的玻璃相而使瓷件内部结构致密，莫来石晶体减少了，因此瓷件的绝缘性能增加而机械强度降低。机械性能和绝缘性能要求都不高的产品，如低压针式绝缘子，对装窑火位要求不严，此时应根据匣钵和窑炉的有效容积进行装窑。

根据产品的体积和形状来确定装窑火位时，一般大型产品应装在高、中火位；形状特殊、结构复杂、细而长的产品应装在温度均匀的火中低火位；小型产品可装载低火位或搭载在其他产品的匣钵内。

4）装窑密度

从烧成角度看，希望钵柱之间有较大的距离，使烟气能够顺畅通过，烟气阻力较低，也更易冷却和升温；从提高窑炉的装载量考虑，希望装窑密度高，要求钵柱之间相互错开，紧密靠近。为了解决两者之间的矛盾，一般的经验有：窑墙及窑门的散热，钵柱应与窑墙和窑门之间有一定的距离。钵柱与窑墙之间一般为 100～150mm，钵柱与窑床间距为 100mm，钵柱与窑门之间一般为 200～300mm。钵柱之间的距离与匣钵的大小、吸火孔的布置和窑内的温度分布有关，如直径 6m 的圆形窑，钵柱之间的距离一般为 20～40mm。钵柱的高度一般要低于窑顶 200～250mm。为了减少火焰上升时的阻力，距离喷火口处较近的钵柱一般比窑顶低 300～400mm。

11.3 梭 式 窑

在 11.4 节中介绍了传统的间歇式倒焰窑，这种窑虽然有最初设备费用低、烧成制度容易调节等优点，但存在产量低，单位产品的燃耗大，装、出窑劳动强度大，劳动条件差等缺点。自 20 世纪 60 年代以来，随着新型隔热保温材料及喷射式高速调温喷嘴的出现，间歇式窑炉不断得到改造和完善。一些新型的间歇式窑炉如梭式窑、抽屉窑、钟罩窑、蒸笼窑等相继问世，被广泛用于电瓷、陶瓷耐火材料、砂轮、建筑材料等行业，成为窑炉发展的一个重要方面。

梭式窑是一种窑车式的倒焰窑，其结构与传统的矩形倒焰窑基本相同。烧嘴安设在两侧窑墙上，并视窑的高矮设置一层或数层烧嘴。窑底用耐火材料砌筑在窑车钢架结构上，即窑底吸火孔、支烟道设于窑车上，并使窑墙下部的烟道和窑车上的支烟道相连接。利用卷扬机或其他牵引机械设备，使装载制品的窑车在窑室底部轨道上移动，窑车之间及窑车与窑墙之间设有曲封和砂封。梭式窑结构如图 11.18 所示。

窑室内容车数视窑的容积而定，小容积梭式窑容车一、二辆，大容积梭式窑在宽度方向上可并排放两辆窑车，在长度方向上可排四辆或更多的窑车。梭式窑可在窑室长度方向上的两端都设置窑门，在窑外码装好制品的窑车由一端窑门推入窑内，制品烧好并冷却至一定温度后的窑车从窑室的另一端推出，接着把另外已装好制品的窑车推入窑室内；也可是在同一侧的同一窑门推入，烧结冷却后推出，像书桌里抽屉一样在窑内来回移动，所以又称抽屉窑。

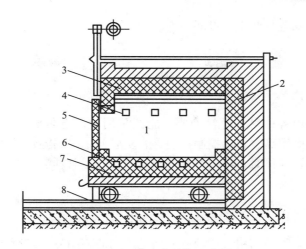

图 11.18 梭式窑结构示意图

1—窑室；2—窑墙；3—窑顶；4—烧嘴；5—升降窑门；
6—支烟道；7—窑车；8—轨道

因为制品是在窑外装车、卸窑车，且易实现机械化操作，所以与传统的倒焰窑窑内装、卸制品相比较，大大地改善了劳动条件和减轻了劳动强度。

先进的抽屉窑采用了喷射式高速调温喷嘴及优质的隔热保温材料作内衬。这种窑的工作原理与传统的倒焰式抽屉窑有着根本的区别。它打破了传统倒焰窑中气体以自然流动的状态。利用了高速调温喷嘴的喷射及循环作用，有效地组织了窑内气体的流动，强化了传热过程；同时它以优质的隔热保温材料作内衬，减少了窑的蓄热损失；在烧成制度的稳定方面，它比隧道窑更容易实现自动控制。因此，这种窑已成为一种灵活机动，温度均匀，调节精确，产品质量高，烧成时间短，节省燃料的自动化烧成设备。图 11.19 为某工厂 80m³ 高温梭式窑外观。

图 11.19 某工厂 80m³ 高温梭式窑外观

由国外引进的喷射式快烧抽屉窑，不仅使用了更优的隔热保温材料作内衬，使用了高速调温烧咀，而且实现了自动控制，并以高强度的重结晶碳化硅作窑具材料。因此，窑内水平及垂直方向的温差更小，烧成时间更短，单位产品的燃烧更低，产品质量更高，单位容积的窑产量更高。

喷射式快烧抽屉窑在许多方面优于传统的倒焰窑，而且在以下几方面优于隧道窑。它对烧成周期的适应性强，也就是说，它能适应所烧制的产品对不同烧成周期与烧成温度的要求，因而在生产中可能烧制不同类型的产品，所以，对于生产中小型产品且品种多变、产量适中的工厂来说，这种窑是很理想的。它可以装烧高度很高的产品，如特大型瓷套；也可以烧制烧成温度较复杂的产品，如焦炉硅砖；还可以烧制对温度均匀性要求十分严格的产品，如某些大型陶瓷制品。对于隧道窑，要烧制这样的产品，或者是烧成周期长，调试困难，废品率高，或者是几乎不可能实现。

11.4 电 阻 炉

电阻炉的炉体是由各种耐火材料砌成，能源采用电。电阻炉与火焰炉相比有许多优点，如清洁环保、热效率高、炉温控制精确等。实验使用的高温炉基本上都是电阻炉。电阻炉的原理是电流流过导体时，导体存在电阻，于是产生焦耳热，就成为电阻炉的热源。

11.4.1 电阻炉结构

电阻炉在结构上、加热方式上和使用的电热元件多种多样，对其进行准确分类较难。目前我国一般是按照炉膛的结构形式及制品在电炉内的移动方式进行区分，通常分为间歇式操作、半连续操作和连续操作三类。

1. 间歇操作的电阻炉

间歇操作的电阻炉有箱式电磁炉和井式电阻炉两种形式。箱式电磁炉的炉膛为长六面体，在靠近炉膛的内壁放置电热体，通电后发出的热量直接辐射给加热的制品。当电炉的最高使用温度在 1200℃ 以下时，通常采用高电阻热合金丝作电热体；最高温度为 1350～1400℃ 时，采用硅碳棒作电热体；最高温度为 1600℃ 时，采用二硅化铝棒作电热体。

马弗式电阻炉是箱式电阻炉的一种形式，以电热合金丝作电热体，穿绕在马弗炉炉膛砖的圆孔中，借传导及辐射的方式加热马弗壁，然后马弗壁通过辐射再把热量传给制品。马弗炉的优点是保护电热体免受炉内有害气体的侵蚀和避免电热体玷污制品，并使炉内温度较为均匀。但是，正因为隔了一层马弗壁，固炉膛内的温度会比相应的非马弗式电炉低一些，升温速度也慢一些。

井式电阻炉的炉膛高度大于其横截面尺寸，炉门开在顶面，用炉盖密封，电热体布置在炉膛的侧壁上，井式电阻炉有圆形和矩形，而以圆形为多。

2. 半连续操作的电阻炉

半连续操作的电阻炉与间歇操作的电阻炉比较，其优点是装、卸制品可在炉外进行，减轻了操作人员的劳动强度，改善了劳动条件；另外，热利用率也较高。这类电炉常见的有钟罩式及台车式两种，如图 11.20 所示。

(a) 真空光亮罩式炉　　　　　　(b) 大型台车式电阻炉

图 11.20　电阻炉

钟罩式电阻炉由炉罩和底座两部分组成，电热体装设在炉罩内壁上。通常设两个底座，工作时先在第一个底座上码好要焙烧的制品，罩上炉罩后进行烧成，同时又在第二个底座上码好制品，待第一个底座上制品烧成完毕并冷却到一定温度后，可将炉罩吊起移至第二个底座上进行烧成。

真空光亮罩式炉由一个加热罩、两个炉座、两个内罩和阀架等组成。真空光亮罩式炉炉座呈圆形，由耐热不锈钢板焊接组合而成。在每一个炉座上都安放有一块圆形耐热钢炉底板，在炉底板下方焊有几支支承管用以承载工件，在炉座的正中央都装有一台强对流的风机。通过电动机的运转来带动叶轮达到强对流的目的，从而使炉膛内的温度达到均匀，通入冷却水后可确保电动机的轴承不会因发热而损坏。在炉座上装有与内罩密封的水冷橡胶密封圈，以便达到密封的效果。

真空光亮罩式炉的内罩采用波纹不锈钢制作成圆柱状，顶部为圆形封头，下部焊接一只法兰用来与炉座密封圈连接，使炉膛内形成密封的空间，达到炉料在氨分解气氛中通过氢分子还原光亮热处理。炉衬采用全纤维硅酸铝针刺毡折叠块组合而成，这样大大减轻了罩身的重量，不仅提高了保温效果而且降低了能耗。加热元件采用电阻带均匀的悬挂在炉膛的四周，并用陶瓷螺钉加以固定。加热罩由钢板卷成圆形经焊接加工而成，在罩身的上部有供吊钩起吊换罩的位置，下部有三个支承炉罩的支承脚，底部装有沙封刀，在加热时使加热罩能直接压在炉内罩的法兰上使其达到密封的效果，另有两个导向环，以便加热罩能方便准确地吊放在炉座上。

真空光亮罩式炉主要供金属机件、带钢、铜带、风电法兰、回转支承、阀门、轴承、车轮等大型合金钢机件的光亮热处理用。

台车式电阻炉外壳由钢板和型钢焊接而成，炉体底部与台车轻轨连为一体，电炉炉衬材料采用超轻质节能耐火保温砖砌筑，夹层置超长硅酸铝纤维毡保温，炉壳与炉衬硅酸铝纤维夹层之间填充膨胀蛭石粉保温，炉口采用重质防撞砖、台车面层重质高铝防压抗冲击砖。

电炉炉体与台车之间除采用迷宫式耐火材料砌筑外，还通过自行动作的密封机构来减少电炉的热辐射及对流损失，并可改善炉温均匀性。台车上安装有碳化硅炉底板以承载工件之用，为了防止工件加热后产生氧化皮通过炉底板的缝隙落入底部加热元件周围而造成加热元件的损坏，需要经常定期地吹扫台车炉底板下方的氧化皮。

炉门是通过滚动轮在导轨上的升降，这样既保证了关闭炉门时炉门砌体与炉体砌体之间的吻合密封，又保证了在开启的过程中不会摩擦损伤砌体。台车式电阻炉主要用于高铬、高锰钢铸件、灰口铸铁、球墨铸铁、轧辊、钢球、破碎机锤头、耐磨衬板淬火、退火及各种机械零件、模具材料热处理之用，尤其适用于模具、高速钢淬火。

3. 连续操作的隧道式电阻炉

连续操作的隧道式电阻炉也称电热隧道窑。在同样占地面积、同样加热条件下，电热隧道窑的生产能力要大，单位产品热耗要小。但是需要移动制品的设备，因此其结构上更复杂。图11.21为宜兴市万石电炉有限公司生产的硅碳棒辊道式隧道炉，炉膛尺寸12 500mm×900mm×180mm，额定温度为1300℃。

图11.21 宜兴市万石电炉有限公司的硅碳棒辊道式隧道炉

11.4.2　电阻炉发热原件

可用做电热体的发热原件主要有以下几类。①Ni - Cr 和 FeCr - Al 合金电热体，可在 1000~1300℃高温范围内使用，此类发热体不能在还原气氛下使用，此外还要避免与碳、硫酸盐、有色金属及石棉等物质接触。②Mo、W、Ta 电热体，为了获得 2000℃以上的高温，常采用钨丝或钨棒为电热元件。加热时，气氛为真空或经脱氧的氢气与惰性气体。钼做电热元件，可获得 1600~1700℃高温环境，钼在高温下极易生产 MoO_3 而挥发，一般常采用除氧后的 H_2 或 $H_2 + N_2$ 保护气氛。钽不能在氢气中使用，因为它能吸收氢气而使性能恶化，一般采用真空或惰性气氛。③SiC 电热体是由 SiC 粉加黏合剂成型后烧结得到的。可以得到 1600℃的高温环境，一般在 1450℃使用。通常制作成棒状和管状，因此也称硅碳棒和硅碳管。此外，还有一些发热体的使用环境及温度范围列在表 11 - 3 中。

表 11 - 3　各种发热体使用环境及使用温度

名称	最高工作温度/℃	使用环境	名称	最高工作温度/℃	使用环境
镍铬丝	1060	空气	$ThO_2\,85\%\,CeO_2\,15\%$	1850	空气
铂丝	1400	空气	$ThO_2\,85\%\,La_2O_3\,15\%$	1950	空气
铂 90％铑 10％	1540	空气	石墨棒	2500	空气或真空
硅钼棒	1700	空气	ZrO_2	1800	空气

11.5　窑炉的新发展

（1）据报道，国外正大量普及辊道窑，这种窑可以不用匣钵，窑具与产品质量比大为减小，不用窑车，单位热耗显著降低。意大利 Mori 公司推出 Monker 型宽体托盘式辊道窑，窑内有效宽度为 3.2m，单窑生产能力可达 $100 \sim 120$ 万件/年。放置托盘采用了一种航天领域的 PM 耐热合金材料，其重量仅为普通陶瓷辊子的 1/7，长期使用温度为 1250℃，使用寿命可达 4 年。图 11.22 为新型辊道窑烧成带剖面示意图。

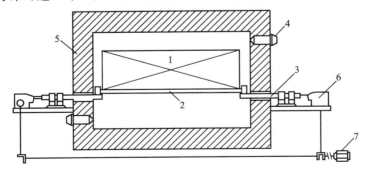

图 11.22　新型辊道窑烧成带剖面示意图

1—被烧制制品；2—托盘；3—传动短棍；4—高速喷嘴；5—窑体；6—减速器；7—电动机

新型式的窑炉主要有窑底活动的抽屉窑、窑体活动的间歇式窑、顶烧式隧道窑、底烧式隧道窑、装配式隧道窑、钟罩窑、蒸笼窑等。

（2）SPS(spark plasma sintering)工艺是将金属等粉末装入石墨等材质制成的模具内，利用上、下模冲及通电电极将特定烧结电源和压制压力施加于烧结粉末，经放电活化、热塑变形和冷却完成制取高性能材料的一种新的粉末冶金烧结技术。早在 1930 年，美国科学家就提出了脉冲电流烧结原理，到 1965 年，脉冲电流烧结技术才在美、日等国得到应用。1968 年日本获得了 SPS 技术的专利，但当时未能解决该技术存在的生产效率低等问题。1988 年日本研制出第一台工业型装置，并在新材料研究领域内推广应用。1990 年以后日本推出了可用于工业生产的第三代产品。SPS 具有快速、低温、高效率等优点，近几年国外许多大学和科研机构都相继配备了 SPS 烧结系统，并利用其进行新材料的研究和开发。

放电等离子烧结机理还在粉末颗粒间产生直流脉冲电压，并有效利用了粉体颗粒间放电产生的自发热作用，因而产生了一些 SPS 过程特有的现象。放电等离子烧结机理如图 11.23 所示，等离子放电烧结炉如图 11.24 所示。

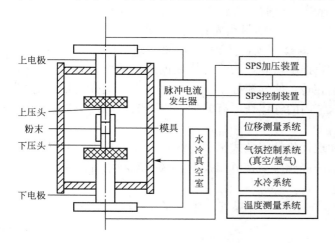

图 11.23　放电等离子烧结机理

图 11.24　SPS-1030 等离子放电烧结炉

SPS 的烧结有两个非常重要的步骤。首先由特殊电源产生的直流脉冲电压，在粉体的空隙产生放电等离子，由放电产生的高能粒子撞击颗粒间的接触部分，使物质产生蒸发作用而起到净化和活化作用，电能贮存在颗粒团的介电层中，介电层产生间歇式快速放电。等离子体的产生可以净化颗粒表面，提高烧结活性，降低金属原子的扩散自由能，有助于加速原子的扩散。当脉冲电压达到一定值时，粉体间的绝缘层被击穿而放电，使粉体颗粒产生自发热，进而使其高速升温。粉体颗粒高速升温后，晶粒间结合处通过扩散迅速冷却，电场的作用因离子高速迁移而高速扩散。通过重复施加开关电压，放电点在压实颗粒间移动而布满整个粉体，使脉冲集中在晶粒结合处是 SPS 过程的一个特点。颗粒之间放电时会产生局部高温，在颗粒表面引起蒸发和熔化，在颗粒接触点形成颈部。由于热量立即从发热中心传递到颗粒表面和向四周扩散，颈部快速冷却而使蒸气压低于其他部位。气相物质凝聚在颈部形成高于普通烧结方法的蒸发-凝固传递是 SPS 过程的另一个重要特点。晶粒受脉冲电流加热和垂直单向压力的作用，体扩散、晶界扩散都得到加强，加速了烧结致密化过程，因此用较低的温度和比较短的时间可得到高质量的烧结体。

SPS 作为一种新颖而有效的快速烧结技术，应用于各种材料的研制和开发。

虽然目前尚未对于脉冲电流对烧结致密化的影响有统一的认识，但研究表明对于块体金属材料，大电流脉冲的作用对物质的结晶过程有重要的影响，脉冲电流的弛豫时间极短，因此在超短脉冲电流作用下，又可能提高成核率，从而获得较为细小的组织，但 SPS 快速烧结的机理还存在争议，其烧结的中间过程还有待于进一步深入的研究，有关等离子体的产生尚缺乏具有说服力的证据，尤其是对于非导电性粉体，电流不能通过。通常认为其烧结致密化是由模具和上下压头充当发热体，热量传递快捷，同时由于大电流的采用，使非导电性粉体快速通过低温区直接进入高温区，是 SPS 能够实现快速烧结的主要原因。

SPS 是制备先进陶瓷材料的一种全新技术，它具有升温速度快、烧结时间短，组织结构可控、节能环保等鲜明特点，可用来制备金属材料、陶瓷材料、复合材料，也可用来制备纳米块体材料、非晶块体材料、梯度材料等。

一些新型窑炉不断出现，满足了一些科研和生产的需要，然而传统窑炉仍是目前工业生产的主要烧结设备，

（3）现代化窑炉的燃烧装置——高速等温喷嘴，适合于辊道窑。国外种类较多，而我国的研究还相对较少。高速等温喷嘴是将空气和燃料预先在喷嘴中混合均匀，待点燃后，以高速喷入窑内。其喷出速度为 $50\sim300\text{m/s}$。火焰一经喷出，便达到窑的中心。由于喷出速度大，故对流传热系数很大，空间热强度增高，为快速烧成创造了条件。另外，高速喷入窑内的焰气流带动窑内原有的气流旋转，使气流处于一种紊乱状态，这样，焰气流与制品之间的温差就小。此外，大量吸入窑内的气体在原有的炉气中不断及时地更新，因而使整个炉内的温度比较均匀。

根据不同的使用目的和要求，各种现代化的间歇式窑和连续式窑相继出现。其特点是趋向于机械化与自动化操作，提高制品的烧成质量，节约投资，减少燃料消耗，便于生产安排等。

（4）清洁燃料也是窑炉发展的方向，如发生炉冷煤气、焦炉煤气和轻质柴油等。

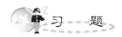 习 题

11-1 隧道窑分为哪几个带？

11-2 隧道窑中进行压强控制时，为什么重点控制其烧成带两端的压强稳定？

11-3 隧道窑中烧成带的气氛如何控制？

11-4 倒焰窑的结构和工作过程是什么？

11-5 梭式窑的工作原理是什么？

11-6 SPS 的烧结有哪几个步骤？

第 **12** 章
陶瓷加工与改性

 本章教学要点

知识要点	掌握程度	相关知识
陶瓷精细加工、磨削机理	掌握陶瓷精细加工工艺的基本原理及特点； 熟悉不同工艺的应用	陶瓷精细加工实施条件及工艺特征； 典型加工方法的原理及优势
瓷件切割设备、瓷件研磨设备、瓷件胶装与校正设备	掌握三类设备的基本原理及特点； 熟悉三类设备的结构及应用	三类设备的工艺特征； 三类设备工艺的适用领域
陶瓷表面改性	熟悉陶瓷表面改性的基本原理及实施方式； 了解陶瓷表面改性的特点及应用	陶瓷表面改性的省力原理及工艺特征； 典型改性工艺特征

导入案例

陶瓷车刀

冷硬铸铁是制造重型机械部件的常用铸造材料,如轧钢机的轧辊、辊套、辊环等耐磨、耐蚀零部件。其硬度在 HS65~90 之间,接近高速钢刀具硬度,用普通硬质合金刀具切削加工具有一定难度,切除率只有 $2 \sim 37 cm^3 /min$,属难加工材料之一。

目前出现了高硬度的陶瓷车刀,如采用由氧化铝粉末,添加少量元素,再经高温烧结而成的陶瓷车刀,其硬度、抗热性、切削速度比碳化钨高,但是因为质脆,故不适用于非连续或重车削,只适合高速精削。立方晶氮化硼(CBN)是近年来推广的材料,硬度与耐磨性仅次于钻石,此刀具适用于加工坚硬、耐磨的铁族合金和镍基合金、钻基合金。车刀按用途可分为外圆、台肩、端面、切槽、切断、螺纹和成形车刀等。还有专供自动线和数字控制机床用的车刀。作高级表面加工时,可使用圆形或表面有刃缘的工业用钻石来进行光制,可得到更为光滑的表面,主要用来做铜合金或轻合金的精密车削。在车削时必须使用高速度,最低需在 60~100m/min,通常在 200~300m/min。

陶瓷零件在使用之前进行精细加工要满足一定的形状尺寸、表面光洁度和质量要求。在电瓷产品生产中,对瓷件都有一定的几何尺寸要求,而瓷件的几何尺寸,不同于金属附件尺寸那样容易达到设计要求。研磨加工可应用于陶瓷坯体(未加工),白瓷(部分烧结)和硬瓷(完全致密的陶瓷)制备的加工。制造中的各种因素如坯料细度、坯件水分、放尺系数、装烧方法和温度等都可导致几何形状和尺寸的变化。一般来说陶瓷材料的加工方法见表 12-1。

表 12-1 陶瓷材料的加工方法

机械	磨料加工	固结磨料加工	磨料加工
			研磨
			超精加工
			纱布砂纸加工
		悬浮磨料加工	研磨
			超声波加工
			抛光
			滚筒抛光
	刀具加工	蚀刻
		切割
化学	蚀刻
	化学研磨
	化学抛光

（续）

光化学	光刻
电学	电火花加工
	电子束加工
	离子束加工
	等离子加工
光学	激光加工

关于专业术语，陶瓷工作者常用"grinding"来表示物料粉碎或在尺寸上的减少。表示这种物料加工过程的其他词还有"milling"和"crushing"等。由于陶瓷属于脆硬材料，不同于金属材料的加工，一般是很难加工的，因此，对于先进陶瓷制品的精加工已成为一门专门的技术，即利用磨料及各种磨床和工艺在零件上产生具有所要求的几何形状和特性的表面。

12.1 陶瓷精细加工机理

所谓加工可以这样定义：将一定的能量供给具有某些性能的材料，使形状、尺寸、表面光洁度、物性等达到一定要求的过程。

12.1.1 陶瓷材料的加工机理

陶瓷大多数属于多晶体，是由阳离子和阴离子或阴离子和阴离子之间的化学键结合而成的，所以化学键以离子键和共价键为主体。化学键具有方向性时，原子的堆积密度低，因而原子间距离大。另外，由于电子密度低，因而表面能小，所以陶瓷材料杨氏模量大，不易变形。由于陶瓷材料的结构特点，决定了陶瓷材料的性能特点，硬度大，都高于金属材料；性脆，不变形。所以陶瓷被称为硬脆材料。硬度大是陶瓷材料的一个优点，然而又成为陶瓷材料精加工又一难题。由于陶瓷是属于硬脆材料，因此，在进行精加工时不能不考虑这些特点。陶瓷的精加工是以加工点部位的材料微观变形或去除作用的积累方式进行的。随着加工量（加工屑的大小）与被加工材料的不均匀度（材料内部缺陷或加工时引起的缺陷）之间的关系不同，其加工原理也不同。图12.1为加工量造成变形断裂示意图。

从图12.1可以看出，当一次加工量达到10^{-5} m时，陶瓷材料出现裂纹，这种裂纹现象，被称之为"脆性断裂"。脆性断裂对于加工是有益的，

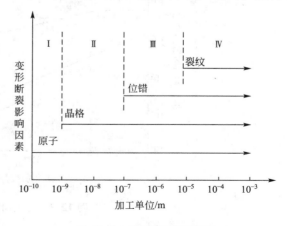

图 12.1 变形断裂示意图

从这个方面讲，加工陶瓷材料所需要施加的断裂应力并不比加工金属材料时大，甚至更小。

12.1.2 磨削机理

陶瓷等硬质脆性材料的磨削机理与金属材料的磨削机理有很大差别，现将其模型示于图 12.2。

金属材料依靠磨粒切削刃引起的剪切作用生成带状或接近带状的切屑，反之，磨削陶瓷时，在磨粒切削刃撞击工件瞬间，材料内部就产生裂纹，这些裂纹的连接就形成切屑。根据陶瓷材料和金属材料的切屑生成机理，分别选择金刚石砂轮。例如，对于生成带状切屑的金属材料，通常要求锐利的切削刃，即要求磨粒具有自锐作用，因而脆弱的磨粒更为适合。陶瓷材料和金属材料的磨削机理如图 12.2 所示。对于陶瓷来讲，为使撞击过程中产生裂纹，必须采用强韧的磨粒。根据不同的磨粒，选择不同的结合剂。对于金属材料，为了充分发挥脆弱磨粒的作用，从吸收冲击能量角度出发，树脂结合剂的效果较好；对于陶瓷来讲，从固定强韧的磨粒角度出发，金属结合剂的效果较好。

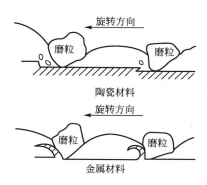

图 12.2 陶瓷材料和金属材料的磨削机理

1. 激光加工

激光加工属于光加工方法，是通过专用设备(激光加工机)把光集束于制品表面，在制品的局部范围内加热，使之蒸发或熔融，从而进行打孔、画线、切割等等加工。激光加工种类如图 12.3 所示，激光加工原理如图 12.4 所示。

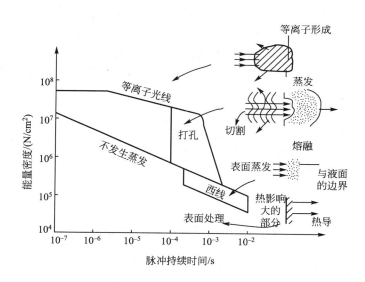

图 12.3 激光加工的种类

激光加工特点：①加工速度快、无噪声，能实现各种复杂面型的高精度的加工目的；②可以进行微区加工，也可以进行选择性加工；③因此其热影响区很小；④大气中进行，便于大工件加工；⑤数控机床机器人连接起来构成各种加工系统；⑥难保证重复精度和表面粗糙度，设备复杂昂贵，加工成本高，一般情况不太采用。

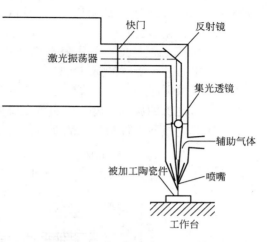

图 12.4　激光加工工艺原理示意图

2. 线切割加工

线切割加工是电加工方法的一种，此法在线切割机床上加工 AG_2 复合氧化铝陶瓷（$Al_2O_3 + TiC + ZrO_2$）的效果是好的。通过线切割后的制品，尺寸精度比粗磨后的制品尺寸精度还可能高。但是，线切割是依赖导体的高温对制品进行切断加工，致使制品的加工面表层受到了瞬间的高温作用，其微观组织发生了变化、制品的性能变差。所以，从保持技术性能稳定角度出发，应尽可能不采用此类加工方法。

3. 超声波加工

超声波加工是利用工具端面作超声频振动，通过磨料悬浮液加工硬脆材料的一种加工方法。加工原理如图 12.5 所示。加工时，在工具和工件之间加入液体（水或煤油等）和磨料悬浮液，并使工具以很小的力 P 轻轻压在工件上。超声换能器产生 $16000Hz$ 以上的超声频纵向振动，并借助于变幅杆把振幅放大到 $0.05\sim0.1mm$ 左右，驱动工具端面作超声振动，迫使工作液中悬浮的磨粒以很大的速度和加速度不断地撞击、抛磨被加工表面把加工区域的材料粉碎成很细的微粒而被打击下来。与此同时，工作液受工具端面超声振动作用而产生的高频、交变的液压正负冲击波和"空化"作用，促使工作液钻入被加工材料的微裂缝处，加剧了机械破坏作用。所谓空化作用，是指当工具端面以很大的加速度离开工作表面时，加工间隙内形成负压和局部真空，在工作液体内形成很多微空腔。当工具端面以很大的加速度接近工作表面时，空泡闭合，引起极强的液压冲击波，以强化加工过程。

超声波加工特点：①适合加工各种硬脆材料，特别是不导电的非金属材料；②加工设备结果简单，操作、维修方便；③可以得到高质量的表面，而且可以加工薄壁、窄缝零件。

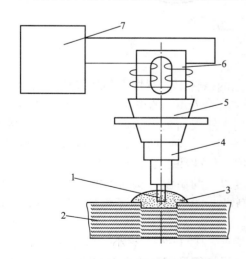

图 12.5　超声波加工原理示意图
1—工具；2—工件；3—磨料悬浮液；
4、5—变幅杆；6—换能器；7—超声发生器

4. 电火花加工

电火花加工的原理是基于工件和工具（正、负电极）之间脉冲性火花放电时的电腐蚀现象来蚀除

（corrosion removing）多余的金属，以达到对零件的尺寸、形状以及表面质量预定的加工要求。图 12.6 为电火花加工示意图。

电火花加工必须具备以下几个条件。

（1）放电必须是瞬时的脉冲性放电。

（2）火花放电必须在有较高绝缘强度的介质中进行。

（3）要有足够的放电强度，以实现金属局部的熔化和气化。

（4）工具电极与工件被加工表面之间要始终保持一定的放电间隙。

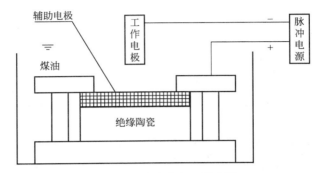

图 12.6　电火花加工示意图

放电加工示意图如图 12.7 所示。

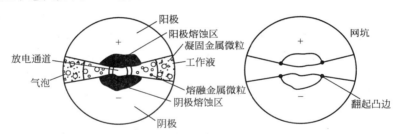

图 12.7　放电加工示意图

5. 电子束加工

电子束加工（electron beam machining）是在真空的条件下，利用聚焦后能量密度极高（$10^6 \sim 10^9\,\mathrm{W/cm^2}$）的电子束，以极高的速度冲击到工件表面极小的面积上，在极短的时间（几分之一微秒）内，其能量的大部分转变为热能，使被冲击的大部分的工件材料达到数千度以上的高温，从而引起材料的局部融化或气化。图 12.8 为电子束加工工作原理示意图。

特点：①工件变形小、效率高、清洁；②制电子束能量密度的大小与能量注入时间，达到热处理，焊接，打孔，切割等加工目的；③光刻加工。

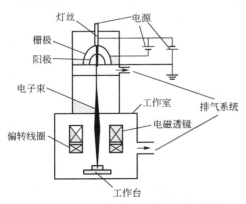

图 12.8　电子束加工工作原理示意图

12.2　瓷件切割设备

一般绝缘子的窑后产品常有数毫米乃至数十毫米的轴向误差。为了确保产品尺寸，除制造工艺要进行严格控制外，还常对瓷件进行切割、研磨加工处理。

现在对棒形支柱、棒形悬式及一部分大型套管产品，为克服其烧成时的弯曲变形现象，大都采用留头吊烧的工艺措施。在烧成后，再把吊烧头割掉。切割、研磨的工作量相当大。有些工厂在生产大套管时，采用先分段成型、烧成，然后进行釉接，或用高强度的环氧树脂胶结。对瓷件尺寸、胶接面光洁度、水平度等方面的要求甚为严格。生产实践证明，将瓷件胶装端面周边倒角（如 $8×45°$），有利于提高产品的抗弯强度。随着生产的发展，需要装备更多的切割、研磨设备。

目标普遍采用模式切割研磨机，切割与研磨在同一机床上进行。还有一种立式研磨机它主要用于加工直筒形和塔形的大型套管产品。切割采用金刚石锯片，也可以用普通碳化硅锯片。研磨采用金刚砂砂轮或刚玉砂轮也可以用普通碳化硅砂轮。切割研磨时，可以是瓷件与锯片（或砂轮）同时转动，也可以是瓷件固定、锅片（或砂轮）转动。

12.2.1　棒形产品切割机

切割机的结构如图 12.9 所示，由机架、瓷件运输和固定小车、装有金刚石切割轮的走刀架及切割机的传动控制机构四个部分组成。

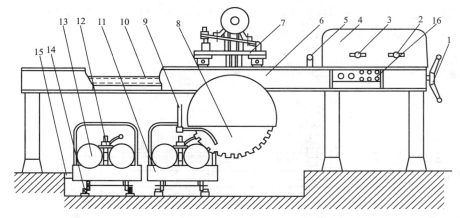

图 12.9　棒形产品切割机示意图

1—操作手把；2—自动操作离合器，正反转摩擦离合器；4—传动装置；5—走刀离合器；
6—工字钢机架；7—走刀架装置；8—金刚石切割轮；9—冷却水管；10—走刀丝杆；
11—固定小车；12—压紧装置；13—瓷件；14—轨道；
15—小车定位装置；16—电器开关

操作时，首先用吊装设备将待切的瓷件运送到固定小车 11 上，每个小车可放两个 110kV 的棒形产品。每台切割机有两部小车。由压紧装置 12 把瓷件紧固在小车上，然后推送到切割轮刀片处。根据瓷件长短尺寸选定切割部位后，由定位装置 15 把小车固定在行走轨道上，使之不能有丝毫的移动。打开冷却水开关，然后按动起动开关 16，切割轮的传动电动机转动。接着起动走刀传动装置 4 中的电动机合上自动操作离合器 2，再扳动摩擦离合器 3，使走刀丝杆 10 转动，带动走刀架 7 前进作自动进刀切割。也可以用手动操作手把 1 转动丝杆 10 作手动进刀切割。当第一个小车上两个瓷件切割完毕后，切割机继续切割第二个小车上的瓷件，此时，可松开第一小车定位装置退出小车，再松开压紧装置 12 卸下瓷件，再装上待切瓷件，推至切割位。第二个小车上瓷件切割完毕后，扳动摩擦离合器 3 使定刀丝扦 10 反向转动，于是走刀架 7 后退，对第一小车上瓷件自动进刀切割。所以两个小车上的瓷件可以作往返连续切割。整个操作由一个人即可完成。

人造金刚石切割轮(锯片)外径为 720mm，基体用厚度 4～5mm 25 号碳素钢板，在其四周上等距离地焊上 7mm×7mm 人造金刚石刀头共 40 块。切割轮的转速 960r/min，动力 7kW。切割速度：Φ110mm 瓷件为 36mm/min；Φ150mm 瓷件为 5mm/min。

与普通碳化硅锯片相比，人造金刚石锯片耐磨、耐用，产品质量高，切割面的光洁度可达 6～7。可改善劳动条件、减少硅尘危害。工效提高 1.5 倍以上。

切割轮还可采用下述工艺制造：基体(锯片本体)用"65 锰"或"8 锰硅"钢板。人造金刚石刀头可用检度为 80～120 号的 JR-3 型金刚石，以青铜(Cu85%，Sn15%，外加 Ni5%)作为结合剂在成型压力 4～5MPa、烧结温度(730±10)℃的条件下保温 60～90min (保护气体为煤气或氢气)后烧结而成。再在其表面镀钢，镀镍。基体与刀头采用高频焊接。若切割轮的转动线速度过低或太高，那么磨具消耗都较大。推荐的适宜线速度，在湿切时(加冷却水)为 15～22m/s。

12.2.2　圆柱和圆锥形绝缘子单向切割机

此切割机主要用来切割圆柱和圆锥形的棒形产品，对产品的两端分别切割，切完一端再切另一端。切割机的结构如图 12.10 所示。

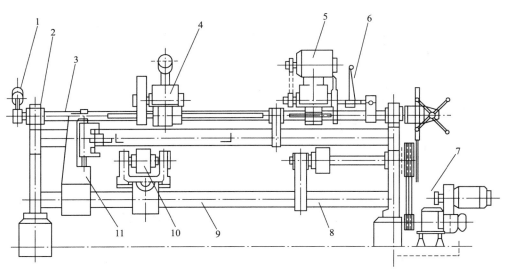

图 12.10　单向切割机

1—平衡装置；2—滚动轴承座；3—切割动力头支承轴；4—压紧装置；5—切割动力头；

6—切割动力头位置调节装置；7—工件托轮传动装置；8—托轮；

9—轴管支架；10—托轮 B；11—尾架

操作时，光把工件放在两对托轮 A、B 上。如托轮对的间距不符合要求，就推动托轮 B 沿袖管支架轴向移动。要使工件中心线处于水平位置，则可扳动托轮 B 处中心高调节装置，以改变两托轮间距的方法，达到调节高度的目的。如切割动力头的切割刀片位置与工件切别处位置不合，就扳动切割动力头位置调节装置的手轮，转动丝杆，使其一致。当工件的位置调准以后，将工件轴向限位装置(尾架)上的顶尖顶住工件端面的中心(顶尖的位置是可调的)，以防止工件切割时轴向移动。还需将压紧装置上的液压轮压在工件人但不要大紧或太松(用改变压紧装置上重锤位置的方法来调节)，以防切割时，工件的自由端(非切割端)向上跳动或翘起。

在完成上述准备工作以后，就可开动切割动力头电动机和托轮传动装置电动机，使切割据片旋转，使工件随托轮转动。再开动切割进刀传动装置，使切刻动力头向前推进作切割操作。工件切割完毕后，扳动返回手把，让切割动力头回到原来位置，以便进行第二次切割操作。切割机的技术参数见表 12-2。

表 12-2 切割机的技术参数

托轮传动装置电动机功率	2.8kW
托轮轴的转速	10～40r/min
切割锯片进刀量	0.1～0.84mm/s
切割锯片转速	1630r/min
切割动力头电动机功率	2.0kW
切割锯片直径	Φ400mm
产品尺寸	(Φ90～Φ290)×(500～1800)mm
设备外形尺寸	长×宽×高＝3550mm×1400mm×1500mm

12.3 瓷件研磨设备

通常只要把密件切割机上的切割据片卸下，装上研磨砂轮就可作为瓷件研磨机使用。还可把两块金刚石锯片叠起来作研磨砂轮使用。

研磨用砂轮的形状按加工要求决定。如图 12.11 所示。圆弧形砂轮用于平面研磨，棱角形砂轮用于端面倒角研磨。若将砂轮做成圆环形套镶在金属内芯上，则可节省磨具磨料的消耗数量。砂轮的材料有碳化硅、B_4C 和金刚石等。转速范围为 20～30m/s，无冷却液磨削的方式必须尽量避免。如遇特殊情况，其转速要比加冷却液的转速低得多。

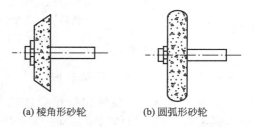

(a) 棱角形砂轮　　(b) 圆弧形砂轮

图 12.11 研磨用砂轮形状

五工位棒型研磨机结构如图 12.12 所示。主要组成部分有工件传送带间歇运动机构，工件传送带上、下运动机构，工件旋转机构，磨头机构。有五个工位：工位 1，上工件；工位 2，用金刚石锯片同时切割瓷件两个端头；工位 3，用金刚石砂轮研磨两个端面；工

223

位 4，用金刚石砂轮倒两端面外圆 8×45°；工位 5，卸工件。各工位同时动作。效率较高，瓷件尺寸准确，表面光洁，质量较好，但加工时噪声较大。主要用于加工 35kV 的小棒型产品，每小时产量约 40 根。

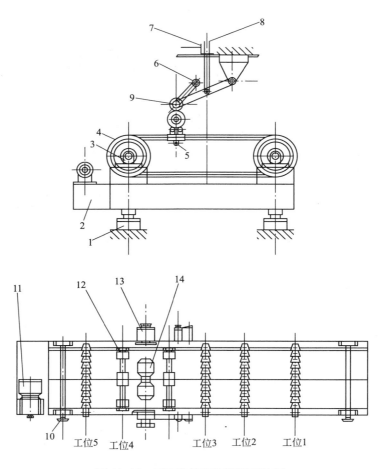

图 12.12　五工位棒型研磨机示意图

1—油缸；2—机架；3—轴承座；4—传送带链轮；5—链轮 B、链条 B；
6—磨头电动机；7—伞齿轮；8—螺杆；9—砂轮或锯片；
10—链轮 A、链条 A；11—电动机 A；12—托轮；
13—主轴架；14—电动机 B

1. 工件传送带间歇运动机构

由电动机 A、摆线针轮行星变速箱、链条 A、链轮 A、传送带链轮、传送带、轴承座、机架等组成。当传送带移动一定距离使瓷件由一个工位移到另一个工位时，带制动装置的电动机 A 停转。待瓷件在一个工位加工结束，工件传送带又移动把它带到下一个工位。

2. 工件传送带上、下运动机构

此机构由四只油缸组成，安装在机架下面。工件传送带间歇运动机构全部安装在机架上，依靠油缸使整个机器作上、下运动。在加工前，油缸把整个机架提高，以便进行切割或研磨。加工完毕后，油缸把整个机架降低，工件传送带的间歇运动机构动作。

3．工件旋转机构

在工件传送带上面共安装有 12 套工件旋转机构。每套机构由电动机 B、摆线针轮行星变速箱、链条 B、链轮 B、六个托轮等组成。托轮在上述机构传动下旋转，放在托轮上的工件，依靠与托轮表面间的摩擦力也随之做慢速转动。

4．磨头机构

由磨头电动机 6 通过三角皮带轮带动安装在主轴架 13 上的金刚石砂轮（或锯片）旋转。进刀机构由电动机、摆线针轮行星变速箱（图中均未画出），一对伞齿轮 7（其中大伞齿轮内孔带螺纹）和一条螺杆 8 组成。电动机的正转或反转通过这个机构的传动，使螺杆 8 下降或上升，进而推动一个装砂轮及其传动机构的杆件作进刀或退刀操作。

12．4　瓷件胶装与校正设备

瓷件是一种脆性的非金属物体，它不能像金属那样方便地进行铆接、焊接或用螺栓连接，很难直接安装使用。所以电瓷产品多数都是瓷件与金属附件的接合体。有了金属附件（如钢帽、铁脚、底座、法兰盘等），就便于在工程上安装使用了。

要将瓷件与各种附件相互连接，除使用机械固定法（装配）外，主要是使用胶合剂的固定法。这种方法是将胶合剂填充在附件与瓷件或瓷件与瓷件结合处的间隙内，利用胶合剂逐步硬化的性质，将瓷件、附件胶合成一整体。对于 3m 以上的大型瓷件，整体成型比较困难，目前的方法是分节成型，然后采用有机或无机黏结剂黏结。根据产品的种类、安装地点、环境和要求不同，使用的黏合剂也不同。目前使用的胶合剂还是以水泥为主。有些产品也采用硫磺胺合剂、铅锑合金胶合剂、密陀僧-甘油胶合剂、硫磺-石墨胶合剂和环氧树脂等。

瓷件的胶装过去多采用手工操作，工具极为简单。随着电瓷工业的发展，近年来出现了一些振动胶装机械和压注胶装设备，使绝缘子的胶装质量有所提高。同时还出现了盘形悬式和棒形悬式绝缘子的胶装生产线，减轻了劳动强度，提高了工效。

在瓷件胶装钢帽和钢脚时，它们的中心线应该对准。除用眼睛细心观察，在胶装过程中不断地给予校准外，还可以依靠一些简单的设备来达到这个目的。

12．4．1　高压针式绝缘子胶装校正机

高压针式绝缘子胶装校正机结构如图 12.13 所示。由工作台、三支点瓷件支座和装有校正管的铁脚固定架三部分组成。

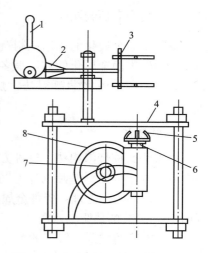

图 12.13　针式绝缘子胶装校正机
1—校正捆耙；2—梯形轮；3—校正臂；
4—工作台；5—三支点支座；
6—齿条；7—齿轮；8—手轮

操作时把装有水泥胶合剂的瓷件倒放在三支点支座上面，摇动手轮，借助于齿轮、齿条的传动使支座上升，直至瓷件的伞面与工作台台面相接触。由于支座有三支点，所以可保证瓷件的中心线处于垂直位置。

然后将铁脚插入瓷件的安装孔中，再扳动校正臂卡住铁脚，由于校正臂上卡钳孔的中心线位置，已事先用校正摇把通过梯形轮调整到与三支点支座的中心线相重合，因而这台设备起到了校正铁脚与瓷件胶装中心线的作用。

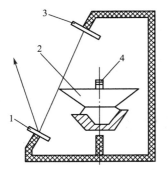

图 12.14　悬式绝缘子胶装校正设备工作原理

1—反光镜 A；2—瓷件；
3—反光镜 B；4—钢脚孔；
5—底座；6—底座凸块

12.4.2　悬式绝缘子胶装校正设备

为了提高胶装质量，保证旋式绝缘子的钢脚、钢帽位于同一中心线上可采用如图 12.14 所示的设备。操作时先把钢帽放在底座上。钢帽因其凹形档正好插在凸块上而不致歪斜，使钢帽的中心线与水平面垂直。然后向钢帽内装入水泥胶合剂，再放上悬式绝缘子，尽量使其伞面水平。然后在伞孔中装入胶合剂，并插入钢脚。钢脚的胶装中心线利用光学镜面反射原理进行校正。在反光镜 A 上绘有圆形中心刻度线，钢脚形状经反光镜 B 倒映到反光镜 A 上。如瓷件转到各个方位时，钢脚孔与镜 A 上圆形中心刻度线的中心都对正，则表示钢脚已装正，瓷件的伞面已水平。采用此设备简单易行，能提高胶装质量。

12.5　陶瓷表面改性技术

12.5.1　陶瓷表面金属化

陶瓷表面金属化的用途是制造电子元器件、用于电磁屏蔽和应用于装饰方面生产美术陶瓷。陶瓷表面金属化的方法很多，在电容器、滤波器及印刷电路等技术中，常采用被银法。此外，还采用化学镀镍法、烧结金属粉末法、活性金属法、真空气相沉积和溅射法等。

1. 被银法

被银法又称烧渗银法。这种方法是在陶瓷的表面烧渗一层金属银，作为电容器、滤波器的电极或集成电路基片的导电网络。

（1）瓷件的预处理：瓷件金属化之前必须预先进行净化处理。清洗的方法很多，通常可用 $70 \sim 80℃$ 的热肥皂水浸洗，再用清水冲洗。

（2）银浆的配置：银浆的配方主要是由含银的原料、熔剂及黏合剂组成。

（3）银电极浆料的制备：将制备好的含银原料、熔剂和黏合剂按一定配比进行配料后，在刚玉或玛瑙磨罐中球磨 $40 \sim 90h$，使粉体粒度小于 $5\mu m$ 并混合均匀。

（4）涂敷工艺：有手工，机械，浸涂，喷涂或丝网印刷等。

（5）烧银：烧银的目的是在高温作用下使瓷件表面上形成连续、致密、附着牢固、导电性良好的银层。

2. 化学镀镍法

长期以来，陶瓷以其优良的化学稳定性，耐腐蚀等优点而在电子技术中广泛应用。然而，陶瓷材料具有不导电、抗冲击强度差等固有缺点，如何将陶瓷与金属复合，使其既具有金属材料的高韧性，又保持陶瓷材料的特殊性能，是进一步扩大陶瓷材料在电子领域应用范围的关键。利用化学镀技术在陶瓷表面沉积镍、铜、金等金属镀层，是电子行业中实现陶瓷材料金属化的主要方法。

压电陶瓷表面化学镀镍是在陶瓷表面上进行镀金属镍的工艺过程，主要是利用强还原剂在陶瓷表面进行氧化还原反应，使金属镍离子沉积在陶瓷镀件上。陶瓷材料化学镀镍工艺是经过预处理及敏化、活化处理后，使陶瓷材料表面具有催化活性中心，这样镍等金属离子经过催化活性中心的活化才能被还原剂还原而沉积在陶瓷材料表面，形成镀层。因为还原剂的氧化还原电位值越负表明它的还原能力越强，所以要使化学镀镍能够持续进行，所用还原剂的氧化还原电位必须比金属镍的氧化还原电位更低才可以。

化学镀的工艺流程如下。

陶瓷片→水洗→除油→水洗→粗化→水洗→敏化→水洗→活化→水洗→化学镀→水洗→热处理。

化学镀优点如下。

（1）镀层厚度均匀，能使瓷件表面形成厚度基本一致的镀层。

（2）沉积层具有独特的化学、物理和机械性能，如抗腐蚀、表面光洁、硬度高、耐磨良好等。

（3）投资少，简便易行，化学镀不需要电源，施镀时只需直接把镀件浸入镀液即可。

3. 真空溅射镀膜

真空镀膜技术是气相物理沉积的方法之一。它是在真空条件下，用蒸发器加热镀膜材料使之升华，蒸发粒子流直接射向基体，在基体表面沉积形成固体薄膜，如镀铝，金等。具有镀膜质量较高，简便实用等优点。该方法配合光刻技术可以形成复杂的电极图案，也可形成合金和难熔金属的导电层及各种氧化物、钛酸钡等化合物薄膜。真空蒸发镀膜原理如图 12.15 所示。

常用的有电阻加热法和电子束加热法。

（1）电阻加热法是用高熔点金属（钨、钼）做成丝或舟型加热器，用来存放蒸发材料，利用大电流通过加热器时产生的热量来直接加热膜料。

（2）电子束加热法由一个提供电子的热阴极、加速电子的加速极和阳极（膜料）所组成，其特点是能量高度集中能使膜料源的局部表面获得极高的温度，对高、低熔点的膜料都能加热气化。

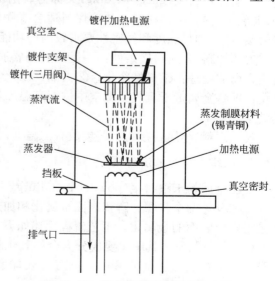

图 12.15　真空蒸发镀膜原理示意图

真空镀膜技术有以下特点。

(1) 镀覆材料广泛可作为真空镀蒸发材料有几十种，包括金属、合金和非金属。真空镀膜加工还可以像多层电镀一样，加工出多层结构的复合膜，满足对涂层各种不同性能的需求。

(2) 真空镀膜技术可以实现不能通过电沉积方法形成镀层的涂覆如铝、钛、锆等镀层，甚至陶瓷和金刚石涂层，这是十分难能可贵的。

(3) 真空镀膜性能优良真空镀膜厚度远小于电镀层，但涂层的耐摩擦和耐腐蚀性能良好，孔隙率低，而且无氢脆现象，相对电镀加工而言可以节约大量金属材料。

(4) 环境效益优异真空镀膜加工设备简单、占地面积小、生产环境幽雅洁净，无污水排放，不会对环境和操作者造成危害。在注重环境保护和大力推行清洁生产的形势下，真空镀膜技术在许多方面可以取代电镀加工。

近年来，我国一些企业已开发研制出在塑料、铜材及钢铁表面进行真空镀的专用镀膜机，实现了规模化生产，但是由于设备造价高昂，维护复杂等原因，其应用受到了一定程度的局限。尽管如此，真空镀技术的良好的环境效益及应用广泛性已经显露出来。随着科技进步，真空镀膜技术必将有更广阔的发展空间和应用前景。

12.5.2 陶瓷-金属封接技术

陶瓷-金属封接技术(bonding of ceramics and metals)作为陶瓷-金属的连接，不管采用哪种类型的封接工艺，都必须满足下列性能要求。

(1) 电气特性优良，包括耐高电压，抗飞弧，具有足够的绝缘、介电能力等。

(2) 化学稳定性高，能抗耐适当的酸、碱清洗，不分解，不腐蚀。

(3) 热稳定性好，能够承受高温和热冲击作用，具有合适的线膨胀系数。

(4) 可靠性高，包括足够的气密性，防潮性和抗风化作用等。

1. 玻璃焊料封接

玻璃焊料封接(glass welding)又称为氧化物焊料法，即利用附着在陶瓷表面的玻璃相(或玻璃釉)作为封接材料。玻璃焊料适合于陶瓷和各种金属合金的封接(包括陶瓷与陶瓷的封接)，特别是强度和气密性要求较高的功能陶瓷。

玻璃焊料-金属封接条件：一是两者的膨胀系数接近；二是玻璃能润湿金属表面。封接前金属的处理：①机械净化；②去油；③化学清洗；④电化学清洗；⑤烘干。金属的预氧化：即将金属置于氢气或真空中进行高温加热使金属表面能形成一层氧化物而达到润湿的效果。

玻璃焊料-金属封接的工艺参数有①温度；②时间；③气氛。

2. 烧结金属粉末法封接

烧结金属粉末法封接(powder metallurgy bonding)将陶瓷和金属件焊接到一起时，其主要工艺分为两个步骤：陶瓷表面金属化和加热焊料使陶瓷与金属焊封。其中，最关键的工艺是陶瓷表面的金属化。工艺流程简述如下。

(1) 浆料制备。其中主要成分为金属氧化物或金属粉末，还含有一些无机黏合剂，有机黏合剂。再加上适量的液体，就可置入球磨机中湿磨 $12\sim60h$，直到平均粒径到 $1\sim3\mu m$ 为止。

（2）刷浆。将上述制得的金属浆料，以一定方式涂刷于需要金属化的陶瓷表面上，这层金属浆料的厚度，以干后达到 $12\sim26\mu m$ 为宜。

（3）烧渗。在高温及还原性气氛的作用下，一部分金属氧化物将被还原成金属，另一部分则可能熔融并添加到陶瓷的玻璃相中，或与陶瓷中之某些晶态物质，通过化学反应而生成一种新的化合物，形成一种黏稠的过渡层，并将陶瓷表面完全润湿。而在冷却过程中这黏稠的过渡层，则凝固为玻璃相，填充于陶瓷表面与金属粉粒之间。

（4）将陶瓷金属化表面与金属进行焊接。

3. 活性金属封接法

活性金属封接法（active metallic bonding）在直接焊封之前，陶瓷表面不需要先进行金属化，而采用一种特殊的焊料金属，直接置于需要焊接的金属和陶瓷之间，利用陶瓷-金属母材之间的焊料在高温下熔化，其中的活性组员与陶瓷发生反应，形成稳定的反应梯度层，从而使两种材料结合在一起。这种金属焊料可以直接制成薄层垫片状，或采用胶态悬浊浆涂刷。

必须严格控制焊封的温度和时间，以防止焊料对瓷件的过分侵蚀，才能保证必要的焊封质量；活化金属焊接工艺，必须在高度真空下进行，通常真空度必须高于 10^{-4} Pa。对于大型工件来说，是非常麻烦且难以实现的。因此，这种工艺至今未得到广泛的应用。

4. 封接的结构形式

应用于电子元件、器件中的陶瓷-金属的封接，虽然种类繁多，形式不一，但就基本结构（configuration）而言，不外乎对封、压封、穿封三种，如图 12.16 所示。如果元件本身结构比较简单，则可以使用其中之一种，如小型密封电阻、电容、电路基片等。如元器件本身比较复杂，则可能有其中的 2～3 种形式组合而成，如穿心式电容器、陶瓷绝缘子、真空电容器等。

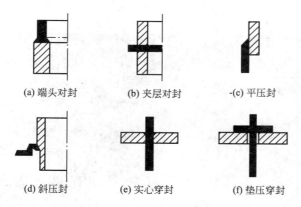

(a) 端头对封   (b) 夹层对封   ·(c) 平压封

(d) 斜压封   (e) 实心穿封   (f) 垫压穿封

图 12.16　陶瓷-金属封接的主要结构形式
（黑色表示金属部分，斜线表示陶瓷）

对封是通过焊封将金属直接平焊于金属化后的陶瓷端面上。如图 12.16(a)、图 12.16(b)所示。压封是金属件在外，瓷件在内，如图 12.16(c)、12.16(d)所示。当穿过瓷件的金属件的直径较细，可以直接采用如图 12.16(e)所示的实心穿封，金属件较粗应改用如图 12.16(f)所示压穿封。

12.5.3 陶瓷表面改性新技术

1. 陶瓷材料传统的表面改性技术

1）热喷涂法

热喷涂技术(thermal spraying)在国家标准 GB/T 18719.2002《热喷涂 术语、分类》中定义：热喷涂技术是利用热源将喷涂材料加热至溶化或半溶化状态，并以一定的速度喷射沉积到经过预处理的基体表面形成涂层，从而与基体形成一层牢固的涂层的技术。使其达到防腐、高度耐磨、减摩、抗高温、抗氧化、隔热、绝缘、导电、防微波辐射等多种功能，使其达到节约材料、节约能源的目的。我们把特殊的工作表面称为涂层，把制造涂层的工作方法称为热喷涂。热喷涂技术是表面过程技术的重要组成部分之一，约占表面工程技术的三分之一。热喷涂技术在陶瓷中的应用热喷涂加工技术是材料科学领域内表面工程学的重要组成部分。热喷涂加工工艺方法中应用较广泛的有火焰喷涂、电弧喷涂、等离子喷涂、爆炸喷涂和超声速喷涂技术。图 12.17 为热喷涂原理示意图，图 12.18 为利用热喷涂工艺进行尺寸修复现场。

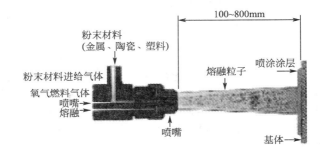

图 12.17 热喷涂原理

图 12.18 热喷涂尺寸修复

火焰喷涂是通过火焰喷枪实现的，喷枪通过气阀分别引入乙炔、氧气或压缩空气。乙炔和氧气混合后在喷嘴出口处产生燃烧火焰，引入的粉状或棒状涂材在火焰中被加热熔化后，在焰流的作用下形成雾状小液滴被喷射到基体表面形成涂层工件表面。电弧喷涂所用的两根线状材料涂层材料由送丝轮自动导入，当在两线状材料之间通过大电流时将产生电弧。线状材料在电弧的高温作用下迅速熔化，并由压缩空气作用成小液滴被喷射到基体表面形成涂层。等离子喷涂适用于粉状涂层材料，等离子喷枪将电能转化为热能，产生高温高速的等离子焰流，其等离子焰流温度可高达 50000℃，能熔化所有的喷涂材料。爆炸喷涂是利用可燃性气体与氧气混合物点火爆炸提供的能量，将粉体喷到基体表面形成涂层。

热喷涂粒子与表面的结合包括涂层与基体表面的结合和涂层内部的结合。涂层与基体表面的结合强度称为结合力；涂层内部的结合强度称为内聚力。涂层中颗粒与基体表面之间的结合以及颗粒之间的结合机理已有许多人研究过，但是仍未彻底搞清楚，仍然是一个值得研究的课题，通常认为有以下几种方式。

(1) 机械结合。碰撞成扁平状并随基体表面起伏的颗粒，由于凸凹不平的表面互相嵌合，形成机械钉扎而结合。一般说来，涂层与基体表面的结合以机械结合为主。

(2) 冶金-化学结合。这是当涂层和基体表面出现扩散和合金化时的一种结合类型，包括在结合面上生成金属间化合物或固溶体。当喷涂后进行重熔即喷焊时，喷焊层与基体的结合主要是冶金结合。

(3) 物理结合。颗粒对基体表面的结合，是由范德华力或次价键形成的结合。

从热喷涂技术的原理及工艺过程分析，热喷涂技术具有以下一些特点。

(1) 由于热源的温度范围很宽，因而可喷涂的涂层材料几乎包括所有固态工程材料，如金属，合金，陶瓷，金属陶瓷，塑料以及由它们组成的复合物等。因而能赋予基体以各种功能(如耐磨，耐蚀，耐高温，抗氧化，绝缘，隔热，生物相容，红外吸收等)的表面。

(2) 喷涂过程中基体表面受热的程度较小而且可以控制，因此可以在各种材料上进行喷涂(如金属，陶瓷，玻璃，塑料等)，并且对基材的组织和性能几乎没有影响，工件变形也小。

(3) 设备简单，操作灵活，既可对大型构件进行大面积喷涂，也可在指定的局部进行喷涂，既可在工厂室内进行喷涂也可在室外现场进行施工。

(4) 喷涂操作的程序较少，施工时间较短，效率高，比较经济。随着热喷涂应用要求的提高和领域的扩大，特别是喷涂技术本身的进步，如喷涂设备的日益高能和精良，涂层材料品种的逐渐增多，性能逐渐提高，热喷涂技术近十年来获得了飞速的发展，不但应用领域大为扩展，而且该技术已由早期的制备一般的防护涂层发展到制备各种功能涂层，由单个工件的维修发展到大批的产品制造，由单一的涂层制备发展到包括产品失效分析，成为材料表面科学领域中一个十分活跃的学科，在国民经济的各个领域内得到越来越广泛的应用。

2) 冷喷涂法

冷喷涂技术是在镁合金表面上生成厚的铝镀膜的一种有效方法，该方法对表面制备要求不高。图 12.19 为冷喷涂工艺原理示意图。

铝镀膜表现出对镁元件具有防止各种电腐蚀的能力。很多时候，仅在钢紧固件周围需要进行电池腐蚀保护，而冷喷涂恰恰是一种对暴露镁表面进行局部保护的创新技术。冷喷涂技术利用高压气体携带粉末颗粒从轴向进入喷枪产生超音速流，粉末颗粒经喷枪加速后在完全固态下撞击基体。每种金属均有其特定的、与温度相关的临界颗粒速度，当以超声加速的固体颗粒的运动速度超过临界速度时，产生的动能转变为热能，即会焊接于镀件之上。图 12.20 为 scd050 冷喷涂仪外观。

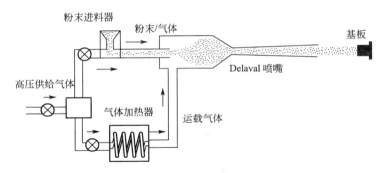

图 12.19　冷喷涂工艺原理示意图

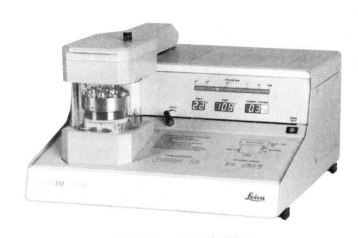

图 12.20　scd050 冷喷涂仪

在冷喷涂过程中，由于喷涂温度较低，发生相变的驱动力较小，固体粒子晶粒不易长大，氧化现象很难发生。因而适合于喷涂温度敏感材料如纳米相材料、非晶材料、氧敏感材料(如铜、钛等)、相变敏感材料(如碳化物等)。

热喷涂技术和冷喷涂技术有何区别呢？热喷涂技术是把某种固体材料加热到熔融或半熔融状态并高速喷射到基体表面上形成具有希望性能的膜层，从而达到对基体表面改质目的的表面处理技术。由于热喷涂涂层具有特殊的层状结构和若干微小气孔，涂层与底材的结合一般是机械方式，其结合强度较低。在很多情况下，热喷涂可以引起相变、部分元素的分解和挥发以及部分元素的氧化。冷喷涂技术是相对于热喷涂技术而言，在喷涂时，喷涂粒子以高速(500～1000m/s)撞击基体表面，在整个过程中粒子没有熔化，保持固体状态，粒子发生纯塑性变形聚合形成涂层。冷喷涂技术近年来在俄罗斯、美国、德国等国都得到了很快的发展。2009 年该技术已通过美国空军军用标准运用审核。

3) 溶胶-凝胶法

用易水解的金属醇盐或无机盐，在某种溶剂中发生水解反应，经水解缩聚形成均匀的溶胶，将溶胶涂覆在金属的表面，再经干燥、热处理(焙烧)后形成涂层。

4) 物理-化学气相沉积法

气相沉积是指以材料的气态(或蒸汽)或气态物质化学反应的产物在工件表面形成涂层的技术，前者称为物理气相沉积(PVD)，后者称为化学气相沉积(CVD)。

物理气相沉积有溅射法、离子镀法、真空蒸镀法等。对于陶瓷基体来说，用得较多的是溅射法。溅射法是通过待镀材料源和基板一起放入真空室内，然后利用正离子轰击作为阴极的靶，以动量传递的方法使靶材中的原子、分子溢出并在基板表面上凝聚成膜。

化学气相沉积是指在相当高的温度下，混合气体与基体的表面相互作用，使混合气体中的某些成分分解，并在基体表面形成一种金属或化合物的固态薄膜或镀层。

5）熔盐反应法

熔盐反应法（molten salt reaction）其原理是利用过渡金属在熔盐里歧化反应，在陶瓷表面沉积金属薄膜和涂层，从而改善陶瓷表面的润湿性能。

2．陶瓷表面改性新技术

1）离子注入技术

离子注入技术（ion implanting）是将所需的元素（气体或金属蒸气）通入电离室电离后形成正离子，将正离子从电离室引出进入几十至几百千伏的高压电场中加速后注入材料表面。在零点几微米的表层中增加注入元素的浓度，同时产生辐照损伤，从而改变材料的结构和各种性能。离子注入装置如图 12.21 所示。

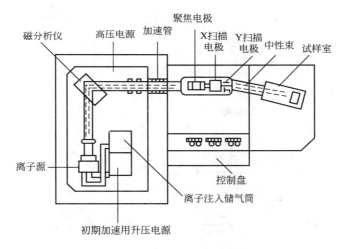

图 12.21 离子注入机示意图

离子注入技术原理及装置：离子注入是指从离子源中引出离子，经过加速电位加速，离子获得一定的初速度尔后进入磁分析器，使离子纯化，从磁分析器中引出所需要注入的纯度极高的离子。加速管将选出的离子进一步加速到所需的能量，以控制注入的深度。聚焦扫描系统将粒子束聚焦扫描，有控制地注入陶瓷材料表面。

离子注入技术的特点特点如下。

（1）离子注入是一个非平衡过程，注入元素不受扩散系数、固溶度和平衡相图的限制，理论上可将任何元素注入到任何基体材料中去。

（2）离子注入是原子的直接混合，注入层厚度为 $0.1\mu m$，但在摩擦条件下工作时，由于摩擦热作用，注入原子不断向内迁移，其深度可达原始注入深度的 $100\sim1000$ 倍，使用寿命延长。

（3）离子注入元素是分散停留在基体内部，没有界面，故改性层与基体之间的结合强度很高，附着性好。

（4）离子注入是在高真空$(10^{-5}\sim10^{-4}\text{Pa})$和较低的温度下进行的，因此工件不产生氧化脱碳现象，也没有明显的尺寸变化，故适宜工件的最后表面处理。

（5）缺点是有时无法处理复杂的凹面和内腔；注入层较薄；离子注入机价格昂贵，加工成本较高。

2）金属蒸气真空离子源技术

金属蒸汽真空弧离子源(metal vapor vacuum arc)是利用阴、阳极间的真空电弧放电原理来建立等离子体的。图12.22为MEVVA源的电源原理。

金属蒸气真空离子源技术特如下。

（1）能给出的离子种类多。

（2）注入效率高。

（3）离子电荷态高，可大幅度地降低注入机的制造成本。

（4）离子束纯度高，进一步降低注入机的制造成本。

（5）可实现多种元素的离子在相同条件下的注入和掺杂，并省去重复抽真空的时间。

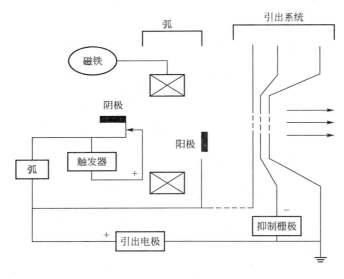

图12.22　MEVVA源的电源原理

离子注入对陶瓷表面材料表面力学性能的影响

（1）离子注入对陶瓷表面材料断裂韧性的影响：陶瓷材料的致命缺陷是脆性大，利用离子注入可以在一定程度上提高陶瓷的断裂韧性。

（2）离子注入对陶瓷抗弯强度的影响：因为离子注入使材料表面产生辐照损伤，体积膨胀，产生表面压应力，这是材料强度增加的主要原因，但是如果材料表面的裂纹尺寸超过了注入引起的表面压应力的厚度，其增强效果会减小。

（3）离子注入对陶瓷硬度的影响：一般来说，低剂量注入时，离子束引起表面硬化，使得材料硬度会增大，但是剂量增到一定程度时，当陶瓷表面呈无定形后，硬度就会急剧下降。

（4）离子注入对陶瓷摩擦性能的影响：陶瓷材料的摩擦损失常与表面性能有密切关系。离子注入可以改善材料的表面性能，从而提高材料表面的抗磨损性能。

3）等离子体喷涂

等离子体喷涂（plasma spraying）低温等离子体中存在具有一定能量分布的电子、离子和中性粒子，通过它们与材料表面的撞击，会将自己的能量传递给材料表面的原子或分子，产生解析、溅射、刻蚀、蒸发等各种物理、化学过程。一些粒子还会注入材料表面引起级联碰撞、散射、激发、重排、异构、缺陷、晶化或非晶化，从而改变材料表面的组织和性能。

脉冲等离子沉积（pulse plasma deposition）用于薄膜合成、表面改性技术中的脉冲能量束一般为脉冲激光束、脉冲电子束、脉冲等离子束。与脉冲电子束、脉冲激光束相比，脉冲等离子体具有电子温度高、等离子体密度高、定向速度高、功率大等特点。脉冲等离子体应用于材料表面改性具有设备简单、处理温度可以在室温进行、沉积速率高、薄膜与基底黏结力强等优点，并兼有激光表面处理、电子束处理、冲击波轰击、离子注入、溅射、化学气相沉积等综合性特点。在制备薄膜时可在室温下合成亚稳态相和其他化合物材料。

脉冲高能量密度等离子体的基本构思是将高能量密度等离子体，瞬间地作用在材料表面，可以导致材料表面出现局部急剧熔化，紧接着急剧冷却凝固，加热或冷却速率可达 $10^8 \sim 10^{10}$ K/s。因此可以在基材表面形成一层微晶或非晶薄膜，从而达到改善材料表面性能的目的。通过改变同轴枪内、外电极材料，工作气体种类及工艺参数，可以获得不同种类和比例的等离子体束，从而可以在室温下制备各种稳态和亚稳态相的薄膜。

脉冲高能量密度等离子体技术用于陶瓷表面金属化的原因：一是通常用铜代替铝作为集成电路的金属材料，目前方法沉积得到的铜膜由于与氧化铝基底的润湿性很差，造成金属膜与基底结合不牢；二是脉冲高能量密度等离子体在处理材料时，等离子体能够与基底材料直接发生反应，这样，制备薄膜及膜/基混合可同步实现，能够有效提高膜或基结合力。脉冲高能量密度等离子体的产生装置是根据同轴等离子体加速器的概念设计的，装置如图 12.23 所示。

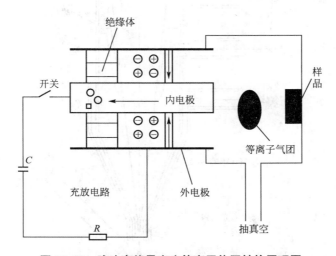

图 12.23　脉冲高能量密度等离子体同轴枪原理图

脉冲高能量密度等离子体技术用于刀具表面改性方面典型的例子是利用脉冲高能量密度等离子体技术在 Si_3N_4 陶瓷刀具和硬质合金刀具表面沉积 Ti(C，N)涂层后，具有很好的硬度效果。

4）激光技术

激光表面处理技术（laser spraying）的原理是采用大功率密度的激光束、以非接触性的方式加热材料表面，借助于材料表面本身传导冷却，来实现其表面改性的工艺方法。

激光表面处理技术优点如下。

（1）能量传递方便，可以对被处理工件表面有选择地局部强化。

（2）能量作用集中，加工时间短，热影响区小，激光处理后，工件变形小。

（3）可处理表面形状复杂的工件，而且容易实现自动化生产线。

（4）激光表面改性的效果比普通方法更显著，速度快，效率高，成本低。

（5）通常只能处理一些薄板金属，不适宜处理较厚的板材，但可以作为建筑卫生陶瓷的表面修补。

激光表面处理包括激光表面硬化、激光冲击硬化、激光表面熔化、激光表面合金化和激光表面涂覆等。

图 12.24 为激光表面喷涂喷嘴示意图。该装置有激光发生器、喷涂材料供给装置、高压气体供给装置组成。该方法属于同步吹送法，它的特点是利用高温度、高能量密度的激光作为光源，使喷涂材料和喷涂气氛的气体反应来制作非金属涂层。

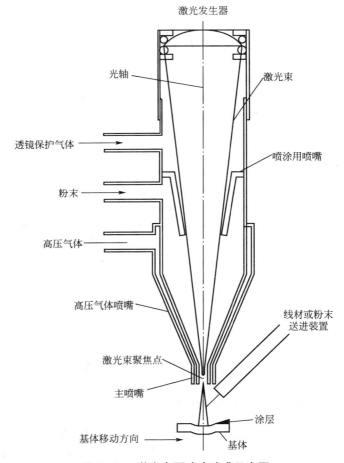

图 12.24　激光表面喷涂喷嘴示意图

早在 1916 年，爱因斯坦已提出受激发射作用的假设。可是，首部以红宝石棒为产生激光媒介的激光器，直到 1960 年，才由梅曼在休斯实验研究所建造出来。总共相隔了 44 年。使用激光来熔化物料的历史，要追溯到 1962 年，布里奇与克罗斯利用红宝石激光器，汽化与激发固体表面的原子。三年后，史密斯与特纳利用红宝石激光器沉积薄膜，视为脉冲激光沉积技术发展的源头。

脉冲激光沉积(pulsed laser deposition，PLD)镀膜是将准分子脉冲激光器所产生的高功率脉冲激光束聚焦作用于靶材料表面，使靶材料表面产生高温及熔蚀，并进一步产生高温高压等离子体($T \geqslant 10^4$K)。这种等离子体定向局域膨胀发射并在衬底上沉积而形成薄膜。典型的 PLD 沉积装置主要由激光扫描系统、真空室制膜系统、监测系统组成(图 12.25)。脉冲激光沉积已用来制作具备外延特性的晶体薄膜，如陶瓷氧化物(ceramic oxide)、氮化物膜(nitride films)、金属多层膜(metallic multilayers)，以及各种超晶格(superlattices)都可以用 PLD 来制作。近来亦有报告指出，利用 PLD 可合成纳米管(nanotubes)、纳米粉末(nanopowders)，以及量子点(quantum dots)。

脉冲激光沉积镀膜优点如下。

(1) 易于保证镀膜后化学计量比的稳定。

(2) 反应迅速，生长快。

(3) 定向性强、薄膜分辨率高，能实现微区沉积。

(4) 生长过程中可原位引入多种气体。

(5) 易制多层膜和异质膜。

(6) 易于在较低温度下原位生长取向一致的结构和外延单晶膜。

(7) 高真空环境对薄膜污染少可制成高纯薄膜。

(8) 可制膜种类多。

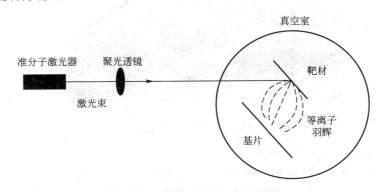

图 12.25　脉冲激光沉积镀膜示意图

5) 爆炸喷涂

爆炸喷涂(explosion spraying)是一种新型的喷涂方式，利用脉冲式气体爆炸的能量，将被喷涂的粉末材料加热加速轰击到工件表面，形成所需求的各种性能的坚固涂层。喷涂时，首先将定量的乙炔和氧由供气口送入水冷喷腔的内腔，再从另一入口送入氮气，同时将粉末从供料口送入，这些粉末在燃烧气体中浮游，火花塞点火，气体爆炸产生的热能和压力转化成动能，使粉末达到熔融状态并高速撞击基材表面从而形成涂层。图 12.26 是爆炸喷涂的原理示意图。

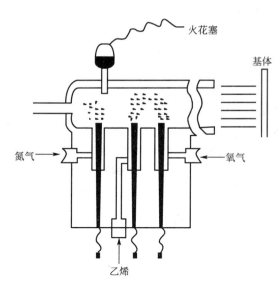

图 12.26　爆炸喷涂原理示意图

爆炸喷涂可喷涂金属、金属陶瓷及陶瓷材料，但是由于该设备价格高，噪声大，属氧化性气氛等原因，国内外应用还不广泛。目前世界上应用较成熟的爆炸喷涂工艺是美国联合碳化物公司林德分公司 1955 年取得的专利。我国于 1985 年左右，由中国航天工业部航空材料研究所研制成功爆炸喷涂设备。就 Co/WC 涂层性能来看，喷涂性能与美国联合碳化物公司的水平接近。爆炸喷涂工艺的优点在于可扩大涂层亚稳固熔度，形成冶金结合层，出现新的亚稳相，减少偏析现象，形成非晶、微晶和纳米晶等组织结构。这些结构的产生使材料的物理力学性能发生显著变化，从而提高材料的强度和塑性、改善磁性能、增强耐磨性、提高耐蚀性。图 12.27 为 PT100 爆炸喷涂设备外观。

图 12.27　PT100 爆炸喷涂设备外观

6）陶瓷粉体的表面包覆改性

包裹粉体在结构陶瓷领域的应用主要在：①提高陶瓷粉体的分散性；②提高烧结助剂或弥散相在粉体中的均匀性；③阻止弥散体与基体之间的反应。在功能陶瓷领域除可以降低粉体表面的缺陷浓度、提高分散性外，还可以改善其电、磁、光、催化以及烧结性能。从粉体包改性（surface coating）过程中颗粒表面发生的物理化学变化的角度，有以下几种包覆改性方法。

（1）表面吸附改性（surface adsorption）。

表面吸附改性是利用物理或化学吸附原理，使包覆材料均匀附着在陶瓷粉体上，以形成连续完整的包覆层。

（2）非均相成核法（heterogeneous nucleation）。

非均匀形核法是利用改性剂微粒在被包覆颗粒基体上的非均匀形核并生长来形成包

覆层。

 习 题

12.1　陶瓷材料为什么难以加工？

12.2　棒形产品切割机的工作原理是什么？

12.3　电瓷产品为什么多数都要与金属附件接合？

12.4　如何在陶瓷表面被银？

12.5　陶瓷-金属进行封接时，必须满足什么性能？

12.6　陶瓷表面改性都有哪些新技术？

参 考 文 献

[1] 李玉书，吴落义，李瑛. 电瓷工艺与技术 ［M］. 北京：化学工业出版社，2007.

[2] 张少明，翟旭东，刘亚云. 粉体工程 ［M］. 北京：中国建材工业出版社，1994.

[3] 陶振东，郑少华. 粉体设备与工程 ［M］. 北京：化学工业出版社，2003.

[4] 张世礼. 振动粉碎理论及设备 ［M］. 北京：冶金工业出版社，2005.

[5] 王零森. 特种陶瓷 ［M］. 长沙：中南工业大学出版社，1994.

[6] 吴成义. 粉体成形力学原理 ［M］. 北京：冶金工业出版社，2003.

[7] 殷登皋. 硅酸盐工业生产过程检测技术 ［M］. 武汉：武汉工业大学出版社，1999.

[8] 杜海清，肖著珏. 电瓷生产热工设备 ［M］. 北京：机械工业出版社，1989.

[9] 王树海，李安明，乐红志，等. 先进陶瓷的现代制备技术 ［M］. 北京：化学工业出版社，2007.

[10] 韩敏芳. 非金属矿物材料制备与工艺 ［M］. 北京：化学工业出版社，2004.

[11] 华南工学院，清华大学. 硅酸盐工业热工过程及设备(下册)［M］. 北京：中国建筑工业出版社，1982.

[12] 盖国胜. 超微粉体技术 ［M］. 北京：化学工业出版社，2004.

[13] 杜海清. 电瓷制造工艺 ［M］. 北京：机械工业出版社，1983.

[14] 张志厚. 电瓷检查与试验 ［M］. 上海：上海科学技术出版社，1959.11.

[15] 杨旭. 电瓷成形的机械装备 ［M］. 上海：上海科学技术出版社，1960.3.

[16] 励世鳌，杨道. 电瓷生产机械设备 ［M］. 北京：机械工业出版社，1983.

[17] 葛竺君. 陶瓷机械设备管理和使用维修 ［M］. 上海：上海科学普及出版社，1990.6.

[18] 俞康泰. 陶瓷添加剂应用技术 ［M］. 北京：化学工业出版社，2006.

[19] 孟天雄. 陶瓷窑炉节能 ［M］. 长沙：中南工业大学出版社，1993.

[20] ［英］泰勒(Taylor，J. R.)，（英)布尔(Bull，A. C.). 陶瓷釉技术 ［M］. 郭少明，译. 厦门：鹭江出版社，1990.

[21] 莫立鸿. 陶瓷注浆成型 ［M］. 北京：中国建筑工业出版社，1976.

[22] 刘维良. 特种陶瓷工艺学 ［M］. 南昌：江西高校出版社，2010 .

[23] 李世普. 特种陶瓷工艺学 ［M］. 武汉：武汉工业大学出版社，1990.

[24] 姜建华. 无机非金属材料工艺原理 ［M］. 北京：化学工业出版社，2005.

[25] 徐如人，庞文琴，霍启升. 无机合成与制备化学 ［M］. 北京：高等教育出版社，2009.

[26] 刘维良. 先进陶瓷工艺学 ［M］. 武汉：武汉理工大学出版社，2004.

[27] ［美］戴维 W 里彻辛. 现代陶瓷工程 ［M］. 北京：中国建筑工业出版社，1992.

[28] 宋端. 现代陶瓷窑炉 ［M］. 武汉：武汉工业大学出版社，1996.

[29] 邱关明. 新型陶瓷 ［M］. 北京：兵器工业出版社，1993.

[30] 陈聪. 氧化铝生产设备 ［M］. 北京：冶金工业出版社，2006.

[31] ［加］凯普斯(Capes C E). 造粒技术 ［M］. 钱树德，顾芳珍，译. 北京：化学工业出版社，1992.

[32] 张建伟，叶京生，钱树德. 工业造粒技术 ［M］. 北京：化学工业出版社，2009.

[33] 日本工业调查会编辑部. 最新精细陶瓷技术 ［M］. 陈俊彦，译. 北京：中国建筑工业出版社，1988.

[34] 张长森. 粉体技术及设备 ［M］. 上海：华东理工大学出版社，2006.

[35] 叶菁. 粉体科学与工程基础 ［M］. 北京：科学出版社，2009.

[36] 王志发. 无机材料机械基础 ［M］. 北京：化学工业出版社，2005.

[37] 张祥珍，张森林. 建材机械与设备 ［M］. 武汉：武汉工业大学出版社，1990.

[38] 房德鸿. 建材通用机械与设备 ［M］. 北京：中国建材工业出版社，1995.

[39] 郑水林. 超微粉体加工技术与应用 ［M］. 北京：化学工业出版社，2005.

[40] 张立德. 超微粉体制备与应用技术 [M]. 北京：中国石化出版社，2001.

[41] 杨宗志. 超微气流粉碎(原理、设备和应用) [M]. 北京：化学工业出版社，1988.

[42] 郑水林，余绍火，吴宏富. 超细粉碎工程 [M]. 北京：中国建材工业出版社，2006.

[43] 盖国胜. 超细粉碎分级技术理论研究·工艺设计·生产应用 [M]. 北京：中国轻工业出版社. 2000.

[44] 郑水林. 超细粉碎原理、工艺设备及应用 [M]. 北京：中国建材工业出版社，1993.

[45] 毋伟，陈建峰，卢寿慈. 超细粉体表面修饰 [M]. 北京：化学工业出版社，2004.

[46] 李凤生. 超细粉体技术 [M]. 北京：国防工业出版社，2000.

[47] 方景光. 粉磨工艺及设备 [M]. 武汉：武汉理工大学出版社，2002.

[48] 郭宜祜，王喜忠. 喷雾干燥 [M]. 北京：化学工业出版社，1983.

[49] 李启衡. 粉碎理论概要 [M]. 北京：冶金工业出版社，1993.

[50] 徐秉权. 粉碎新工艺、新设备与节能技术 [M]. 长沙：中南工业大学出版社，1992.

[51] 吴一善. 粉碎学概论 [M]. 武汉：武汉工业大学出版社，1993.

[52] 郑水林. 粉体表面改性 [M]. 北京：中国建材工业出版社，1995.

[53] 周格. 流化床技术 [J]. 医药工程设计杂志，2000，21(1)：9-13.

[54] 周仕学，张鸣林. 粉体工程导论 [M]. 北京：科学出版社，2010.

[55] 刘步林. 农药剂型加工技术 [M]. 2版. 北京：化学工业出版社，1998.

[56] 魏诗榴. 粉体科学与工程 [M]. 广州：华南理工大学出版社，2006.

[57] 王奎升. 工程流体与粉体力学基础 [M]. 北京：中国计量出版社，2002.

[58] 任俊，沈健，卢寿慈. 颗粒分散科学与技术 [M]. 北京：化学工业出版社，2005.

[59] 雷季纯. 粉碎工程 [M]. 北京：冶金工业出版社，1989.

[60] 黄惠忠. 纳米材料分析 [M]. 北京：化学工业出版社，2003.

[61] 高濂，孙静，刘阳桥. 纳米粉体的分散及表面改性 [M]. 北京：化学工业出版社，2003.

[62] 刘志超，武良臣，薛铜龙，等. 物料粉碎设备设计理论及应用 [M]. 北京：中国矿业大学出版社，2006.

[63] Smith P G. Prticle growth mechanis ms in fluidized bed granulation [J]. Chem. Engin. Science，1983，38(1)：1233-1244.

[64] Ennis B. J. Amicrolevel-based characterization of granulation phenomena [J]. Powder Tech，1991，65：257.

[65] Mathur K. B，Gisher P. E. A Study of the Application of the Spouted Bed Technique to Wheat Drying [J]. J. Appl. Chem.，1955，5：624-636.

[66] 夏阳华，丰平，胡耀波，等. SPS技术的进展及其在硬质合金制备中的应用 [J]. 硬质合金，2003，20(4)：216-218.

[67] 姜子晗，汪涛. SPS制备ZrB2基超高温陶瓷的研究进展 [J]. 2011，47(2)：34-37.

[68] 周凤玲，李效民，高相东. 表面活性剂对陶瓷基底化学镀镍的作用机理及镀层性能的影响 [J]. 无机化学学报，2009，25(9)：1584-1589.

[69] 魏世丞，徐滨士，王海斗，等. 电热爆炸喷涂层的纳米力学性能研究 [J]. 功能材料，2006，10：1670-1673.

[70] 卜伟，程榕，郑燕萍. 喷动流化床的研究进展及其在造粒方面的应用 [J]. 浙江化工，2008，39(5)：15-19.

[71] 朱棉霞，吴先益，王竹梅. 压电陶瓷表面化学镀镍技术及发展趋势 [J]. 中国陶瓷. 2008，44(9)：11-13.

[72] 廖捷凡. 若干种无机化合物的机械力化学反应及 β-TCP粉体的合成 [D]. 广州：华南理工大学，1989.

北京大学出版社材料类相关教材书目

序号	书 名	标准书号	主 编	定价	出版日期
1	金属学与热处理	7-5038-4451-5	朱兴元，刘忆	24	2007.7
2	材料成型设备控制基础	978-7-301-13169-5	刘立君	34	2008.1
3	锻造工艺过程及模具设计	978-7-5038-4453-5	胡亚民，华林	30	2012.3
4	材料成形CAD/CAE/CAM基础	978-7-301-14106-9	余世浩，朱春东	35	2008.8
5	材料成型控制工程基础	978-7-301-14456-5	刘立君	35	2009.2
6	铸造工程基础	978-7-301-15543-1	范金辉，华勤	40	2009.8
7	材料科学基础	978-7-301-15565-3	张晓燕	32	2012.1
8	模具设计与制造	978-7-301-15741-1	田光辉，林红旗	42	2012.5
9	造型材料	978-7-301-15650-6	石德全	28	2012.5
10	材料物理与性能学	978-7-301-16321-3	耿桂宏	39	2012.5
11	金属材料成形工艺及控制	978-7-301-16125-8	孙玉福，张春香	40	2013.2
12	冲压工艺与模具设计(第2版)	978-7-301-16872-1	牟林，胡建华	34	2010.6
13	材料腐蚀及控制工程	978-7-301-16600-0	刘敬福	32	2010.7
14	摩擦材料及其制品生产技术	978-7-301-17463-0	申荣华，何林	45	2010.7
15	纳米材料基础与应用	978-7-301-17580-4	林志东	35	2010.8
16	热加工测控技术	978-7-301-17638-2	石德全，高桂丽	40	2010.8
17	智能材料与结构系统	978-7-301-17661-0	张光磊，杜彦良	28	2010.8
18	材料力学性能	978-7-301-17600-3	时海芳，任鑫	32	2012.5
19	材料性能学	978-7-301-17695-5	付华，张光磊	34	2012.5
20	金属学与热处理	978-7-301-17687-0	崔占全，王昆林，吴润	50	2012.5
21	特种塑性成形理论及技术	978-7-301-18345-8	李峰	30	2011.1
22	材料科学基础	978-7-301-18350-2	张代东，吴润	36	2012.8
23	DEFORM-3D塑性成形CAE应用教程	978-7-301-18392-2	胡建军，李小平	34	2012.5
24	原子物理与量子力学	978-7-301-18498-1	唐敬友	28	2012.5
25	模具CAD实用教程	978-7-301-18657-2	许树勤	28	2011.4
26	金属材料学	978-7-301-19296-2	伍玉娇	38	2011.8
27	材料科学与工程专业实验教程	978-7-301-19437-9	向嵩，张晓燕	25	2011.9
28	金属液态成型原理	978-7-301-15600-1	贾志宏	35	2011.9
29	材料成形原理	978-7-301-19430-0	周志明，张弛	49	2011.9
30	金属组织控制技术与设备	978-7-301-16331-3	邵红红，纪嘉明	38	2011.9
31	材料工艺及设备	978-7-301-19454-6	马泉山	45	2011.9
32	材料分析测试技术	978-7-301-19533-8	齐海群	28	2011.9
33	特种连接方法及工艺	978-7-301-19707-3	李志勇，吴志生	45	2012.1
34	材料腐蚀与防护	978-7-301-20040-7	王保成	38	2012.2
35	金属精密液态成形技术	978-7-301-20130-5	戴斌煜	32	2012.2
36	模具激光强化及修复再造技术	978-7-301-20803-8	刘立君，李继强	40	2012.8
37	高分子材料与工程实验教程	978-7-301-21001-7	刘丽丽	28	2012.8
38	材料化学	978-7-301-21071-0	宿辉	32	2012.8
39	塑料成型模具设计	978-7-301-17491-3	江昌勇，沈洪雷	49	2012.9
40	压铸成形工艺及模具设计	978-7-301-21184-7	江昌勇	43	2012.9
41	工程材料力学性能	978-7-301-21116-8	莫淑华，于久灏等	32	2013.3
42	金属材料学	978-7-301-21292-9	赵莉萍	43	2012.10
43	金属成型理论基础	978-7-301-21372-8	刘瑞玲，王军	38	2012.10
44	高分子材料分析技术	978-7-301-21340-7	任鑫，胡文全	42	2012.10
45	金属学与热处理实验教程	978-7-301-21576-0	高聿为，刘永	35	2013.1
46	无机材料生产设备	978-7-301-22065-8	单连伟	36	2013.2
47	材料表面处理技术与工程实训	978-7-301-22064-1	柏云杉	30	2013.2

相关教学资源如电子课件、电子教材、习题答案等可以登录 www.pup6.com 下载或在线阅读。

扑六知识网(www.pup6.com)有海量的相关教学资源和电子教材供阅读及下载(包括北京大学出版社第六事业部的相关资源)，同时欢迎您将教学课件、视频、教案、素材、习题、试卷、辅导材料、课改成果、设计作品、论文等教学资源上传到 pup6.com，与全国高校师生分享您的教学成就与经验，并可自由设定价格，知识也能创造财富。具体情况请登录网站查询。

如您需要免费纸质样书用于教学，欢迎登陆第六事业部门户网(www.pup6.com)填表申请，并欢迎在线登记选题以到北京大学出版社来出版您的大作，也可下载相关表格填写后发到我们的邮箱，我们将及时与您取得联系并做好全方位的服务。

扑六知识网将打造成全国最大的教育资源共享平台，欢迎您的加入——让知识有价值，让教学无界限，让学习更轻松。

联系方式：010-62750667，童编辑，13426433315@163.com，pup_6@126.com，欢迎来电来信。